会计核算规范标准

操作手册

——以洛阳国宏投资控股集团有限公司为例

洛阳国宏投资控股集团有限公司 编著

黄河水利出版社

图书在版编目（CIP）数据

会计核算规范标准操作手册：以洛阳国宏投资控股集团有限公司为例 / 洛阳国宏投资控股集团有限公司编著. —郑州：黄河水利出版社，2022. 5

ISBN 978-7-5509-3294-4

Ⅰ. ①会… Ⅱ. ②洛… Ⅲ. ①企业-会计准则-中国-手册 Ⅳ. ①F279. 23-62

中国版本图书馆CIP数据核字（2022）第088551号

策划编辑：母建茹　电话：0371-66025355　E-mail：273261852@qq.com

出 版 社：黄河水利出版社　网址：www.yrcp.com
地址：河南省郑州市顺河路黄委会综合楼14层　邮政编码：450003

发行单位：黄河水利出版社
发行部电话：0371-66026940、66020550、66028024、66022620（传真）
E-mail：hhslcbs@126.com

承印单位：洛阳雅森包装印刷有限公司

开　本：889mmX1194mm1/16

印　张：21.25

印　数：1—700册

字　数：400千字

版　次：2022年5月第1版

印　次：2022年5月第1次印刷

定价：128.00元

编辑委员会

前　言

洛阳国宏投资控股集团有限公司（简称国宏集团）成立于2013年6月，是洛阳市委、市政府设立的市属综合性国有资本投资（运营）公司，肩负着推动传统产业转型升级、培育引导战略新兴产业、服务国有企业深化改革、统筹解决国企改革遗留问题等重要使命。国宏集团围绕巩固提升洛阳中原城市群副中心城市地位主线，坚持以服务区域发展为出发点和落脚点，努力推动产业投资运营、资产运营管理、现代服务业、资源投资开发、园区综合开发等多元化产业体系构建，立足引领带动全市工业产业高质量发展，着力打造行业领先的综合性国有资本运营公司。

为了推进新《企业会计准则》落地实施，建立健全统一规范的会计核算和信息披露体系，国宏集团本着“合规、标准、实用、方便”的原则，集中力量、结合实际研究编制了《会计核算规范标准操作手册》，作为《会计核算规范》的具体实施细则，确保各级财务人员全面掌握新会计准则要点，规范会计核算，提高会计实操水平，满足财务管理、“业财”融合等各方面的需求。

本手册主要内容包括：总则，会计核算基础工作规范，会计科目设置、使用与管理，具体会计准则业务概述、确认与计量和主要账务处理规范，以及集团公司主要业务核算规范等。

编辑委员会

2021年12月

目 录
Contents

第一章 总 则

第一节 制定依据和适用范围

为规范洛阳国宏投资控股集团有限公司（简称国宏集团或集团公司）会计确认、计量和报告行为，统一集团内部会计核算的原则、标准，提高会计信息质量，根据《中华人民共和国会计法》《会计基础工作规范》《企业会计准则》及国家相关法律法规，结合集团公司实际情况，制定本手册。

本手册适用于集团公司本部、所属分（子）公司及派出机构（简称各公司或各单位或企业）的会计核算工作。

国宏集团会计核算工作实行统一领导、分级管理、分级核算，由集团公司计划财务部对各公司的会计核算工作进行指导和监督。

第二节 主要会计政策

一、会计年度

会计年度由公历元月一日起至十二月三十一日止。

二、记账本位币

以人民币为记账本位币。业务收支以人民币以外的货币为主的企业，可以选定其中一种货币作为记账本位币，但是编制财务报告时应当折算为人民币。

三、记账原则方法

以权责发生制为原则，采用借贷记账法。

四、持续经营假设

会计确认、计量和报告以持续经营为前提。

五、会计期间

会计期间分为年度、半年度、季度和月度，均按公历起止日期确定。国宏集团及所属企业应当按月度分期结算账目和编制财务报告。

六、需要进行会计确认、计量和报告的事项

企业应当对其本身发生的交易和事项进行会计确认、计量和报告。这些交易和事项包括：

（一）款项和有价证券的收付；

（二）财物的收发、增减和使用；

（三）债权债务的发生和结算；

（四）资本、基金的增减；

（五）收入、支出、费用、成本的计算；

（六）财务成果的计算和处理；

（七）其他需要进行会计确认、计量和报告的事项。

第三节　会计要素

企业应当按照交易或事项的经济特征确定会计要素。会计要素包括资产、负债、所有者权益、收入、费用和利润。

一、会计要素定义

（一）资产，是指企业过去的交易或事项形成的、由企业拥有或者控制的、预期会给企业带来经济利益的资源。

（二）负债，是指企业过去的交易或者事项形成的、预期会导致经济利益流出企业的现实义务。

（三）所有者权益，是指企业资产扣除负债后由所有者享有的剩余权益。

（四）收入，是指企业在日常活动中形成的、会导致所有者权益增加的、与所有

者投入资本无关的经济利益的总流入。

（五）费用，是指企业在日常活动中发生的、会导致所有者权益减少的、与所有者分配利润无关的经济利益的总流出。

（六）利润，是指企业在一定会计期间内的经营成果。利润包括收入减去费用后的净额、直接计入当期利润的利得和损失等。

二、会计计量属性

企业在将符合确认条件的会计要素登记入账并列报于财务报表时，应当按照规定的会计计量属性进行计量，确定其金额。会计计量属性包括历史成本、重置成本、可变现净值、现值和公允价值等。

（一）历史成本。资产按照购置时支付的现金或者现金等价物的金额，或者按照购置资产时所付出的对价的公允价值计算。负债按照因承担现时义务而收到的款项或者资产的金额，或者承担现时义务的合同金额，或者按照日常活动中为偿还负债预期需要支付的现金或者现金等价物的金额计算。

（二）重置成本。资产按照现在购买相同或者相似的资产所需支付的现金或者现金等价物的金额计算。负债按照现在偿付该项负债所需支付的现金或者现金等价物的金额计算。

（三）可变现净值。资产按照其正常对外销售所能收到现金或者现金等价物的金额扣减该资产至完工时估计将要发生的成本、估计的销售费用以及相关税费后的金额计算。

（四）现值。资产按照预计从其持续使用和最终处置中所产生的未来净现金流入量的折现金额计算。负债按照预计期限内需要偿还的未来净现金流出量的折现金额计算。

（五）公允价值。资产和负债按照在公平交易中，熟悉情况的交易双方自愿进行资产交换或者债务清偿的金额计算。

企业在对会计要素进行确认、计量时，一般应当采用历史成本确定金额，采用重置成本、可变现净值、现值、公允价值计量的，应当保证所确定的会计要素金额能够取得并可靠计量。

第四节　会计信息质量要求

按《企业会计准则》要求，企业会计信息应满足可靠性、相关性、可理解性、可比性、实质重于形式、重要性、谨慎性、及时性等八个方面的要求。

一、可靠性

企业应当以实际发生的交易或者事项为依据进行会计确认、计量和报告，如实反映符合确认和计量要求的各项会计要素及其他相关信息，保证会计信息真实可靠、内容完整。

二、相关性

企业提供的会计信息应当与财务报告使用者的经济决策需要相关，有助于财务报告使用者对企业过去、现在或者未来的情况做出评价或者预测。

三、可理解性

企业提供的会计信息应当清晰明了，便于财务报告使用者理解和使用。鉴于会计信息是一种专业性较强的信息产品，因此在强调会计信息的可理解性要求的同时，还应假定使用者具有一定的有关企业生产经营活动和会计核算方面的知识，并且愿意付出努力去研究这些信息。

四、可比性

企业提供的会计信息应当具有可比性。具体包括：同一企业不同时期发生的相同或相似的交易或事项，应当采用前后一致的会计政策，不得随意变更。确实需要变更的，应当在财务报告附注中加以说明。不同企业发生的相同或相似的交易或事项，应当采用规定的会计政策，确保会计信息口径一致，相互可比。

五、实质重于形式

企业应当按照交易或者事项的经济实质进行会计确认、计量和报告，不应仅以交易或者事项的法律形式为依据。

六、重要性

企业提供的会计信息应当反映与企业财务状况、经营成果和现金流量有关的所有重要交易或者事项。如果将企业会计信息中的某一项内容省略或者错报会影响使用者据此做出经济决策，则该项内容就具有重要性。

七、谨慎性

企业对交易或者事项进行会计确认、计量和报告时应当保持应有的谨慎，不应高估资产或者收益，低估负债或者费用。

八、及时性

企业对于已经发生的交易或者事项，应当及时进行会计确认、计量和报告，不得提前或者延后。

第五节　会计凭证基本要求

一、原始凭证的基本要求

企业办理本章第二节规定的交易和事项，必须取得或者填制原始凭证，并及时送交会计机构。

（一）原始凭证的内容必须具备：凭证的名称；填制凭证的日期；填制凭证单位名称或者填制人姓名；经办人员的签名或者盖章；接受凭证单位名称；经济业务内容；数量、单价和金额。

（二）从外单位取得的原始凭证，必须盖有填制单位的公章；从个人取得的原始凭证，必须有填制人员的签名或者盖章。自制原始凭证必须有经办单位领导人或者其指定的人员签名或者盖章。对外开出的原始凭证，必须加盖本单位公章。

（三）凡填有大写和小写金额的原始凭证，大写与小写金额必须相符。购买实物的原始凭证，必须有验收证明。支付款项的原始凭证，必须有收款单位和收款人的收款证明。

（四）一式几联的原始凭证，应当注明各联的用途，只能以一联作为报销凭证。一式几联的发票和收据，必须用双面复写纸（发票和收据本身具备复写纸功能的除外）套写，并连续编号。作废时应当加盖“作废”戳记，连同存根一起保存，不得撕毁。

（五）发生销货退回的，除填制退货发票外，还必须有退货验收证明；退款时，必须取得对方的收款收据或者汇款银行的凭证，不得以退货发票代替收据。

（六）职工公出借款凭据，必须附在记账凭证之后。收回借款时，应当另开收据或者退还借据副本，不得退还原借款收据。

（七）经上级有关部门批准的经济业务，应当将批准文件作为原始凭证附件。批准文件需要单独归档的，应当在凭证上注明批准机关名称、日期和文件字号。

（八）企业不得涂改、挖补原始凭证。凡发现原始凭证有错误的，应当由开出单位重开或者更正，更正处应当加盖开出单位的公章。

二、记账凭证的基本要求

会计机构、会计人员要根据审核无误的原始凭证填制记账凭证。记账凭证可以分为收款凭证、付款凭证和转账凭证，也可以使用通用记账凭证。

（一）记账凭证的内容必须具备：填制凭证的日期；凭证编号；经济业务摘要；会计科目；金额；所附原始凭证张数；填制凭证人员、稽核人员、记账人员、会计机构负责人签名或者盖章。收款和付款记账凭证还应当由出纳人员签名或者盖章。以自制的原始凭证或者原始凭证汇总表代替记账凭证的，也必须具备记账凭证应有的项目。

（二）填制记账凭证时，应当对记账凭证进行连续编号。一笔经济业务需要填制两张以上记账凭证的，可以采用分数编号法编号。

（三）记账凭证可以根据每一张原始凭证填制，或者根据若干张同类原始凭证汇总填制，也可以根据原始凭证汇总表填制。但不得将不同内容和类别的原始凭证汇总填制在一张记账凭证上。

（四）除结账和更正错误的记账凭证可以不附原始凭证外，其他记账凭证必须附有原始凭证。如果一张原始凭证涉及几张记账凭证，可以把原始凭证附在一张主要的记账凭证后面，并在其他记账凭证上注明附有该原始凭证的记账凭证的编号或者附原始凭证复印件。

一张复式凭证所列支出需要几个单位共同负担的，应当将其他单位负担的部分，开给对方原始凭证分割单，进行结算。原始凭证分割单必须具备原始凭证的基本内容：凭证名称，填制凭证日期，填制凭证单位名称或者填制人姓名，经办人的签名或者盖章，接受凭证单位名称，经济业务内容、数量、单价、金额和费用分摊情况等。

（五）如果在填制记账凭证时发生错误，应当重新填制。已经登记入账的记账凭证，在当年内发现填写错误时，可以用红字填写一张与原内容相同的记账凭证，在摘要栏注明“注销某月某日某号凭证”字样，同时再用蓝字重新填制一张正确的记账凭证，注明“订正某月某日某号凭证”字样。如果会计科目没有错误，只是金额错误，也可以将正确数字与错误数字之间的差额，另编一张调整的记账凭证，调增金额用蓝字，调减金额用红字。发现以前年度记账凭证有错误的，应当用蓝字填制一张更正的记账凭证。

（六）记账凭证填制完经济业务事项后，如有空行，应当自金额栏最后一笔金额数字下的空行处至合计数上的空行处划线注销。

三、会计凭证的填制要求

（一）会计凭证字迹填写必须清晰、工整，阿拉伯数字应当一个一个地写，不得连笔写。阿拉伯数字金额前面应当书写货币币种符号或者货币名称简写和币种符号。币种符号与阿拉伯数字金额之间不得留有空白。凡阿拉伯数字前写有币种符号的，数字后面不再写货币单位。

（二）所有以元为单位（其他货币种类为货币基本单位，下同）的阿拉伯数字，除表示单价等情况外，一律填写到角分；无角分的，角位和分位可写“0 0”，或者符号“——”；有角无分的，分位应当写“0”，不得用符号“——”代替。

（三）汉字大写数字金额如零、壹、贰、叁、肆、伍、陆、柒、捌、玖、拾、佰、仟、万、亿等，一律用正楷或者行书体书写，不得用0、一、二、三、四、五、六、七、八、九、十等简化字代替，不得任意自造简化字。大写金额数字到元或者角为止的，在“元”或者“角”字之后应当写“整”字或者“正”字；大写金额数字有“分”的，“分”字后面不写“整”或者“正”字。

（四）大写数字金额前未印有货币名称的，应当加填货币名称，货币名称与金额数字之间不得留有空白。

（五）阿拉伯数字金额中间有“0”时，汉字大写金额要写“零”字；阿拉伯数字金额中间连续有几个“0”时，汉字大写金额中可以只写一个“零”字；阿拉伯数字金额元位是“0”，或者数字中间连续有几个“0”、元位也是“0”但角位不是“0”时，汉字大写金额可以只写一个“零”字，也可以不写“零”字。

四、会计凭证的审核、签章

对于机制记账凭证，要认真审核，做到会计科目使用正确，数字准确无误。打印出的机制记账凭证要加盖制单人员、审核人员、记账人员及会计机构负责人印章或者签字。

五、会计凭证的传递、保管

各单位会计凭证的传递程序应当科学、合理，会计机构、会计人员要妥善保管会计凭证。

（一）会计凭证应当及时传递，不得积压。

（二）会计凭证登记完毕后，应当按照分类和编号顺序保管，不得散乱丢失。

（三）记账凭证应当连同所附的原始凭证或者原始凭证汇总表，按照编号顺序，折叠整齐，按期装订成册，并加具封面，注明单位名称、年度、月份和起讫日期、凭证种类、起讫号码，由装订人在装订线封签外签名或者盖章。

对于数量过多的原始凭证，可以单独装订保管，在封面上注明记账凭证日期、编号、种类，同时在记账凭证上注明“附件另订”和原始凭证名称及编号。

各种经济合同、存出保证金收据以及涉外文件等重要原始凭证，应当另编目录，单独登记保管，并在有关的记账凭证和原始凭证上相互注明日期和编号。

（四）原始凭证不得外借，其他单位如因特殊原因需要使用原始凭证，经本单位会计机构负责人批准，可以复制。向外单位提供的原始凭证复制件，应当在专设的登记簿上登记，并由提供人员和收取人员共同签名或者盖章。

（五）从外单位取得的原始凭证如有遗失，应当取得原开出单位盖有公章的证明，并注明原来凭证的号码、金额和内容等，由经办单位会计机构负责人和单位领导人批准后，才能代作原始凭证。如果确实无法取得证明，如火车、轮船、飞机票等凭证，由当事人写出详细情况，由经办单位会计机构负责人和单位领导人批准后，代作原始凭证。

第六节　会计账簿基本要求

一、会计账簿的分类

各单位应当按照国家统一会计制度的规定和会计业务的需要设置会计账簿。会计账簿包括总账、明细账、日记账和其他辅助性账簿。

二、会计账簿的建账要求

（一）现金日记账和银行存款日记账必须采用订本式账簿。不得用银行对账单或者其他方法代替日记账。

（二）用计算机打印的会计账簿必须连续编号，经审核无误后装订成册，并由记账人员和会计机构负责人、会计主管人员签字或者盖章。

（三）启用会计账簿时，应当在账簿封面上写明单位名称和账簿名称。在账簿扉页上应当附启用表，内容包括启用日期、账簿页数、记账人员和会计机构负责人、会计主管人员姓名，并加盖名章和单位公章。记账人员或者会计机构负责人、会计主管人员调动工作时，应当注明交接日期、接办人员或者监交人员姓名，并由交接双方人员签名或者盖章。

（四）启用订本式账簿，应当从第一页到最后一页顺序编定页数，不得跳页、缺号。使用活页式账页，应当按账户顺序编号，并须定期装订成册。装订后再按实际使用的账页顺序编定页码。另加目录，记明每个账户的名称和页次。

三、登记账簿的基本要求

（一）会计人员应当根据审核无误的会计凭证登记会计账簿，应当将会计凭证日期、编号、业务内容摘要、金额和其他有关资料逐项记入账内，做到数字准确、摘要清楚、登记及时、字迹工整。

（二）登记完毕后，要在记账凭证上签名或者盖章，并注明已经登账的符号，表示已经记账。

（三）账簿中书写的文字和数字上面要留有适当空格，不要写满格；一般应占格距的二分之一。

（四）登记账簿要用蓝黑墨水或者碳素墨水书写，不得使用圆珠笔（银行的复写账簿除外）或者铅笔书写。

（五）下列情况，可以用红色墨水记账：

1. 按照红字冲账的记账凭证，冲销错误记录；

2. 在不设借贷等栏的多栏式账页中，登记减少数；

3. 在三栏式账户的余额栏前，如未印明余额方向，在余额栏内登记负数余额；

4. 根据国家统一会计制度的规定可以用红字登记的其他会计记录。

（六）各种账簿按页次顺序连续登记，不得跳行、隔页。如果发生跳行、隔页，应当将空行、空页划线注销，或者注明“此行空白”“此页空白”字样，并由记账人员签名或者盖章。

（七）凡需要结出余额的账户，结出余额后，应当在“借或贷”等栏内写明“借”或者“贷”等字样。没有余额的账户，应当在“借或贷”等栏内写“平”字，并在余额栏内用“Q”表示。现金日记账和银行存款日记账必须逐日结出余额。

（八）每一账页登记完毕结转下页时，应当结出本页合计数及余额，写在本页最后一行和下页第一行有关栏内，并在摘要栏内注明“过次页”和“承前页”字样；也可以将本页合计数及金额只写在下页第一行有关栏内，并在摘要栏内注明“承前页”字样。

对需要结计本月发生额的账户，结计“过次页”的本页合计数应当为自本月初起至本页末止的发生额合计数；对需要结计本年累计发生额的账户，结计“过次页”的本页合计数应当为自年初起至本页末止的累计数；对既不需要结计本月发生额也不需要结计本年累计发生额的账户，可以只将每页末的余额结转次页。

四、会计账簿的更正方法

账簿记录发生错误，不准涂改、挖补、刮擦或者用药水消除字迹，不准重新抄写，必须按照下列方法进行更正：

（一）登记账簿时发生错误，应当将错误的文字或者数字划红线注销，但必须使原有字迹仍可辨认；然后在划线上方填写正确的文字或者数字，并由记账人员在更正处盖章。对于错误的数字，应当全部划红线更正，不得只更正其中的错误数字。对于文字错误，可只划去错误的部分。

（二）由于记账凭证错误而使账簿记录发生错误，应当按更正的记账凭证登记账簿。

五、对账工作要求

各单位应当定期对会计账簿记录的有关数字与库存实物、货币资金、有价证券、往来单位或者个人等进行相互核对，保证账证相符、账账相符、账实相符。对账工作每年至少进行一次。

（一）账证核对。核对会计账簿记录与原始凭证、记账凭证的时间、凭证字号、内容、金额是否一致，记账方向是否相符。

（二）账账核对。核对不同会计账簿之间的账簿记录是否相符，包括：总账有关账户的余额核对，总账与明细账核对，总账与日记账核对，会计部门的财产物资明细账与财产物资保管和使用部门的有关明细账核对等。

（三）账实核对。核对会计账簿记录与财产等实有数额是否相符。包括：现金日记账账面余额与现金实际库存数相核对；银行存款日记账账面余额定期与银行对账单相核对；各种财物明细账账面余额与财物实存数额相核对；各种应收、应付款明细账账面余额与有关债务、债权单位或者个人核对等。

第七节　财产清查要求

一、组织与领导

集团公司所属各企业负责人是年度财产清查工作的第一责任人。各企业财务部门具体负责财产清查工作的组织协调，参与并监督财产清查的全过程。各企业各类资产的管理部门负责资产的具体盘点工作。

二、工作原则

财产清查工作要坚持实事求是、统一部署、精心组织、全面彻底、不重不漏、账实相符的工作原则。

（一）要全面摸清家底，维护资产的安全和完整，做到账账相符、账卡相符、账实相符。

（二）要以账面记载为依据，以实地盘查为手段，查清资产来源、去向和管理情况，杜绝走过场、照抄账本的现象。

（三）在清查过程中，发现物资设备去向不明、虚报冒领等违法违纪问题，要专案上报，不准隐匿不报。

（四）要做好财产清查结果的汇总分析，认真总结经验教训，形成财产清查报告。

三、财产清查的内容及具体要求

首先确定清查工作开展的基准日，按资产类别分别清查，具体内容要求如下：

（一）货币资金的清查。包括现金、银行存款、金融机构理财。应收票据也参照货币资金执行。

1. 现金。由出纳进行现场盘点、会计负责监盘，填写现金盘点表。核实库存现金与账面余额是否相符，对现金长款和短款、白条抵库等现象要查明原因，分清责任，提出处理意见，并及时纠正。

2. 银行存款。由出纳负责收集所有银行账户对账单，会计负责对账并编制银行余额调节表，财务负责人复核。对于时间较长的银行调节事项，必须说明原因。

金融机构理财要向金融机构函证，确保理财产品真实完整。

3.应收票据参照现金进行盘点，关注票据的到期时间和回收情况。

（二）应收款项的清查。包括应收账款、其他应收款、预付账款。

债权清查主要工作内容包括债权形成的原因和期限、关注各债务人的经营情况、长期挂账的债权清收情况，并向债务人发送函证，核实双方金额是否一致；不一致和争议的款项，要写明原因，提出处理意见。

职工个人借款，财务部门要督促各部门及时报账，并与借款人核对借款余额，对三个月以上的借款事项，必须清理。

各类往来款项，在双方核对一致后，要编制对账单，保留双方对账资料，并存档备案。凡长期未决的历史遗留款项，核实清楚并备案存档，切实夯实往来款项质量。

（三）存货的清查。包括原材料、周转材料、修理用备件、低值易耗品、库存商品等。

各企业要认真组织清仓查库，对所有存货进行全面清查盘点，核对实际库存数量和库存账面数量，检查存货质量有无变化，关注保管条件、环境以及安全和消防措施。对查出的积压、已毁损或需报废的存货，要查明原因，提出处理意见。

（四）固定资产、在建工程的清查。包括房屋建筑物、机器设备、运输设备、工具器具和电子设备等。

对固定资产要检查固定资产原值、折旧、待报废和提前报废固定资产的数额及固定资产损失、待核销数额等；关注固定资产分类是否合理；详细了解固定资产目前的使用状况等；对出租的固定资产要检查相关租赁合同，检查是否已按合同规定收取租赁费；对清查出的各项账面盘盈、盘亏固定资产，要查明原因，分清工作责任，提出处理意见；检查房屋、车辆等产权证明原件并取得复印件，关注产权是否受到限制，如抵押、担保等。

各建设单位要认真清查项目投资总额和管理状况，并及时交付使用，办理移交手续等。对于完工的在建工程及早办理竣工决算手续。本年完工的在建项目，要在年底及时办理工程竣工决算，转增固定资产。

（五）长期投资的清查。包括各企业以各种资产对集团公司外部企业的各种形式的投资。

各企业应认真清查对外投资，明确投资主体，理顺投资关系，规范投资核算，加强对投资项目的监督管理。对外投资部分在理顺投资关系基础上，了解评价被投资企业经营情况，获取被投资企业的年度审计报告，审查是否及时确认投资损益。在清查过程中，要注意投资额度、持股比例是否发生变化，关注被投资企业基本情况和年度经营情况，检查投资主体董事会文件、投资变动法律文件及收益是否及时收回，权益是否得到保障等。

（六）其他长期资产的清查。包括无形资产、递延资产及其他资产清查。

对无形资产，各企业在核查过程中要确保无形资产的确认依据充分，产权主体是否为本企业（如土地使用权等），是否存在抵押质押等情况，同时对各类权证及相关证明材料存档备查；对递延资产等要保证证明其存在的文件材料充分，在资产核查过程中，应关注资产的取得、摊销、处置是否符合财务制度规定。

（七）负债的清查。包括各项流动负债和长期负债。

对负债清查时各企业要与债权人逐一核对账目，达到双方账面金额一致，对长期确实无法支付的应付款项，说明情况，提出处理意见。税费清查，要重点关注本年度各税种的计提、缴纳情况，是否存在少缴漏缴情况，如有遗漏事项，经确认后应及时补缴。

（八）或有事项清查，包括担保、抵押及质押担保等。

或有风险排查，关注公司对外担保、诉讼情况，主要内容有收集被担保企业的基本情况、报表和年度审计报告，根据被担保企业到期债务偿还情况判断其偿债能力和持续经营能力，是否将对公司造成代偿风险。由对外担保管理人员负责收集有关材料，形成风险排查报告。

（九）成本费用清查。

成本费用清查，主要关注跨年度费用报销情况，向各部门发出通知，明确费用报销截止时点。截止以后，如无特殊情况，不再审核报销以前年度费用。

四、核销报批和报告报送

（一）各企业财产清查过程中，需要核销的应收款项、报废的固定资产、各项资产的盘亏盘盈等，按照《洛阳市国资委监管企业资产减值准备财务核销工作规则》要求及集团公司内部管理权限上报审批。

（二）各企业要将财产清查形成书面报告及时上报，并将函证、对账单、资产盘点表等资料整理成册保存。

第八节　会计科目设置、使用与管理

一、会计科目设置的总体要求

会计科目的设置与使用应符合国家相关法律法规、会计准则和业务核算的需要，并保证会计报表各项目数据来源的合法、真实、准确和完整。集团公司会计科目和编码的设置原则由本手册统一规定，各单位应严格按照本手册使用会计科目，不得随意更改。

集团公司所属企业由于并购新增纳入合并报表范围企业的，应要求被并购企业自并购后下一个会计年度开始，按照本手册要求，设置会计科目体系；新设企业自开始会计核算之日起，按照本手册要求，设置会计科目体系。

二、会计科目设置规则

信息系统中会计科目编码位数设置为13位，会计科目最多为四级。会计科目编码规则如下：

（一）会计科目编码前四位为科目段，即一级科目。其中，第一位为科目性质标志。第一位数字含义为："1"为资产类；"2"为负债类；"3"为共同类；"4"为所有者权益类；"5"为成本费用类；"6"为损益类。资产、负债类会计科目按照流动性大小顺序编号。

（二）科目编码后九位均为明细段，即子科目。每级子科目编码占三位，即从001—999。子科目编码应根据各科目明细设置的不同要求逐渐占用后九位。即：二级科目编码在第五至第七位从000—999编码，三级科目编码在第八至第十位从000—999编码，四级科目编码在第十一至第十三位从000—999 编码。子科目编码中，同一级次采用同一顺序编码，但999 代表"其他"。

举例：一级科目"6602 管理费用"，二级科目"6602-001管理费用—职工薪酬"，三级科目"6602-001-003 管理费用—职工薪酬—社会保险费"。

三、会计科目设置权限

（一）科目解释权

集团公司计划财务部负责会计科目设置与管理，并具有解释权。

（二）科目维护权限

集团公司制定统一的会计科目及辅助核算项，各单位增减会计科目及固有辅助核算项，应报请集团公司计划财务部审批。

（三）科目一致性

会计科目应在不同会计期间内保持一致性。在一个会计年度内，对已经存在发生额的科目，不允许增加明细科目。

四、一级会计科目编码

序号	编号	会计科目名称	序号	编号	会计科目名称
		一、资产类			
1	1001	库存现金	19	1231	坏账准备
2	1002	银行存款	20	1303	贷款
3	1012	其他货币资金	21	1304	贷款损失准备
4	1031	存出保证金	22	1306	委托贷款
5	1101	交易性金融资产	23	1307	委托贷款损失准备
6	1121	应收票据	24	1401	材料采购
7	1122	应收账款	25	1402	在途物资
8	1123	预付账款	26	1403	原材料
9	1125	合同资产	27	1404	材料成本差异
10	1126	合同资产减值准备	28	1405	库存商品
11	1131	应收股利	29	1406	发出商品
12	1132	应收利息	30	1407	商品进销差价
13	1133	应收未收利息	31	1408	委托加工物资
14	1134	应收融资租赁款	32	1409	包装物及低值易耗品
15	1135	应收融资租赁款减值准备	33	1410	周转材料
16	1201	应收代位追偿款	34	1461	融资租赁资产
17	1211	应收分保账款	35	1471	存货跌价准备
18	1221	其他应收款	36	1481	持有待售资产

序号	编号	会计科目名称	序号	编号	会计科目名称
37	1482	持有待售资产减值准备	54	1605	工程物资
38	1501	债权投资	55	1606	固定资产清理
39	1502	债权投资减值准备	56	1607	在建工程减值准备
40	1503	其他债权投资	57	1608	工程物资减值准备
41	1504	其他债权投资减值准备	58	1611	未担保余值
42	1505	其他权益工具投资	59	1612	未担保余值减值准备
43	1511	长期股权投资	60	1701	无形资产
44	1512	长期股权投资减值准备	61	1702	累计摊销
45	1521	投资性房地产	62	1703	无形资产减值准备
46	1522	投资性房地产累计折旧及摊销	63	1705	使用权资产
47	1523	投资性房地产减值准备	64	1706	使用权资产累计折旧
48	1531	长期应收款	65	1707	使用权资产减值准备
49	1532	未实现融资收益	66	1711	商誉
50	1601	固定资产	67	1712	商誉减值准备
51	1602	累计折旧	68	1801	长期待摊费用
52	1603	固定资产减值准备	69	1811	递延所得税资产
53	1604	在建工程	70	1901	待处理财产损溢
二、负债类					
71	2001	短期借款	77	2204	合同负债
72	2002	存入保证金	78	2211	应付职工薪酬
73	2101	交易性金融负债	79	2221	应交税费
74	2201	应付票据	80	2231	应付利息
75	2202	应付账款	81	2232	应付股利
76	2203	预收账款	82	2241	其他应付款

序号	编号	会计科目名称	序号	编号	会计科目名称
83	2251	持有待售负债	89	2602	担保赔偿准备金
84	2301	租赁负债	90	2701	长期应付款
85	2401	递延收益	91	2702	未确认融资费用
86	2501	长期借款	92	2711	专项应付款
87	2502	应付债券	93	2801	预计负债
88	2601	未到期责任准备金	94	2901	递延所得税负债
三、共同类					
四、所有者权益类					
95	4001	实收资本（股本）	100	4103	本年利润
96	4002	资本公积	101	4104	利润分配
97	4003	其他综合收益	102	4201	库存股
98	4101	盈余公积	103	4301	专项储备
99	4102	一般风险准备金	104	4401	其他权益工具
五、成本类					
105	5001	生产成本	110	5401	合同履约成本
106	5003	开发成本	111	5402	合同履约成本减值准备
107	5101	制造费用	112	5403	合同结算
108	5201	劳务成本	113	5404	合同取得成本
109	5301	研发成本	114	5405	合同取得成本减值准备
六、损益类					
115	6001	主营业务收入	119	6041	租赁收入
116	6011	利息收入	120	6051	其他业务收入
117	6021	手续费及佣金收入	121	6101	公允价值变动损益
118	6031	担保费收入	122	6111	投资收益

序号	编号	会计科目名称	序号	编号	会计科目名称
123	6121	资产处置损益	132	6502	提取担保赔偿准备金
124	6131	其他收益	133	6601	销售费用
125	6301	营业外收入	134	6602	管理费用
126	6401	主营业务成本	135	6603	财务费用
127	6402	其他业务成本	136	6701	资产减值损失
128	6403	税金及附加	137	6702	信用减值损失
129	6411	利息支出	138	6711	营业外支出
130	6421	手续费及佣金支出	139	6801	所得税费用
131	6501	提取未到期责任准备金	140	6901	以前年度损益调整

第二章　金融资产

第一节　概述

一、金融资产概述

金融资产，是企业所拥有的以价值形态存在的资产，是一种索取实物资产的无形的权利。包括：库存现金、银行存款、其他货币资金（如企业的外汇存款、银行本票存款、银行汇票存款、信用卡存款、信用证保证金存款、存出投资款等）、应收账款、应收票据、贷款、其他应收款、股权投资、债权投资和衍生金融工具形成的资产等。

二、金融资产的概念

金融资产，是指企业持有的现金、其他方权益工具以及符合下列条件之一的资产：

（一）从其他地方收取现金或其他金融资产的合同权利。例如：企业的银行存款、应收账款、应收票据和企业发放的贷款等。

（二）在潜在有利条件下，与其他方交换金融资产或金融负债的合同权利。例如：企业购买的看涨期权或看跌期权等衍生工具。

（三）将来须用或可用企业自身权益工具进行结算的非衍生工具合同，且企业根据该合同将收到可变数量的自身权益工具。

（四）将来须用或可用企业自身权益工具进行结算的衍生工具合同，但以固定数量自身权益工具交换固定金额的现金或其他金融资产的衍生工具合同除外。

三、金融资产的分类

以企业持有金融资产的“业务模式”和“金融资产合同现金流量特征”为分类判断依据，将金融资产划分为以下三类：

（一）以摊余成本计量的金融资产；

（二）以公允价值计量且其变动计入当期损益的金融资产；

（三）以公允价值计量且其变动计入其他综合收益的金融资产。

上述分类一经确定，不得随意变更。

四、企业管理金融资产的业务模式

企业管理金融资产的业务模式，是指企业如何管理其金融资产以产生现金流量。业务模式决定企业管理金融资产现金流量的来源是收取合同现金流量、出售金融资产还是两者兼有。

五、金融资产的合同现金流量特征

金融资产的合同现金流量特征，是指金融工具合同约定的、反映相关金融资产经济特征的现金流量属性。

金融资产的合同现金流量特征应当与基本借贷安排相一致，即相关金融资产在特定日期产生的合同现金流量仅为对本金和以未偿付本金金额为基础的利息的支付（以下简称“本金加利息的合同现金流量特征”）。

六、金融资产的具体分类

（一）同时符合下列条件的，应当分类为以摊余成本计量的金融资产：

1. 企业管理该金融资产的业务模式是以收取合同现金流量为目标的；

2. 该金融资产的合同条款规定，在特定日期产生的现金流量，仅为对本金和以未偿付本金金额为基础的利息的支付。

（二）同时符合下列条件的，应当分类为以公允价值计量且其变动计入其他综合收益的金融资产：

1. 企业管理该金融资产的业务模式既以收取合同现金流量为目标又以出售该金融资产为目标。

2. 该金融资产的合同条款规定，在特定日期产生的现金流量，仅为对本金和以未偿付本金金额为基础的利息的支付。

（三）以公允价值计量且其变动计入当期损益的金融资产。

企业分类为以摊余成本计量的金融资产和以公允价值计量且其变动计入其他综合收益的金融资产之外的金融资产，应当分类为以公允价值计量且其变动计入当期损益的金融资产。例如，企业常见的股票、基金、可转换债券投资产品。

七、金融资产分类的特殊规定

（一）企业可以将非交易性权益工具投资指定为以公允价值计量且其变动计入其他综合收益的金融资产，并按照规定确认股利收入。该指定一经做出，不得撤销。

（二）权益工具投资一般不符合本金加利息的合同现金流量特征，企业应当指定为以公允价值计量且其变动计入当期损益的金融资产。该指定一经做出，不得撤销。

（三）在非同一控制下的企业合并中确认的或有对价构成金融资产的，该金融资产应当分类为以公允价值计量且其变动计入当期损益的金融资产。

八、金融资产重分类

企业改变其管理金融资产的业务模式时，应当对所有受影响的相关金融资产进行重分类。

（一）重分类概述

企业应当自重分类日起采用未来适用法进行相关会计处理，不得对以前已经确认的利得、损失（包括减值损失或利得）或利息进行追溯调整。

（二）重分类日

重分类日，是指导致企业对金融资产进行重分类的业务模式发生变更后的首个报告期间的第一天。

（三）不允许重分类的情形

如果企业管理金融资产的业务模式没有发生变更，而金融资产的条款发生变动但未导致终止确认时，不允许重分类。

如果金融资产条款发生变更导致金融资产终止确认，不涉及重分类问题的，企业应当终止确认原金融资产，同时按照变更后的条款确认一项新金融资产。

第二节　金融资产的计量

一、金融资产的初始计量

（一）企业初始确认金融资产，应当按照公允价值计量。公允价值通常指交易价格，即所收到或支付对价的公允价值。金融资产的公允价值依据相同资产在活跃市场上的报价或者以仅使用可观察市场数据的估值技术确定，应当将该公允价值与交易价格之间的差额确认为一项利得或损失。金融资产的公允价值以其他方式确定的，应当将该公允价值与交易价格之间的差额递延。初始确认后，应当根据某一因素在相应会计期间的变动程度将该递延差额确认为相应会计期间的利得或损失。

企业取得金融资产所支付的价款中包含已到付息期但尚未领取的利息或已宣告但尚未发放的现金股利，应当单独确认为应收项目处理，不构成金融资产的初始入账金额。但是，企业初始确认的应收账款未包含《企业会计准则第14号——收入》所定义的重大融资成分或根据《企业会计准则第14号——收入》规定不考虑不超过一年的合同中的融资成分的，应当按照该准则定义的交易价格进行初始计量。

（二）交易费用的处理

交易费用，是指可直接归属于购买、发行或处置金融资产的增量费用。增量费用是指企业没有发生购买、发行或处置相关金融资产的情形就不会发生的费用，包括支付给代理机构、咨询公司、券商、证券交易所、政府有关部门等的手续费、佣金、相关税费以及其他必要支出，不包括债券溢价、折价、融资费用、内部管理成本和持有成本等与交易不直接相关的费用。

1. 对于以公允价值计量且其变动计入当期损益的金融资产，相关交易费用计入当期损益；

2. 对于其他类别的金融资产，相关交易费用应计入初始确认金额。

二、金融资产的后续计量

企业应当对不同类别的金融资产，分别以摊余成本、以公允价值计量且其变动计入其他综合收益或以公允价值计量且其变动计入当期损益进行后续计量。金融资产应按存续期、重分类、减值不同情形分别进行后续计量。

（一）金融资产存续期的计量

实际利率法，是指计算金融资产的摊余成本以及将利息收入分摊计入各会计期间的方法。

实际利率，是指将金融资产在预计存续期的估计未来现金流量折现为该金融资产账面余额（不考虑减值）所使用的利率。

1. 以摊余成本计量的金融资产，摊余成本应当以金融资产的初始确认金额经下列调整确定:扣除已偿还的本金；加上或减去采用实际利率法将该初始确认金额与到期日金额之间的差额进行摊销形成的累计摊销额；扣除计提的累计信用减值准备。

企业应当按照实际利率法确认利息收入。利息收入应当根据金融资产账面余额乘以实际利率计算确定，但下列情况除外：

（1）对于购入或源生的已发生信用减值的金融资产，　企业应当自初始确认起，按照该金融资产的摊余成本（账面余额减已计提减值）和经信用调整的实际利率计算确定其利息收入。

经信用调整的实际利率，是指将购入或源生的已发生信用减值的金融资产在预计存续期的估计未来现金流量，折现为该金融资产摊余成本的利率。

（2）对于购入或源生的未发生信用减值，但在后续期间成为已发生信用减值的金融资产，企业应当在后续期间，按照该金融资产的摊余成本和实际利率计算确定其利息收入。

2. 以公允价值计量且其变动计入其他综合收益的金融资产

除与套期会计有关外，以公允价值计量且其变动计入其他综合收益的金融资产，其公允价值变动形成的利得或损失，应当按照下列规定处理：

（1）分类为以公允价值计量且其变动计入其他综合收益的金融资产所产生的利得或损失，除其减值损失或者利得、汇兑损益外，均应当计入其他综合收益。但是，采用实际利率法计算的该金融资产的利息应当计入当期损益。

该类金融资产终止确认时，之前计入其他综合收益的累计利得或损失应当从其他综合收益中转出，计入当期损益（投资收益）。

（2）对于指定为以公允价值计量且其变动计入其他综合收益的非交易性权益工具投资，除了获得的股利（属于投资成本收回部分的除外）计入当期损益（投资收益）外，其他相关的利得和损失（包括汇兑损益、公允价值变动）均应计入其他综合收益，且后续不得转入当期损益。当其终止确认时，之前计入其他综合收益的累计利得或损失应当从其他综合收益中转出，计入留存收益。

3. 以公允价值计量且其变动计入当期损益的金融资产

除与套期会计有关外，以公允价值计量且其变动计入当期损益的金融资产的利得或损失，应当计入当期损益。

（二）金融资产重分类的计量

1. 以摊余成本计量的金融资产的重分类

（1）企业将一项以摊余成本计量的金融资产重分类为以公允价值计量且其变动计入当期损益的金融资产的，应当按照该资产在重分类日的公允价值进行计量。原账面价值与公允价值之间的差额计入当期损益。

（2）企业将一项以摊余成本计量的金融资产重分类为以公允价值计量且其变动计入其他综合收益的金融资产的，应当按照该金融资产在重分类日的公允价值进行计量。原账面价值与公允价值之间的差额计入其他综合收益。该金融资产重分类不影响其实际利率和预期信用损失的计量。

2. 以公允价值计量且其变动计入其他综合收益的金融资产的重分类

（1）企业将一项以公允价值计量且其变动计入其他综合收益的金融资产重分类为以摊余成本计量的金融资产的，应当将之前计入其他综合收益的累计利得或损失转出，调整该金融资产在重分类日的公允价值，并以调整后的金额作为新的账面价值，即视同该金融资产一直以摊余成本计量。该金融资产重分类不影响其实际利率和预期信用损失的计量。

（2）企业将一项以公允价值计量且其变动计入其他综合收益的金融资产重分类为以公允价值计量且其变动计入当期损益的金融资产的，应当继续以公允价值计量该金融资产。同时，企业应当将之前计入其他综合收益的累计利得或损失从其他综合收益转入当期损益。

3. 以公允价值计量且其变动计入当期损益的金融资产的重分类

（1）企业将一项以公允价值计量且其变动计入当期损益的金融资产重分类为以摊余成本计量的金融资产的，应当以其在重分类日的公允价值作为新的账面余额。

（2）企业将一项以公允价值计量且其变动计入当期损益的金融资产重分类为以公允价值计量且其变动计入其他综合收益的金融资产的，应当继续以公允价值计量该金融资产。

对以公允价值计量且其变动计入当期损益的金融资产进行重分类的，企业应当根据该金融资产在重分类日的公允价值确定其实际利率。同时，企业应当自重分类日起对该金融资产按规定进行减值处理，并将重分类日视为初始确认日。

（三）金融资产减值

企业应当采用“预期信用损失法”对以摊余成本计量的金融资产和分类为以公允价值计量且其变动计入其他综合收益的金融资产（包括租赁应收款）进行减值会计处理并确认损失准备。

1. 预期信用损失法

在预期信用损失法下，减值准备的计提不以减值的实际发生为前提，而是以未来可能的违约事件造成的损失的期望值来计量当前（资产负债表日）应当确认的减值准备。

2. 适用减值的金融资产

（1）分类为以摊余成本计量的金融资产和以公允价值计量且其变动计入其他综合收益的金融资产。

（2）租赁应收款。

（3）部分贷款和财务担保合同。

3. 金融资产减值的三阶段

（1）信用风险自初始确认后未显著增加（第一阶段）

对于处于该阶段的金融资产，企业应当按照未来12个月的预期信用损失计量损失准备，并按其账面余额（未扣除减值准备）和实际利率计算利息收入。

（2）信用风险自初始确认后已显著增加但尚未发生信用减值（第二阶段）

对于处于该阶段的金融资产，企业应当按照该金融资产整个存续期的预期信用损失计量损失准备，并按其账面余额和实际利率计算利息收入。

（3）初始确认后发生信用减值（第三阶段）

对于处于该阶段的金融资产，企业应当按照该金融资产整个存续期的预期信用损失计量损失准备，并按其摊余成本（账面余额减已计提减值准备）和实际利率计算利息收入。

4. 信用风险评估

企业应当在资产负债表日评估金融资产信用风险（发生违约的概率）自初始确认后是否已显著增加。但下列两类情形下，企业无需就金融资产初始确认时的信用风险与资产负债表日的信用风险进行比较分析。

（1）较低信用风险。

（2）应收款项、租赁应收款和合同资产，应当始终按照整个存续期内预期信用损失的金额计量其损失准备。

5. 预期信用损失的计量

（1）预期信用损失是以违约概率为权重的金融工具现金流缺口（合同现金流量与预期收到的现金流量之间的差额）的现值的加权平均值。

企业可在计量预期信用损失时运用简便方法。如对于应收账款的预期信用损失，企业可参照历史信用损失经验，编制应收账款逾期天数与固定准备率对照表，以此为基础计算预期信用损失。

（2）折现率。

企业应当采用相关金融工具初始确认时确定的实际利率或其近似值，将现金流缺口折现为资产负债表日的现值，而不是预计违约日或其他日期的现值。

（3）预期信用损失的概率加权属性。

企业对预期信用损失的估计，是概率加权的结果，应当始终反映发生信用损失的可能性以及不发生信用损失的可能性（即便最可能发生的结果是不存在任何信用损失），而不是仅对最坏或最好的情形做出估计。

（4）计量中采集和使用的信息。

企业对金融资产预期信用损失的计量方法应当反映能够以合理成本即可获取的，合理且有依据的，关于过去事项、当前状况以及未来经济状况预测的信息，作为金融资产预期信用损失计量的依据。企业可同时使用内部和外部的各种数据来源，包括：关于信用损失的企业内部历史经验、企业内部评级、其他企业的信用损失经验、外部评级、外部报告和外部统计数据等。历史信息是企业计量预期信用损失的重要基准。

（5）估计预期信用损失的期间。

估计预期信用损失的期间，是指相关金融资产可能发生的现金流缺口所属的期间。企业计量预期信用损失的最长期限应当为企业面临信用风险的最长合同期限（包括由于续约选择权可能延续的合同期限）。

第三节　金融资产转移

一、概述

金融资产转移，是指企业（转出方）将金融资产（或其现金流量）让与或交付给该金融资产发行方之外的另一方（转入方）。

金融资产转移满足一定条件时将导致金融资产终止确认。金融资产终止确认，是指企业将之前确认的金融资产从其资产负债表中予以转出。

企业经营过程中所发生的应收票据贴现和背书，应收账款保理、资产证券化、资产支持票据等业务都涉及金融资产的转移和终止确认的处理。

二、金融资产转移的情形及其终止确认

（一）金融资产转移，包括下列两种情形：

1. 企业将收取金融资产现金流量的合同权利转移给其他方。

2. 企业保留了收取金融资产现金流量的合同权利，但承担了将收取的该现金流量支付给一个或多个最终收款方的合同义务，且同时满足以下三个条件：

（1）企业（转出方）只有从该金融资产收到对等的现金流量时，才有义务将其支付给最终收款方。

（2）转让合同规定禁止企业出售或抵押该金融资产，但企业可以将其作为向最终收款方支付现金流量义务的保证。

（3）企业（转出方）有义务将代表最终收款方收取的所有现金流量及时划转给最终收款方，且无重大延误。

（二）评估转移程度

企业在发生金融资产转移时，应当评估其保留金融资产所有权上的风险和报酬的程度，并分别以下列情形进行处理：

1. 企业转移了金融资产所有权上几乎所有风险和报酬的，应当终止确认该金融资产，并将转移中产生或保留的权利和义务单独确认为资产或负债。

以下情形通常表明企业已将金融资产所有权上几乎所有的风险和报酬转移给了

转入方：

（1）企业无条件出售金融资产。

（2）企业出售金融资产，同时约定按回购日该金融资产的公允价值回购。

（3）企业出售金融资产，同时与转入方签订看跌或看涨期权合约，且该看跌或看涨期权为深度价外期权。

2. 企业保留了金融资产所有权上几乎所有风险和报酬的，应当继续确认该金融资产。以下情形通常表明企业保留了金融资产所有权上几乎所有的风险和报酬：

（1）企业出售金融资产并与转入方签订回购协议，协议规定企业将按照固定价格或是按照原售价加上合理的资金成本向转入方回购原被转移金融资产，或者与售出的金融资产相同或实质上相同的金融资产。

（2）企业融出证券或进行证券出借。

（3）企业出售金融资产并附有将市场风险敞口转回给企业的总回报互换。

（4）企业出售短期应收款项或信贷资产，并且全额补偿转入方可能因被转移金融资产发生的信用损失。

（5）企业出售金融资产，同时与转入方签订看跌或看涨期权合约，且该看跌期权或看涨期权为一项价内期权。

3. 企业既没有转移也没有保留金融资产所有权上几乎所有风险和报酬的，应当判断其是否保留了对金融资产的控制，从而分别进行处理。

三、金融资产转移的计量

（一）金融资产整体转移的会计处理

1. 金融资产整体转移满足终止确认条件的，应当将下列两项金额的差额计入当期损益：

（1）被转移金融资产在终止确认日的账面价值。

（2）因转移金融资产而收到的对价，与原直接计入其他综合收益的公允价值变动累计额中对应终止确认部分的金额（分类为以公允价值计量且其变动计入其他综合收益的金融资产的情形）之和。

具体计算公式如下：

金融资产整体转移形成的损益=因转移收到的对价–所转移金融资产账面价值+/–原直接计入其他综合收益的公允价值变动累计利得（或损失）

因转移收到的对价=因转移交易实际收到的价款+新获得金融资产的公允价值+因转移获得的服务资产的公允价值–新承担金融负债的公允价值–因转移承担的服务负债的公允价值

2. 对于分类为以公允价值计量且其变动计入其他综合收益的金融资产整体转移满足终止确认条件的，企业在计量该项转移形成的损益时，应当将原计入其他综合收益的公允价值变动累计利得或损失转出计入当期损益；对于指定为以公允价值计量且其变动计入其他综合收益的非交易性权益工具投资则计入留存收益。

3. 因金融资产转移获得了新金融资产或服务资产，应当在转移日按照公允价值确认该新金融资产或服务资产，并将该新金融资产和服务资产扣除新金融负债及服务负债后的净额作为对价的组成部分。

（二）金融资产部分转移的计量

企业转移了金融资产的一部分，且该被转移部分满足终止确认条件的，应当将转移前金融资产整体的账面价值，在终止确认部分和继续确认部分（在这种情形下，所保留的服务资产应当视同继续确认金融资产的一部分）之间，按照转移日各自的相对公允价值进行分摊，并将下列两项金额的差额计入当期损益：

1. 终止确认部分在终止确认日的账面价值。

2. 终止确认部分收到的对价（包括获得的所有新资产减去承担的所有新负债），与原计入其他综合收益的公允价值变动累计额中对应终止确认部分的金额（涉及部分转移的金融资产为分类为以公允价值计量且其变动计入其他综合收益的金融资产的情形）之和。

（三）继续确认被转移金融资产的计量

企业保留了被转移金融资产所有权上几乎所有的风险和报酬的，表明企业所转移的金融资产不满足终止确认的条件，不应当将其从企业的资产负债表中转出，而应当继续确认所转移的金融资产整体，因资产转移而收到的对价，应当在收到时确认为一项金融负债。该金融负债与被转移金融资产应当分别确认和计量，不得相互抵销。在后续会计期间，企业应当继续确认该金融资产产生的收入或利得以及该金融负债产生的费用或损失。

（四）继续涉入被转移金融资产的计量

企业既没有转移也没有保留金融资产所有权上几乎所有风险和报酬，且保留了对该金融资产控制的，应当按照其继续涉入被转移金融资产的程度继续确认该被转移金融资产，并相应确认相关负债。企业所确认的被转移的金融资产和相关负债，应当反映企业所保留的权利和承担的义务。

企业应当对因继续涉入被转移金融资产形成的有关资产确认相关收益，对继续涉入形成的有关负债确认相关费用。按继续涉入程度继续确认的被转移金融资产应根据所转移金融资产的原性质及其分类，继续列报于资产负债表中的贷款、应收款项等。相关负债应当根据被转移的资产是按公允价值计量还是摊余成本计量予以计量：

1. 被转移的金融资产以摊余成本计量的，等于企业保留的权利和义务的摊余成本；

2. 被转移金融资产以公允价值计量的，等于企业保留的权利和义务按独立基础计量的公允价值。

3. 被转移的金融资产以摊余成本计量的，确认的相关负债不得指定为以公允价值计量且其变动计入当期损益。

（五）向转入方提供非现金担保物的计量

企业向金融资产转入方提供了非现金担保物（如债务工具或权益工具投资等）的，企业（转出方）和转入方应当按照下列规定处理：

1. 转入方按照合同或惯例有权出售该担保物或将其再作为担保物的，企业（转出方）应当将该非现金担保物在资产负债表中重新分类，并单独列报。

2. 转入方已将该担保物出售的，转入方应当就归还担保物义务，按照公允价值确认一项负债。

3. 除企业（转出方）因违约丧失赎回担保物权利外，企业应当继续将担保物确认为一项资产；转入方不得将该担保物确认为资产。

4. 企业（转出方）因违约丧失赎回担保物权利的，应当终止确认该担保物；转入方应当将该担保物确认为一项资产，并以公允价值计量。转入方已出售该担保物的，则转入方应当终止确认归还担保物的义务。

第四节 会计科目设置及主要账务处理

一、库存现金

（一）会计科目设置

企业应设置“库存现金”科目，核算企业的库存现金。

（二）主要账务处理

1. 收到现金，借记“库存现金”科目，贷记“应收账款”“合同负债”“预收账款”“其他业务收入”“营业外收入”等科目。

2. 从银行提取现金，借记“库存现金”科目，贷记“银行存款”科目；将现金存入银行，借记“银行存款”科目，贷记“库存现金”科目。

3. 企业以现金出借备用金、发放工资等，借记“其他应收款—备用金”“应付职工薪酬”等科目，贷记“库存现金”科目。

二、银行存款

（一）会计科目设置

企业应设置“银行存款”科目，核算企业存入银行或其他金融机构的各种款项。

（二）主要账务处理

1. 企业收到银行存款时，根据银行进账单，借记“银行存款”科目，贷记“应收账款”“合同负债”“主营业务收入”“其他业务收入”“营业外收入”等科目。

2. 企业以银行存款出借备用金、支付款项、发放工资、缴纳税费，借记“其他应收款—备用金”“应付账款”“合同履约成本”“应付职工薪酬”“应交税费”等科目，贷记“银行存款”科目。

三、其他货币资金

（一）会计科目设置

企业应设置“其他货币资金”科目，核算企业的外埠存款、银行本票存款、银行汇票存款、信用卡存款、信用证保证金存款、存出投资款、保函保证金、银行承兑汇票保证金等其他货币资金。

（二）主要账务处理

1. 外埠存款

外埠存款，是指企业到外地进行临时或零星采购时，汇往采购地银行开立采购专户的款项。

企业将款项委托当地银行汇往采购地开立专户时，借记“其他货币资金—外埠存款”科目，贷记“银行存款”科目。收到采购发票账单时，借记“原材料”“应交税费”等科目，贷记“其他货币资金—外埠存款”科目。将多余的外埠存款转回当地银行时，根据银行的收账通知，借记“银行存款”科目，贷记“其他货币资金—外埠存款”科目。

2. 银行本票存款

银行本票存款，是指企业为取得银行本票按规定存入银行的款项。

企业将款项缴存银行，取得银行本票后，借记“其他货币资金—银行本票存款”科目，贷记“银行存款”科目。企业使用银行本票后，根据发票账单等有关凭证，借记“原材料”“应交税费”等科目，贷记“其他货币资金—银行本票存款”科目。因本票超过付款期等原因而要求退款时，借记“银行存款”科目，贷记“其他货币资金—银行本票存款”科目。

3. 银行汇票存款

银行汇票存款，是指企业为取得银行汇票按规定存入银行的款项。

企业将款项缴存银行，取得银行汇票后，借记“其他货币资金—银行汇票存款”科目，贷记“银行存款”科目。企业使用银行汇票后，根据发票账单等有关凭证，借记“原材料”“应交税费”等科目，贷记“其他货币资金—银行汇票存款”科目。如有多余款或因汇票超过付款期等原因而退回款项，借记“银行存款”科目，贷记“其他货币资金—银行汇票存款”科目。

4. 信用卡存款

信用卡存款，是指企业为取得信用卡按照规定存入银行信用卡专户的款项。

企业将款项存入信用卡专户时，借记“其他货币资金—信用卡存款”科目，贷记“银行存款”科目。企业用信用卡购物或支付有关费用，借记“原材料”“应交税费”等科目，贷记“其他货币资金—信用卡存款”科目。企业信用卡使用完毕，将多余资金划回的，借记“银行存款”科目，贷记“其他货币资金—信用卡存款”科目。

5. 保证金存款

企业缴纳保证金时，借记“其他货币资金—保证金存款”科目，贷记“银行存款”科目。收回保证金时，借记“银行存款”科目，贷记“其他货币资金—保证金存款”科目。

6. 存出投资款

存出投资款，是指企业已存入证券公司但尚未进行投资的资金。

企业向证券公司划出资金时，应按实际划出的金额，借记“其他货币资金—存出投资款”科目，贷记“银行存款”科目；购买股票、债券等时，按实际发生的金额，借记“交易性金融资产”等科目，贷记 ”其他货币资金—存出投资款” 科目。企业从证券公司收回资金时，借记“银行存款”科目，贷记“其他货币资金—存出投资款”科目。

四、交易性金融资产

（一）会计科目设置

企业应设置“交易性金融资产”科目，核算企业分类为以公允价值计量且其变动计入当期损益的金融资产。本科目可按金融资产的类别和品种，分别以“成本”“公允价值变动”等进行明细核算。

（二）主要账务处理

1. 企业取得划分为以公允价值计量且其变动计入当期损益的金融资产，按其公允价值，借记“交易性金融资产—成本”科目，按发生的交易费用，借记“投资收益”科目，按已到付息期但尚未领取的利息或已宣告但尚未发放的现金股利，借记“应收利息”“应收股利”科目，按实际支付的金额，贷记“银行存款”等科目。

2. 以公允价值计量且其变动计入当期损益的金融资产持有期间被投资单位宣告发放现金股利、利息时，借记“应收股利”“应收利息”等科目，贷记“投资收益”科目。

3. 资产负债表日，以公允价值计量且其变动计入当期损益的金融资产的公允价值高于其账面余额的差额，借记“交易性金融资产—公允价值变动”科目，贷记“公允价值变动损益”科目；公允价值低于其账面余额的差额，做相反的会计分录。

4. 以公允价值计量且其变动计入当期损益的金融资产重分类为以摊余成本计量的金融资产时，按重分类日的公允价值，借记“债权投资”科目，贷记“交易性金融资产”科目。

5. 以公允价值计量且其变动计入当期损益的金融资产重分类为以公允价值计量且其变动计入其他综合收益的金融资产时，按重分类前的账面价值，借记“其他债权投资”等科目，贷记“交易性金融资产”科目。

6. 出售以公允价值计量且其变动计入当期损益的金融资产时，应按实际收到的金额，借记“银行存款”等科目，按该金融资产的账面余额，贷记“交易性金融资产”科目，按其差额，贷记或借记“投资收益”科目。

五、应收票据

（一）会计科目设置

企业应设置“应收票据”科目，核算企业因销售商品、提供劳务等而收到的商业汇票，包括银行承兑汇票和商业承兑汇票。

（二）主要账务处理

1. 企业因销售商品、提供劳务等而收到的商业汇票，按票据面值，借记“应收票据”科目，确认收入时，贷记“主营业务收入”等科目，按增值税销项税额，贷记“应交税费—应交增值税—销项税额”等科目；收到票据时，贷记“应收账款”“合同负债”等科目。

2. 企业将持有的未到期的商业汇票向银行等金融机构贴现，符合金融资产终止确认条件的，应按实际收到的金额，借记“银行存款”等科目，按贴现利息部分，借记“财务费用”科目，按商业汇票的票面金额，贷记“应收票据”科目；不符合金融资产终止确认条件的，企业应按照实际收到的款项，借记“银行存款”科目，按实际支付的贴息，借记“财务费用”科目，按银行贷款本金并考虑借款期限，贷记“短期借款”等科目。

不符合金融资产终止确认条件的票据到期后发生追索，企业偿还原计入短期借款本金和支付的利息时，借记“短期借款”“财务费用”科目，贷记“银行存款”等科目，同时将应收票据转入应收款项，借记“应收账款”等科目，贷记“应收票据”科目；票据到期后，未发生追索，按原计入短期借款本金和支付的利息，借记“短期借款”“财务费用”科目，贷记“应收票据”等科目。

3. 企业将持有的应收商业票据背书转让偿付债务或预付工程、物资款等不附追索权的，应按合同约定付款金额，借记“应付账款”“预付账款”等科目，按票面金额，贷记“应收票据”科目。

4. 商业汇票到期收款，按实际收到的金额，借记“银行存款”科目，贷记“应收票据”科目。

应收票据到期，付款人无力支付票款，按应收票据的账面余额，借记“应收账款”科目，贷记“应收票据”科目。

六、应收账款

（一）会计科目设置

企业应设置“应收账款”科目，核算企业因销售商品、提供劳务等经营活动应收取的款项。

（二）主要账务处理

1. 企业发生应收账款，按应收金额借记“应收账款”科目，按确认的收入金额贷记“主营业务收入”等科目，按适用税率计算的销项税额，贷记“应交税费—应交增值税—销项税额”等科目。

2. 企业收回应收账款时，借记“银行存款”“应收票据”等科目，贷记“应收账款”科目。

七、长期应收款

（一）会计科目设置

企业应设置“长期应收款”及“未实现融资收益”科目。

“长期应收款”科目核算企业的长期应收款项，包括融资租赁产生的应收款项、采用递延方式具有融资性质的销售商品和提供劳务等产生的应收款项等。

“未实现融资收益”科目核算企业分期计入利息收入等的未实现融资收益。

（二）主要账务处理

1. 采用递延方式分期收款销售商品或提供劳务等经营活动产生的长期应收款，满足收入确认条件的，按应收的合同或协议价款，借记“长期应收款”科目，按应收合同或协议价款的公允价值（折现值），贷记”主营业务收入”“合同资产”等科目，按其差额，贷记“未实现融资收益”科目。涉及增值税的，还应进行相应的处理。

2. 采用实际利率法按期计算确定的利息收入，借记“未实现融资收益”科目，贷记“财务费用”等科目。

八、应收利息及应收股利

（一）会计科目设置

企业应设置“应收利息”和“应收股利”科目。

“应收利息”科目核算企业交易性金融资产、债权投资、其他债权投资等应收取的利息。

“应收股利”科目核算企业应收取的现金股利和应收取其他单位分配的利润。

（二）主要账务处理

企业购买金融资产时包含已宣告未发放的利息或股利，借记“应收利息”“应收股利”科目，贷记“银行存款”等科目；持有期间，资产负债表日，企业按照应收的利息或股利，借记“应收利息”“应收股利”科目，贷记“投资收益”科目；企业实际收到利息，借记“银行存款”等科目，贷记“应收利息”“应收股利”科目。

九、其他应收款

（一）会计科目设置

企业应设置其他应收款科目，核算企业除应收票据、应收账款、预付账款、应收股利、长期应收款等以外的其他各种应收及暂付款项。

（二）主要账务处理

企业发生其他各种应收、暂付款项时，借记“其他应收款”科目，贷记“银行存款”等科目；收回或转销各种款项时，借记“库存现金”“银行存款”等科目，贷记“其他应收款”科目。

十、坏账准备

（一）会计科目设置

企业应设置“坏账准备”科目，核算企业以摊余成本计量的应收款项等金融资产以预期信用损失为基础计提的损失准备。

（二）主要账务处理

1. 资产负债表日，按照应收款项等金融资产预期信用损失金额，借记“信用减值损失”科目，贷记“坏账准备”科目。本期应计提的坏账准备大于其账面余额的，应按其差额计提；应计提的坏账准备小于其账面余额的，做相反的会计分录。

2. 对于确实无法收回的应收款项，按管理权限报经批准后作为坏账，转销应收款项，借记“坏账准备”科目，贷记“应收票据”“应收账款”“其他应收款”“长期应收款”等科目。

3. 已确认并转销的应收款项以后又收回的，应按实际收回的金额，借记“应收票据”“应收账款”“其他应收款”“长期应收款”等科目，贷记“坏账准备”科目；同时借记“银行存款”科目，贷记“应收票据”“应收账款”“其他应收款”“长期应收款”等科目；同时借记“坏账准备”科目，借记“信用减值损失”科目（红字）。

十一、债权投资

（一）会计科目设置

企业应设置“债权投资”及“债权投资减值准备”科目。

“债权投资”科目核算企业以摊余成本计量的债权投资的账面余额。本科目可按债权投资的类别和品种，分别以“面值”“利息调整”“应计利息”等进行明细核算。

“债权投资减值准备”科目核算企业以摊余成本计量的债权投资以预期信用损失为基础计提的损失准备。

（二）主要账务处理

1. 企业取得的债权投资，应按该投资的面值，借记“债权投资—面值”科目，按支付的价款中包含的已到付息期但尚未领取的利息，借记“应收利息”科目，按实际支付的金额，贷记“银行存款”等科目，按其差额，借记或贷记“债权投资—利息调整”科目。

2. 资产负债表日，债权投资为分期付息、一次还本债券投资的，应按票面利率计算确定的应收未收利息，借记“应收利息”科目，按债权投资期初摊余成本和实际利率计算确定的利息收入，贷记“投资收益”科目，按其差额，借记或贷记“债权投资—利息调整”科目。

债权投资为一次还本付息债券投资的，应于资产负债表日按票面利率计算确定的应收未收利息，借记“债权投资—应计利息”科目，按债权投资期初摊余成本和实际利率计算确定的利息收入，贷记“投资收益”科目，按其差额，借记或贷记“债权投资—利息调整”科目。

3. 资产负债表日，如果该债权投资的预期信用损失大于该债权投资当前减值准备的账面金额，企业应当将其差额确认为减值损失，借记“信用减值损失”科目，贷记“债权投资减值准备”科目；如果该债权投资的预期信用损失小于该债权投资当前减值准备的账面金额，则应当将差额确认为减值利得，做相反的会计分录。

企业实际发生信用损失，认定相关金融资产无法收回的，应当根据批准的核销金额，借记“债权投资减值准备”科目，贷记“债权投资—面值”“债权投资—利息调整”“债权投资—应计利息”科目。若核销金额大于已计提的损失准备，还应按其差额借记“信用减值损失”科目。

4. 将债权投资重分类为以公允价值计量且其变动计入当期损益的金融资产的，应在重分类日按重分类日公允价值，借记“交易性金融资产”科目，按已提的减值准备，借记“债权投资减值准备”科目，按其账面余额，贷记“债权投资—面值”“债权投资—利息调整”“债权投资—应计利息”等科目，按其差额，贷记或借记“公允价值变动损益”科目。

5. 将债权投资重分类为以公允价值计量且其变动计入其他综合收益的金融资产的，应在重分类日按重分类日公允价值，借记“其他债权投资”科目，按已提的减值准备，借记“债权投资减值准备”科目，按其账面余额，贷记“债权投资—面值”“债权投资—利息调整”“债权投资—应计利息”科目，按其差额，贷记或借记“其他综合收益—其他债权投资公允价值变动”科目。

6. 出售债权投资，应按实际收到的金额，借记“银行存款”等科目，按其账面余额，贷记“债权投资—面值”“债权投资—利息调整”“债权投资—应计利息”科目，按其差额，贷记或借记“投资收益”科目。已计提减值准备的，还应同时结转减值准备。

十二、其他债权投资

（一）会计科目设置

企业应设置“其他债权投资”及“其他综合收益—信用减值准备”科目。“其他债权投资”科目核算企业以公允价值计量且其变动计入其他综合收益的金融资产。本科目可按金融资产类别和品种，分别以“成本”“利息调整”“公允价值变动”等进行明细核算。

“其他综合收益—信用减值准备”科目核算企业以公允价值计量且其变动计入其他综合收益的金融资产以预期信用损失为基础计提的损失准备。

（二）主要账务处理

1. 企业取得的其他债权投资，应按该投资的面值，借记“其他债权投资—成本”科目，按支付的价款中包含的已到付息期但尚未领取的利息，借记“应收利息”科目，按实际支付的金额，贷记“银行存款”等科目，按其差额，借记或贷记“其他债权投资—利息调整”科目。

2. 资产负债表日，应按其他债权投资票面利率计算确定的应收未收利息，借记“应收利息”等科目，按实际利息收入金额，贷记“投资收益”科目，按其差额，借记或贷记“其他债权投资—利息调整”科目。

3. 其他债权投资公允价值发生变动时，按公允价值与期末摊余成本的差额，借记或贷记“其他债权投资—公允价值变动”科目，贷记或借记“其他综合收益—其他债权投资公允价值变动”科目。

4. 资产负债表日，该其他债权投资的预期信用损失大于该其他债权投资当前减值准备的账面金额，企业应当将其差额确认为减值损失，借记“信用减值损失”科目，贷记“其他综合收益—信用减值准备”；该其他债权投资的预期信用损失小于该其他债权投资当前减值准备的账面金额，则应当将差额确认为减值利得，做相反的会计分录。

企业实际发生信用损失，认定相关金融资产无法收回的，应当根据批准的核销金额，借记“其他综合收益—信用减值准备”科目，贷记“其他债权投资成本”“其他债权投资利息调整”“其他债权投资—公允价值变动”等科目。若核销金额大于已计提的损失准备，还应按其差额借记“信用减值损失”科目。

5. 将其他债权投资重分类为以公允价值计量且其变动计入当期损益的金融资产的，应按其他债权投资账面价值，借记“交易性金融资产”科目，按已提的减值准备，借记“其他综合收益—信用减值准备”科目，按其他债权投资账面价值，贷记“其他债权投资—成本”“其他债权投资—利息调整”“其他债权投资—公允价值变动”科目，按其差额，贷记或借记“投资收益”科目。

6. 将其他债权投资重分类为以摊余成本计量的金融资产的，应按其他债权投资原账面余额，借记“债权投资—面值”科目，贷记“其他债权投资成本”科目；按发生的公允价值变动，借记“其他综合收益—其他债权投资公允价值变动”科目，贷记“其他债权投资—公允价值变动”（负数相反）；按已计提的信用减值准备，借记“其他综合收益—信用减值准备”科目，贷记“债权投资减值准备”科目。

7. 出售其他债权投资，按收到的款项，借记“银行存款”等科目，按出售日账面价值，贷记“其他债权投资成本”科目，贷记或借记“其他债权投资—利息调整”“其他债权投资—公允价值变动”科目，按其差额，借记或贷记“投资收益”科目。按已发生的公允价值变动，借记或贷记“其他综合收益—公允价值变动”科目，贷记或借记“投资收益”科目；按已计提的减值准备，借记“其他综合收益—信用减值准备”科目，贷记“投资收益”科目。

十三、其他权益工具投资

（一）会计科目设置

企业应设置“其他权益工具投资”科目，核算企业指定为以公允价值计量且其变动计入其他综合收益的非交易性权益工具投资。本科目可按其他权益工具投资的类别和品种，分别以“成本”“公允价值变动”等进行明细核算。

（二）主要账务处理

1. 企业取得的其他权益工具投资，应按取得该投资时支付的对价，借记“其他权益工具投资—成本”科目，按支付的价款中包含已宣告但尚未发放的股利，借记“应收股利”科目，按实际支付的金额，贷记“银行存款”等科目。

2. 其他权益工具投资公允价值发生变动时，按公允价值变动金额，借记或贷记“其他权益工具投资—公允价值变动”科目，贷记或借记“其他综合收益—其他权益工具投资公允价值变动”科目。

3. 其他权益工具投资持有期间被投资单位宣告发放现金股利时，借记“应收股利”等科目，贷记“投资收益”科目。

4. 出售其他权益工具投资，按收到的款项，借记“银行存款”等科目，按出售日账面价值，贷记“其他权益工具投资—成本”科目，贷记或借记“其他权益工具投资—公允价值变动”科目，按其差额，借记或贷记“投资收益”科目。按已发生的公允价值变动，借记或贷记“其他综合收益—公允价值变动”科目， 贷记或借记“盈余公积”“利润分配—未分配利润”科目。

十四、衍生工具

（一）会计科目设置

企业应设置“衍生工具”科目，核算企业衍生工具的公允价值及其变动形成的衍生资产或衍生负债。

“衍生工具”科目设置“互换合同”“期货合同”“远期合同”“期权合同”等明细，按照工具类别进行明细核算。

“衍生工具”科目期末借方余额，反映企业衍生工具形成资产的公允价值；期末贷方余额，反映企业衍生工具形成负债的公允价值。

（二）主要账务处理

1. 企业取得衍生工具，按其公允价值，借记“衍生工具”科目，按发生的交易费用，借记“投资收益”科目，按实际支付的金额，贷记“银行存款”等科目。

2. 资产负债表日，衍生工具的公允价值高于其账面余额的差额，借记“衍生工具”科目，贷记“公允价值变动损益”科目；公允价值低于其账面余额的差额，做相反的会计分录。

3. 终止确认的衍生工具，应当比照“交易性金融资产”“交易性金融负债”等科目的相关规定进行处理。

十五、金融资产转移

（一）会计科目设置

企业应设置“继续涉入资产”与“继续涉入负债”科目。

“继续涉入资产”科目核算企业（转出方）由于对转出金融资产提供信用增级（如提供担保，持有次级权益）而继续涉入被转移金融资产时，企业所承担的最大可能损失金额（企业继续涉入被转移金融资产的程度）。企业可以按金融资产转移业务的类别、继续涉入的性质或者被转移金融资产的类别设置本科目的明细科目。

“继续涉入负债”科目核算企业在金融资产转移中因继续涉入被转移资产而产生的义务。企业可以按金融资产转移业务的类别、被转移金融资产的类别或者交易对手设置本科目的明细科目。

（二）主要账务处理

1. 整体转移

整体转移以摊余成本计量的金融资产的，按收到的对价，借记“银行存款”等科目，按已计提的各种准备，借记“坏账准备”等科目，贷记“应收账款”“债权投资”等科目，按其差额，借记或贷记“财务费用”“投资收益”等科目。

整体转移以公允价值计量且其变动计入其他综合收益的金融资产的，按收到的对价，借记“银行存款”科目，或按收到的其他资产，按新获得的新金融资产，借记“衍生工具”等科目，按出售日公允价值，贷记“其他债权投资”科目，按其差额，借记或贷记“投资收益”科目；按之前发生的公允价值变动，借记“其他综合收益—公允价值变动”科目，贷记“投资收益”科目。

2. 部分转移

转移时按收到的对价，借记“银行存款”等科目，按照分摊至终止确认部分的账面价值，贷记“债权投资”等科目，按其差额，贷记或借记“财务费用”“投资收益”等科目。

继续确认按收到的对价，借记“银行存款”等科目，贷记“短期借款”等科目；回购时，做相反分录。

3. 继续涉入

按收到的对价，借记“银行存款”等科目，按确认的继续涉入资产的账面价值，借记“继续涉入资产”科目，按出售资产的账面价值， 贷记“债权投资”等科目，按确认的继续涉入负债的账面价值，贷记“继续涉入负债”科目，按其差额，借记或贷记“投资收益”等科目。

第三章 存 货

第一节 概述

一、存货的概念

存货，是指企业在日常活动中持有以备出售的产成品或商品、处在生产过程中的在产品、在生产过程或提供劳务过程中耗用的材料、物料等。

二、存货的分类

根据存货的性质、用途划分，存货通常包括以下内容：

（一）原材料，指企业在生产过程中经加工改变其形态或性质并构成产品主要实体的各种原料及主要材料、辅助材料、外购半成品（外购件）、修理用备件（备品备件）、包装材料、燃料等。为建造固定资产等各项工程而储备的各种材料，虽然同属于材料，但是，由于用于建造固定资产等各项工程不符合存货的定义，因此不能作为企业的存货进行核算。

（二）在产品，指企业正在制造尚未完工的产品，包括正在各个生产工序加工的产品和已加工完毕但尚未检验或已检验但尚未办理入库手续的产品。

（三）半成品，指经过一定生产过程并已检验合格交付半成品仓库保管，但尚未制造完工成为产成品，仍需进一步加工的中间产品。

（四）产成品，指工业企业已经完成全部生产过程并验收入库，可以按照合同规定的条件送交订货单位，或者可以作为商品对外销售的产品。企业接收外来原材料加工制造的代制品和为外单位加工修理的代修品，制造和修理完成验收入库后，应视同企业的产成品。

（五）商品，指商品流通企业外购或委托加工完成验收入库用于销售的各种商品。

（六）周转材料，指企业能够多次使用，但不符合固定资产定义的材料，如为了包装本企业商品而储备的各种包装物，各种工具、管理用具、玻璃器皿、劳动保护用品以及在经营过程中周转使用的容器等低值易耗品和建造承包商的钢模板、木模板、脚手架等。

三、存货的确认条件

存货必须在符合定义的前提下，同时满足下列两个条件，才能予以确认：

（1）与该存货有关的经济利益很可能流入企业；

（2）该存货的成本能够可靠地计量。

四、存货的初始计量

企业取得存货应当按照成本进行初始计量。存货成本包括采购成本、加工成本和使存货达到目前场所和状态所发生的其他成本三个组成部分。企业存货的取得主要是通过外购和自制两个途径。

（一）外购存货的成本

企业外购存货主要包括原材料和商品。外购存货的成本即存货的采购成本，指企业物资从采购到入库前所发生的全部支出，包括购买价款、相关税费、运输费、装卸费、保险费以及其他可归属于存货采购成本的费用。

商品流通企业在采购商品过程中发生的运输费、装卸费、保险费以及其他可归属于存货采购成本的费用等进货费用，应计入所购商品成本。企业也可以将发生的运输费、装卸费、保险费以及其他可归属于存货采购成本的费用等进货费用先进行归集，期末，按照所购商品的存销情况进行分摊。对于已销售商品的进货费用，计入主营业务成本；对于未售商品的进货费用，计入期末存货成本。商品流通企业采购商品的进货费用金额较小的，可以在发生时直接计入当期销售费用。

（二）加工取得存货的成本

企业通过进一步加工取得的存货成本由采购成本、加工成本构成。某些存货还包括使存货达到目前场所和状态 所发生的其他成本，如可直接认定的产品设计费用等。

存货加工成本由直接人工和制造费用构成。其中，直接人工是指企业在生产产品过程中，直接从事产品生产的工人的职工薪酬。制造费用是指企业为生产产品和提供劳务而发生的各项间接费用。制造费用是一项间接生产成本，包括企业生产部门（如生产车间）管理人员的职工薪酬、折旧费、办公费、水电费、机物料消耗、劳动保护费、车间固定资产的修理费用、季节性和修理期间的停工损失等。

（三）其他方式取得存货的成本

企业取得存货的其他方式主要包括接受投资者投资、非货币性资产交换、债务重组、企业合并以及存货盘盈等。

（1）投资者投入存货的成本，应当按照投资合同或协议约定的价值确定，但合同或协议约定价值不公允的除外。在投资合同或协议约定价值不公允的情况下，按照该项存货的公允价值作为其入账价值。

（2）通过非货币性资产交换、债务重组、企业合并等方式取得的存货的成本。企业通过非货币性资产交换取得存货的按照“非货币性资产交换”相关章节的规定计量；债务重组中取得的存货，按存货的公允价值加上应支付的相关税费确定其入账价值；企业合并过程中取得的存货，其成本按照“企业合并”章节的规定确定。

（3）盘盈存货的成本应按重置成本作为入账价值，并通过“待处理财产损溢”科目进行会计处理，按管理权限报经批准后，冲减当期管理费用。

（四）通过提供劳务取得的存货

通过提供劳务取得的存货，其成本按从事劳务提供人员的直接人工和其他直接费用以及可归属于该存货的间接费用确定。

（五）在确定存货成本的过程中，下列费用不应当计入存货成本，而应当在其发生时计入当期损益：

（1）非正常消耗的直接材料、直接人工及制造费用，应计入当期损益，不得计入存货成本。

（2）仓储费用，指企业在采购入库后发生的储存费用，应计入当期损益。但是，在生产过程中为达到下一个生产阶段所必需的仓储费用则应计入存货成本。

（3）不能归属于使存货达到目前场所和状态的其他支出。

（4）企业采购用于广告营销活动的特定商品，向客户预付货款未取得商品时，应作为预付账款进行会计处理，待取得相关商品时计入当期损益（销售费用）。企业取得广告营销性质的服务比照该原则进行处理。

第二节　存货的计量

一、发出存货成本的计量方法

企业在确定发出存货的成本时，可采用的计量方法包括先进先出法、全月一次加权平均法和移动加权平均法。对于不能替代使用的存货、为特定项目专门购入或制造的存货以及提供的劳务，采用个别计价法。发出存货的计量方法一经确定，不得随意改变。

二、存货成本的结转

企业销售存货，应当将已售存货的成本结转为当期损益，计入营业成本。

对已售存货计提了存货跌价准备，还应结转已计提的存货跌价准备，冲减当期主营业务成本或其他业务成本，企业按存货类别计提存货跌价准备的，也应按比例结转相应的存货跌价准备。

企业的周转材料按照使用次数分次计入成本费用。包装物和低值易耗品可在领用时一次计入成本费用，以简化核算，但应加强实物管理工作。

企业因非货币性资产交换、债务重组等转出的存货成本，分别参见本手册“非货币性资产交换”和“债务重组”相关章节。

三、存货的期末计量

资产负债表日，存货应当按照成本与可变现净值孰低计量。

当存货成本低于可变现净值时，存货按成本计量；当存货成本高于可变现净值时，存货按可变现净值计量，同时按照成本高于可变现净值的差额计提存货跌价准备，计入当期损益。

四、存货的可变现净值

可变现净值，是指在日常活动中，存货的估计售价减去至完工时估计将要发生的成本、估计的销售费用以及相关税费后的金额。

（一）可变现净值的基本特征

确定存货可变现净值的前提是企业在进行日常活动。如果企业不是在进行正常的生产经营活动，比如企业处于清算过程，那么不能按照存货准则的规定确定存货的可变现净值。

可变现净值为存货的预计未来净现金流入，而不是简单地等于存货的售价或合同价。企业预计的销售存货现金流量，并不完全等于存货的可变现净值。存货在销售过程中可能发生的销售费用和相关税费，以及为达到预定可销售状态还可能发生的加工成本等相关支出，构成现金流入的抵减项目。企业预计的销售存货现金流量，扣除这些抵减项目后，才能确定存货的可变现净值。

不同存货可变现净值的构成不同。

生产成品、商品和用于出售的材料等直接用于出售的商品存货，在正常生产经营过程中，应当以该存货的估计售价减去估计的销售费用和相关税费后的金额，确定其可变现净值。

需要经过加工的材料存货，在正常生产经营过程中，应当以所生产的产成品的估计售价减去至完工时估计将要发生的成本、估计的销售费用和相关税费后的金额，确定其可变现净值。

（二）确定存货的可变现净值时应考虑的因素

1. 企业在确定存货的可变现净值时，应当以取得的确凿证据为基础，并且考虑持有存货的目的、资产负债表日后事项的影响等因素。

2. 确定存货的可变现净值应当考虑持有存货的目的。

3. 确定存货的可变现净值应当考虑资产负债表日后事项等的影响。

五、计提存货跌价准备

（一）存货估计售价的确定

企业应当区别如下情况确定存货的估计售价：

1. 为执行销售合同或者劳务合同而持有的存货，通常应当以产成品或商品的合同价格作为其可变现净值的计算基础。如果存货的数量多于销售合同订购数量，超出部分的存货可变现净值应当以产成品或商品的一般销售价格（市场销售价格）作为计算基础。存货的数量少于销售合同订购数量，实际持有与该销售合同相关的存货应以销售合同所规定的价格作为可变现净值的计算基础。没有销售合同约定的存货（不包括用于出售的材料），其可变现净值应当以产成品或商品一般销售价格（市场销售价格）作为计算基础。

2. 用于出售的材料等，通常以市场价格作为其可变现净值的计算基础。这里的市场价格是指材料等的市场销售价格。如果用于出售的材料存在销售合同约定，应按合同价格作为其可变现净值的计算基础。

3. 对于为生产而持有的材料等，如果用其生产的产成品的可变现净值预计高于成本，则该材料仍然应当按照成本计量。如果材料价格的下降表明产成品的可变现净值低于成本，则该材料应当按可变 现净值计量，按其差额计提存货跌价准备。

（二）计提存货跌价准备的方法和原则

1. 企业通常应当按照单个存货项目计提存货跌价准备。

2. 对于数量繁多、单价较低的存货，可以按照存货类别计提存货跌价准备。

3. 与在同一地区生产和销售的产品系列相关、具有相同或类似最终用途或目的且难以与其他项目分开计量的存货，可以合并计提存货跌价准备。

（三）存货跌价准备转回的处理

资产负债表日，企业应当确定存货的可变现净值。若以前减记存货价值的影响因素已经消失，应在原已计提的存货跌价准备金额内转回。转回的存货跌价准备计入当期损益。

（四）存货跌价准备的结转

企业计提了存货跌价准备，如果其中有部分存货已经销售，则企业在结转销售成本时，应同时将计提的存货跌价准备转入当期损益。

对于因债务重组、非货币性资产交换转出的存货，应同时将计提的存货跌价准备转入当期损益。如果按存货类别计提存货跌价准备，应当按照发生销售、债务重组、非货币性资产交换等而转出存货的成本占该存货未转出前该类别存货成本的比例，结转相应的存货跌价准备。

第三节　存货的清查盘点

存货清查，是指通过对存货的实地盘点，确定存货的实有数量，并与账面结存数核对，从而确定存货实存数与账面结存数是否相符的一种专门方法。

由于存货种类繁多、收发频繁，在日常收发过程中可能发生计量错误、计算错误、自然损耗，还可能发生损坏变质以及贪污、盗窃等情况，造成账实不符，形成存货的盘盈、盘亏。对于存货的盘盈、盘亏，应填写存货盘点报告，及时查明原因，按照规定程序报批处理。

为反映和监督企业在财产清查中查明的各种存货的盘盈、盘亏和毁损情况，企业应当设置“待处理财产损溢”科目，借方登记存货的盘亏、毁损金额及盘盈的转销金额，贷方登记存货的盘盈金额及盘亏的转销金额。企业清查的各种存货损益，应在期末结账前处理完毕，期末处理后，“待处理财产损溢”科目应无余额。

企业发生存货盘盈时，应借记“原材料”“库存商品”等科目，贷记“待处理财产损溢”科目；在按管理权限报经批准后，借记“待处理财产损溢”科目，贷记“管理费用”科目。

企业发生的存货的盘亏或毁损，应作为待处理财产损溢进行核算。按管理权限报经批准后，根据造成存货盘亏或毁损的原因，分别以下情况进行处理：

属于计量收发差错和管理不善等原因造成的存货短缺，应先扣除残料价值、可以收回的保险赔偿和过失人赔偿，将净损失计入管理费用。

属于自然灾害等非常原因造成的存货毁损，应先扣除处置收入（如残料价值）、可以收回的保险赔偿和过失人赔偿，将净损失计入营业外支出。

因非正常原因导致的存货盘亏或毁损，按规定不能抵扣的增值税进项税额应当予以转出。

第四节 会计科目设置及主要账务处理

一、原材料

（一）会计科目设置

企业应当设置“原材料”“材料成本差异”“材料采购”“在途物资”等科目。其中：

“原材料”科目核算企业各种原材料的实际成本或计划成本。

“材料成本差异”科目核算企业采用计划成本采购的原材料，所形成的计划成本与实际成本的差异。

“材料采购”科目核算企业采用计划成本法进行材料日常核算购入各种材料物资等的采购成本。

“在途物资”科目核算企业采用实际成本采购的原材料，货款已付尚未验收入库的购入材料或商品的采购成本。

（二）主要账务处理

1. 取得原材料的账务处理

购入并已验收入库的材料，借记“原材料”科目，按可抵扣的增值税进项税额，借记“应交税费—应交增值税—进项税额”科目，按实际支付或应支付的金额，贷记“银行存款”“应付账款”“应付票据”等科目。

购入材料货到发票未到时，企业应暂估入账，按照不含税金额，借记“原材料”等科目，贷记“应付账款”等科目；待实际收到发票时，先红字冲回暂估入账的存货，再按实际成本入账。

采用计划成本法核算的企业，还应当对材料成本差异进行相应处理。

2. 发出原材料的账务处理

生产经营领用原材料，借记“合同履约成本”“辅助生产”“机械作业”“间接费用”“生产成本”“开发成本”等科目，贷记“原材料”科目。

采用计划成本核算的企业，月末，按照所耗用原材料应负担的成本差异，借记相关科目，借记或贷记“材料成本差异”科目。

3. 出售原材料的账务处理

出售原材料，借记“银行存款”“应收账款”等科目，贷记“其他业务收入”“应交税费—应交增值税—销项税额”等科目；同时，按出售原材料的实际成本，借记“其他业务成本”科目，贷记“原材料”科目。

采用计划成本核算的企业，应于结转原材料成本的同时，结转所出售原材料应分摊的材料成本差异，借记或贷记“材料成本差异”科目。

二、库存商品

（一）会计科目设置

企业应当设置“库存商品”科目，核算企业库存的各种商品、产成品的实际成本或计划成本。

（二）主要账务处理

1. 企业生产的产成品

生产完工验收入库时，借记“库存商品—产成品”科目，贷记“生产成本”等科目。

采用计划成本核算的企业，应同时结转应分摊的材料成本差异，借记或贷记“材料成本差异”科目。

2. 企业购入的库存商品

企业购入库存商品应采用进价核算，按商品进价，借记“库存商品—外购商品”科目，按可抵扣的增值税进项税额，借记“应交税费—应交增值税—进项税额”科目，按实际支付或应支付的金额，贷记“银行存款”“应付账款”等科目。

3. 对外销售商品结转销售成本

对外销售商品结转销售成本时，借记“主营业务成本”等科目，贷记“库存商品”科目。

三、发出商品

（一）会计科目设置

企业应当设置“发出商品”科目，核算企业商品销售不满足收入确认条件但已发出商品的实际成本或计划成本。

（二）主要账务处理

1. 未满足收入确认条件的发出商品，应按发出商品的实际成本，借记“发出商品”科目，贷记“库存商品”科目。

发出商品发生退回的，应按退回商品的实际成本，借记“库存商品”等科目，贷记“发出商品”科目。

2. 发出商品满足收入确认条件时，应结转相应成本，借记“主营业务成本”科目，贷记“发出商品”科目。

四、委托加工物资

（一）会计科目设置

企业应当设置“委托加工物资”科目，核算企业委托外单位加工的各种物资的实际成本。

（二）主要账务处理

1. 企业发给外单位加工的物资，按实际成本，借记“委托加工物资”科目，贷记“原材料”等科目；采用计划成本核算的，还应同时结转材料成本差异。

2. 企业支付或确认加工费、运杂费等，借记“委托加工物资”“应交税费—应交增值税—进项税额”科目，贷记“银行存款”“应付账款”等科目。

3. 加工完成验收入库的物资和剩余的物资，按加工收回物资和剩余物资的实际成本，借记“原材料”等科目，贷记“委托加工物资”科目。

采用计划成本核算的，按计划成本，借记“原材料”等科目，按实际成本，贷记“委托加工物资”科目，按实际成本与计划成本之间的差额，借记或贷记“材料成本差异”科目。

五、开发成本

（一）会计科目设置

企业应当设置“开发成本”科目，核算房地产企业土地、房屋、配套设施和代建工程的开发过程中发生的各项支出。

（二）主要账务处理

1. 房地产开发项目在成本归集时，借记“开发成本”“应交税费—应交增值税—进项税额”等科目，贷记“银行存款”“原材料”“应付账款”等科目。

2. 开发项目完工，结转开发成本时，借记“开发产品”科目，贷记“开发成本”等科目。

六、开发产品

（一）会计科目设置

企业应当设置“开发产品”科目，核算房地产企业土地、房屋、配套设施等开发完毕而待售的产品。

（二）主要账务处理

1. 对外销售房地产结转销售成本，按实际成本，借记“主营业务成本”科目，贷记“开发产品”科目。

2. 开发产品转为自用的，按房屋实际成本，借记“固定资产”科目，贷记“开发产品”科目。

3. 开发产品转换为投资性房地产的，借记“投资性房地产”等科目，贷记“开发产品”等科目。

七、低值易耗品

（一）会计科目设置

企业应当设置“低值易耗品”科目，核算企业各种低值易耗品的实际成本，并设置明细科目。

（二）主要账务处理

1. 购入低值易耗品，借记“低值易耗品”科目，按可抵扣的增值税进项税额，借记“应交税费—应交增值税—进项税额”科目，按实际支付或应支付的金额，贷记“银行存款”“应付账款”“应付票据”等科目。

2. 领用低值易耗品，进行摊销，借记“合同履约成本”“生产成本”“在建工程”“管理费用”等科目，贷记“低值易耗品”科目。

3. 处置低值易耗品，在处置过程中取得处置收入金额或残料价值的，借记“银行存款”“原材料”等科目，借记“合同履约成本”“生产成本”“在建工程”“管理费用”等科目（红字）；取得处置收入的，同时按照应缴纳的增值税金额，贷记“应交税费—应交增值税—销项税额”。

八、周转材料

（一）会计科目设置

企业应当设置“周转材料”科目，核算企业各种周转材料的实际成本，并设置明细科目。

（二）主要账务处理

1. 购入周转材料，借记“周转材料”科目，按可抵扣的增值税进项税额，借记“应交税费—应交增值税—进项税额”科目，按实际支付或应支付的金额，贷记“银行存款”“应付账款”“应付票据”等科目。

2. 领用周转材料进行摊销时，按摊销额，借记“合同履约成本”“生产成本”“在建工程”“间接费用”等科目，贷记“周转材料”科目。

3. 周转材料报废时，应补提摊销额，并按报废周转材料的残料价值，借记“原材料”科目，借记“合同履约成本”“生产成本”“在建工程”“间接费用”等科目（红字）；同时转销全部已提摊销额。

4. 出售周转材料时，借记“银行存款”“应收账款”等科目，贷记“其他业务收入”“应交税费—应交增值税—销项税额”科目；同时，按出售周转材料的账面价值，借记“其他业务成本”科目，贷记“周转材料”科目。

九、存货跌价准备

（一）会计科目设置

企业应当设置“存货跌价准备”科目，核算企业存货的跌价准备。

（二）主要账务处理

1. 资产负债表日，存货发生减值的，按存货可变现净值低于成本的差额，借记“资产减值损失”科目，贷记“存货跌价准备”科目。

2. 已计提跌价准备的存货的价值以后又得以恢复，应在原已计提的存货跌价准备金额内，按恢复增加的金额，借记“存货跌价准备”科目，借记“资产减值损失”科目（红字）。

3. 发出存货同时结转存货跌价准备的，借记“存货跌价准备”科目，按存货的账面价值（即存货原值与跌价准备的差额），借记“合同履约成本”“生产成本”等科目，贷记“原材料”等科目。

第四章 长期股权投资

第一节 概述

一、股权投资

股权投资，又称权益性投资，是指通过付出现金或非现金资产等取得被投资单位的股份股权，享有一定比例的权益份额代表的资产。投资企业取得被投资单位的股权，相应地享有被投资单位净资产有关份额，通过被投资单位分得现金股利或利润以及待被投资单位增值后出售等获利。

二、长期股权投资

根据投资方在投资后对被投资单位能够施加影响的程度，分为应当按照金融资产进行核算和应当按照长期股权投资进行核算两种情况。其中，长期股权投资根据投资方在获取投资以后，能够对被投资单位施加影响的程度来划分的，包括对联营企业、合营企业以及子公司的投资。

联营企业投资，是指投资方能够对被投资单位施加重大影响的股权投资。重大影响，是指投资方对被投资单位的财务和生产经营决策有参与决策的权力，但并不能控制或与其他方一起共同控制这些政策的制定。

合营企业投资，是指投资方持有的对构成合营企业的合营安排的投资。投资方通过与其他方共同出资设立被投资单位或是能够与其他方一并对被投资单位实施共同控制且对被投资单位净资产享有权力的权益性投资，即对合营企业投资。

对子公司投资，是投资方持有的能够对被投资单位施加控制的股权投资。控制的界定及判断，是指投资方拥有对被投资方的权力，通过参与被投资方的相关活动而享有可变回报，并且有能力运用对被投资方的权力影响其回报金额。对子公司投资的取得一般是通过企业合并方式。

第二节　长期股权投资的初始计量

一、长期股权投资的确认

企业会计准则体系中仅就对子公司投资的确认时点进行了明确规定，即购买方（或合并方）应于购买日（或合并日）确认对子公司的长期股权投资。对于联营企业、合营企业等投资一般参照对子公司长期股权投资的确认条件进行。

二、长期股权投资的初始计量

（一）对联营企业、合营企业投资的初始计量

1. 以支付现金取得的长期股权投资，应当按照实际支付的购买价款作为长期股权投资的初始投资成本，包括与取得长期股权投资直接相关的费用、税金及其他必要支出，但所支付价款中包含的被投资单位已宣告但尚未发放的现金股利或利润应作为应收项目核算，不构成取得长期股权投资的成本。

2. 以发行权益性证券方式取得的长期股权投资，其成本为所发行权益性证券的公允价值，但不包括被投资单位已宣告但尚未发放的现金股利或利润。

为发行权益性证券支付给有关证券承销机构等的手续费、佣金等与权益性证券发行直接相关的费用，不构成取得长期股权投资的成本。该部分费用应自权益性证券的溢价发行收入中扣除，权益性证券的溢价收入不足冲减的，应冲减盈余公积和未分配利润。

3. 通过非货币性交换、债务重组取得的长期股权投资，参照本手册“非货币性资产交换”“债务重组”相关章节的规定确定初始投资成本。

（二）对子公司投资的初始计量

1. 同一控制下控股合并形成的对子公司长期股权投资

同一控制下企业合并，指交易发生前后合并方、被合并方均在相同的最终控制方控制之下。

（1）合并方以支付现金、转让非现金资产或承担债务方式作为合并对价的，应当在合并日按照取得被合并方所有者权益在最终控制方合并财务报表中的账面价值的份额作为长期股权投资的初始投资成本。长期股权投资的初始投资成本与支付的现金、转让的非现金资产及所承担债务账面价值之间的差额，应当调整资本公积（资本溢价

或股本溢价）；资本公积（资本溢价或股本溢价）的余额不足冲减的，调整留存收益。

（2）合并方以发行权益性证券作为合并对价的，应按合并日取得被合并方所有者权益在最终控制方合并财务报表中的账面价值的份额确认长期股权投资，按发行权益性证券的面值总额作为股本，长期股权投资初始投资成本与所发行权益性证券面值总额之间的差额，应当调整资本公积（资本溢价或股本溢价）；资本公积（资本溢价或股本溢价）不足冲减的，调整留存收益。

（3）企业通过多次交换交易，分步取得股权最终形成同一控制下控股合并的，在个别财务报表中，应当以持股比例计算的合并日应享有被合并方所有者权益在最终控制方合并财务报表中的账面价值份额，作为该项投资的初始投资成本。初始投资成本与其原长期股权投资账面价值加上合并日为取得新的股份所支付对价的现金、转让的非现金资产及所承担债务账面价值之和的差额，调整资本公积（资本溢价或股本溢价），资本公积不足冲减的，冲减留存收益。

2. 非同一控制下控股合并形成的对子公司长期股权投资

（1）非同一控制下的控股合并中，购买方应当按照确定的企业合并成本作为长期股权投资的初始投资成本。企业合并成本包括购买方付出的资产、发生或承担的负债、发行的权益性证券的公允价值之和。

（2）通过多次交换交易，分步取得股权最终形成非同一控制下控股合并的，购买方在个别财务报表中，应当以购买日之前所持被购买方的股权投资的账面价值与购买日新增投资成本之和，作为该项投资的初始投资成本。其中，形成控股合并前对长期股权投资采用权益法核算的，购买日长期股权投资的初始投资成本，为原权益法下的账面价值加上购买日为取得新的股份所支付对价的公允价值之和，购买日之前因权益法形成的其他综合收益或其他资本公积暂时不做处理，待到处置该项投资时将与其相关的其他综合收益或其他资本公积采用与被购买方直接处置相关资产或负债相同的基础进行会计处理；　形成控股合并前对股权投资采用金融工具准则以公允价值计量的（例如，原分类为以公允价值计量且其变动计入其他综合收益金融资产的非交易性权益工具投资），长期股权投资在购买日的初始投资成本为原公允价值计量的账面价值加上购买日取得新的股份所付对价的公允价值之和，购买日之前持有的被购买方的股权涉及其他综合收益的，计入留存收益，不得转入当期损益。

（三）投资成本中包含的已宣告但尚未发放的现金股利或利润的处理

企业无论以何种方式取得长期股权投资，取得投资时，对于投资成本中包含的被投资单位已经宣告但尚未发放的现金股利或利润，应作为应收项目单独核算，不构成取得长期股权投资的初始投资成本。

（四）一项交易中同时涉及自最终控制方购买股权形成控制及自其他外部独立第三方购买股权的

某些股权交易中，合并方除自最终控制方取得集团内企业的股权外，还会涉及自外部独立第三方购买被合并方进一步的股权。该类交易中，一般认为自集团内取得的股权能够形成控制的，相关股权投资成本的确定按照同一控制下企业合并的有关规定处理，而自外部独立第三方取得的股权则视为在取得对被投资单位的控制权，形成同一控制下企业合并后少数股权的购买。

三、长期股权投资的后续计量

（一）对联营企业和合营企业投资的后续计量

对联营企业、合营企业的长期股权投资，在投资方的个别财务报表中应当采用权益法核算。

1. 初始投资成本大于取得投资时应享有被投资单位可辨认净资产公允价值份额的，不要求对长期股权投资的成本进行调整。

初始投资成本小于取得投资时应享有被投资单位可辨认净资产公允价值份额的，两者之间的差额应计入当期损益，同时调整增加长期股权投资的账面价值。

2. 投资损益的确认

投资企业取得长期股权投资后，应当按照应享有或应分担被投资单位实现净利润或发生净亏损的份额，调整长期股权投资的账面价值，并确认为当期投资损益。

在确认应享有或应分担被投资单位的净利润或净亏损时，在被投资单位账面净利润的基础上，应考虑以下因素的影响并进行适当调整：

（1）被投资单位采用的会计政策及会计期间与投资企业不一致的，应按投资企业的会计政策及会计期间对被投资单位的财务报表进行调整。

（2）以取得投资时被投资单位固定资产、无形资产的公允价值为基础计提的折旧额或摊销额，以及以投资企业取得投资时的公允价值为基础计算确定的资产减值准备金额等对被投资单位净利润的影响。

（3）在确定应享有的被投资单位实现的净损益、其他综合收益和其他所有者权益变动的份额时，潜在表决权所对应的权益份额不应予以考虑。

（4）在确认应享有或应分担的被投资单位净利润（或亏损）额时，法规或章程规定不属于投资企业的净损益应当予以剔除后计算。

（5）在确认投资收益时，除考虑公允价值的调整外，对于投资企业与其联营企业及合营企业之间发生的未实现内部交易损益应予抵销。

未实现内部交易损益的抵销既包括顺流交易也包括逆流交易，其中，顺流交易是指投资企业向其联营企业或合营企业出售资产，逆流交易是指联营企业或合营企业向投资企业出售资产。当未实现内部交易损益体现在投资企业或其联营企业、合营企业持有的资产账面价值中时，相关的损益在计算确认投资损益时应予抵销。

对于联营企业或合营企业向投资企业出售资产的逆流交易，在该交易存在未实现内部交易损益的情况下（即有关资产未对外部独立第三方出售），投资企业在采用权益法计算确认应享有联营企业或合营企业的投资损益时，应抵销该未实现内部交易损益的影响。当投资企业自其联营企业或合营企业购买资产时，在将该资产出售给外部独立的第三方之前，不应确认联营企业或合营企业因该交易产生的损益中本企业应享有的部分。

因逆流交易产生的未实现内部交易损益，在未对外部独立第三方出售之前，体现在投资企业持有资产的账面价值当中。投资企业对外编制合并财务报表的，应在合并财务报表中对长期股权投资及包含未实现内部交易损益的资产账面价值进行调整，抵销有关资产账面价值中包含的未实现内部交易损益，并相应调整对联营企业或合营企业的长期股权投资。

对因顺流交易产生的未实现内部交易损益（有关资产未向外部独立第三方出售），应抵销该未实现内部交易损益的影响，同时调整对联营企业或合营企业长期股权投资的账面价值。当投资企业向联营企业或合营企业出售资产，同时有关资产由联营企业或合营企业持有时，投资方因出售资产应确认的损益仅限于与联营企业或合营企业其他投资者交易的部分。

对于投资方与其联营企业、合营企业之间的顺流交易，相关抵销处理在投资方的个别财务报表与合并财务报表中亦存在差异。在投资方的个别财务报表中，因出售资产等体现为其个别利润表中的收入、成本等项目，在个别财务报表中仅能通过长期股权投资的损益确认予以体现。在投资方编制合并财务报表时，有关未实现的收入和成本可以在合并财务报表中予以抵销，相应地调整原权益法下确认的投资收益。

（二）对子公司投资的后续计量

对子公司投资在投资方作为母公司的个别财务报表中采用成本法核算，初始投资或追加投资时，按照初始投资或追加投资时的成本增加长期股权投资的账面价值。

投资企业应当按照享有被投资单位宣告发放的现金股利或利润确认投资收益。投资企业在确认自己被投资单位应分得的现金股利或利润后，应当考虑有关长期股权投资是否发生减值。

第三节 长期股权投资核算方法的转换及重置

一、成本法转换为权益法

因处置投资导致对被投资单位的影响能力下降，由控制转为具有重大影响，或是与其他投资方一起实施共同控制的情况下，在投资企业的个别财务报表中，首先应按处置投资的比例结转应终止确认的长期股权投资成本。在此基础上，将剩余的长期股权投资转为采用权益法核算，即应当比较剩余的长期股权投资成本与按照剩余持股比例计算原投资时应享有被投资单位可辨认净资产公允价值的份额，前者大于后者的，属于投资作价中体现的商誉部分，不调整长期股权投资的账面价值；前者小于后者的，在调整长期股权投资成本的同时，应调整留存收益。

对于原取得投资后至转变为权益法核算之间被投资单位实现的净损益中应享有的份额，应调整长期股权投资的账面价值，同时对于原取得投资时至处置投资当期期初被投资单位实现的净损益（扣除已发放及已宣告发放的现金股利及利润）中应享有的份额，调整留存收益，对于处置投资当期期初至处置投资之日被投资单位实现的净损益中享有的份额，调整当期损益；其他原因导致被投资单位所有者权益变动中应享有的份额，在调整长期股权投资账面价值的同时，应当计入“其他综合收益”或“资本公积—其他资本公积”。

在合并财务报表中，对于剩余股权，应当按照其在丧失控制权日的公允价值进行重新计量。处置股权取得的对价与剩余股权公允价值之和，减去按原持股比例计算应享有原有子公司自购买日开始持续计算的净资产的份额之间的差额，计入丧失控制权当期的投资收益。与原有子公司股权投资相关的其他综合收益，应当采用与被投资单位直接处置相关资产或负债相同的基础进行会计处理。

二、公允价值计量或权益法转换为成本法

因追加投资原因导致原持有的分类为以公允价值计量且其变动计入当期损益的金融资产，或非交易性权益工具投资分类为公允价值计量且其变动计入其他综合收益的金融资产，以及对联营企业或合营企业的投资转变为对子公司投资的，长期股权投资账面价值的调整应当按照本章关于对子公司投资初始计量的相关规定处理。

对于原作为金融资产，转换为采用成本法核算的对子公司投资的，如有关金融资产分类为以公允价值计量且其变动计入当期损益的金融资产，应当按照转换时的公允价值确认为长期股权投资；如非交易性权益工具投资分类为以公允价值计量且其变动计入其他综合收益的金融资产，应按照转换时的公允价值确认长期股权投资，原确认计入其他综合收益的累计公允价值变动应结转计入留存收益，不得计入当期损益。

三、公允价值计量转为权益法核算

投资企业对原持有的被投资单位的股权不具有控制、共同控制或重大影响，因追加投资等原因导致持股比例增加，使其能够对被投资单位实施共同控制或重大影响而转按权益法核算的，应在转换日，按照原股权的公允价值加上为取得新增投资而应支付对价的公允价值，作为改按权益法核算的初始投资成本；如原投资属于分类为公允价值计量且其变动计入其他综合收益的非交易性权益工具投资，与其相关的原计入其他综合收益的累计公允价值变动转入改按权益法核算当期的留存收益，不得计入当期损益。在此基础上，比较初始投资成本与获得被投资单位共同控制或重大影响时应享有被投资单位可辨认净资产公允价值份额之间的差额，前者大于后者的，不调整长期股权投资的账面价值；前者小于后者的，调整长期股权投资的账面价值，并计入当期营业外收入。

四、权益法转为公允价值计量的金融资产

投资企业原持有的被投资单位的股权对其具有共同控制或重大影响，因部分处置等原因导致持股比例下降，不能再对被投资单位实施共同控制或重大影响的，应于失去共同控制或重大影响时，改按金融资产相关规定对剩余股权进行会计处理。即在丧失共同控制或重大影响之日的公允价值与其原账面价值之间的差额计入当期损益。同时，原采用权益法核算的相关其他综合收益应当在终止采用权益法核算时，采用与被投资单位直接处置相关资产或负债相同的基础进行会计处理；因被投资单位除净损

益、其他综合收益和利润分配以外的其他所有者权益变动而确认的所有者权益，应当在终止采用权益法时全部转入当期损益。

五、成本法转为公允价值计量的金融资产

投资企业原持有的对子公司长期股权投资，因部分处置等原因导致持股比例下降，不能再对被投资单位实施控制、共同控制或重大影响的，应将剩余股权改按金融资产的要求进行会计处理，并于丧失控制权日将剩余股权按公允价值重新计量，公允价值与其账面价值的差额计入当期损益。

六、长期股权投资的处置

企业处置长期股权投资时，出售所得价款与处置长期股权投资账面价值之间的差额，应确认为处置损益。

采用权益法核算的长期股权投资，原计入其他综合收益（不能结转损益的除外）或资本公积（其他资本公积）中的金额，处置后因具有重大影响或共同控制仍然采用权益法核算的，在处置时亦应按比例进行结转，将与所出售股权相对应的部分在处置时自其他综合收益或资本公积转入当期损益。处置后对有关投资终止采用权益法的，则原计入其他综合收益（不能结转损益的除外）或资本公积（其他资本公积）中的金额应全部结转。

第四节　会计科目设置及主要账务处理

一、会计科目设置

企业应设置“长期股权投资”“长期股权投资减值准备”科目，其中：“长期股权投资”科目核算企业持有的长期股权投资，应当按照被投资单位进行辅助核算。本科目下设“投资成本”“损益调整”“其他综合收益”“其他权益变动”等明细科目。“长期股权投资”科目期末借方余额，反映企业长期股权投资的价值。

“长期股权投资减值准备”核算企业长期股权投资发生减值时计提的减值准备，应当按照被投资单位进行辅助核算。“长期股权投资减值准备”科目期末贷方余额，反映企业已计提但尚未转销的长期股权投资减值准备。

二、主要账务处理

（一）初始取得长期股权投资

1. 同一控制下企业合并形成的长期股权投资

（1）合并方以支付现金、转让非现金资产或承担债务方式作为合并对价的，应在合并日按被合并方所有者权益在最终控制方合并财务报表中的账面价值的份额，借记“长期股权投资—投资成本”科目，按享有被投资单位已宣告但尚未发放的现金股利或利润，借记“应收股利”科目，按支付的合并对价的账面价值，贷记“银行存款”等科目，按其差额，贷记“资本公积—股本（或资本）溢价”科目；如为借方差额，借记“资本公积—股本（或资本）溢价”科目，“资本公积—股本（或资本）溢价”科目不足冲减的，应依次借记“盈余公积”“利润分配—未分配利润”科目。

（2）合并方以发行权益性证券作为合并对价的，应在合并日按被合并方所有者权益在最终控制方合并财务报表中的账面价值的份额，借记“长期股权投资—投资成本”科目，按享有被投资单位已宣告但尚未发放的现金股利或利润，借记“应收股利”科目，按照发行股份的面值总额，贷记“股本”科目，按其差额，贷记“资本公积—股本（或资本）溢价”科目；如为借方差额，借记“资本公积—股本（或资本）溢价”科目，“资本公积—股本（或资本）溢价”科目不足冲减的，应依次借记“盈余公积”“利润分配—未分配利润”科目。

2. 非同一控制下企业合并形成的长期股权投资

（1）购买方以支付现金、转让非现金资产或承担债务方式等作为合并对价的，应在购买日按照确定的合并成本，借记“长期股权投资—投资成本”科目，按享有被投资单位已宣告但尚未发放的现金股利或利润，借记“应收股利”科目，按付出的合并对价的账面价值，贷记或借记有关资产、负债等科目，按发生的直接相关费用（如资产处置费用），贷记“银行存款”等科目，按其差额，贷记“主营业务收入”“营业外收入”“投资收益”“资产处置损益”等科目或借记“管理费用”“营业外支出”“主营业务成本”“资产处置损益”等科目。

（2）购买方以发行权益性证券作为合并对价的，应在购买日按照发行的权益性证券的公允价值，借记“长期股权投资—投资成本”，按享有被投资单位已宣告但尚未发放的现金股利或利润，借记“应收股利”科目，按照发行的权益性证券的面值总额，贷记“股本”科目，按其差额，贷记“资本公积—股本（或资本）溢价”科目。

3. 合并费用

合并方发生的审计、法律服务、评估咨询等中介费用以及其他相关管理费用，于发生时计入当期损益，借记“管理费用”科目，贷记“银行存款”等科目。

与发行权益性工具作为合并对价直接相关的交易费用，属于同一控制下的企业合并时，应当借记“资本公积—股本（或资本）溢价”科目，贷记“银行存款”等科目。“资本公积—股本（或资本）溢价”科目不足冲减的，应依次借记“盈余公积”“利润分配—未分配利润”科目。

与发行权益性工具作为合并对价直接相关的交易费用，属于非同一控制下的企业合并时，应当借记权益性工具相关科目，贷记“银行存款”等科目。

4. 以非企业合并方式形成的长期股权投资

（1）以支付现金取得的长期股权投资

以支付现金取得的长期股权投资，应当按照实际支付的购买价款，借记“长期股权投资—投资成本”科目，按享有被投资单位已宣告但尚未发放的现金股利或利润，借记“应收股利”科目，贷记“银行存款”科目。

（2）以发行权益性证券方式取得的长期股权投资

以发行权益性证券方式取得的长期股权投资，按照所发行权益性证券的公允价值，借记“长期股权投资—投资成本”科目，按享有被投资单位已宣告但尚未发放的现金股利或利润，借记“应收股利”科目，按照发行的权益性证券的面值总额，贷记“股本”科目，按其差额，贷记“资本公积—股本（或资本）溢价”科目。

（二）成本法的后续账务处理

1. 被投资单位宣告发放的现金股利或利润

应按被投资单位宣告发放的现金股利或利润中属于本企业的部分，借记“应收股利”科目，贷记“投资收益”科目。

2. 公允价值计量转成本法

长期股权投资按规定由公允价值计量转成本法核算时，借记“长期股权投资”“其他综合收益”等科目，贷记“交易性金融资产”“其他权益工具投资”“银行存款”“投资收益”等科目。

3. 购买子公司少数股权

购买子公司少数股权时，按照实际支付的购买价款，借记“长期股权投资—投资成本”科目，贷记“银行存款”等科目。

4. 投资方持股比例减少但仍采用成本法核算

按照收取的金额，借记“银行存款”等科目，按照处置的股权份额贷记“长期股权投资—投资成本”科目，贷记或借记“投资收益”科目。

5. 成本法转为权益法

长期股权投资按规定由成本法转为权益法核算时，应符合如下规定：

（1）确认部分股权处置损益：借记“银行存款”等科目，贷记“长期股权投资—投资成本”科目，贷记或借记“投资收益”科目。

（2）对剩余股权改按权益法核算：借记“长期股权投资—投资成本”“长期股权投资—损益调整”“长期股权投资—其他综合收益”“长期股权投资—其他权益变动”等科目，贷记“盈余公积”“利润分配—未分配利润”“其他综合收益”“投资收益”“资本公积—其他资本公积”等科目。

6.成本法核算转为公允价值计量的金融资产

长期股权投资由成本法核算转为公允价值计量时，借记“其他权益工具投资”“银行存款”等科目，贷记“长期股权投资—投资成本”科目，贷记或借记“投资收益”科目。

（三）权益法的后续账务处理

1. 初始投资成本的调整

长期股权投资的初始投资成本大于投资时应享有被投资单位可辨认净资产公允价值份额的，不调整已确认的初始投资成本；长期股权投资的初始投资成本小于投资时应享有被投资单位可辨认净资产公允价值份额的，应按其差额，借记“长期股权投资—投资成本”科目，贷记“营业外收入”科目。

2. 被投资单位其他综合收益变动

被投资单位其他综合收益发生变动的，投资方应当按照归属于本企业的部分相应调整长期股权投资的账面价值，借记或贷记“长期股权投资—其他综合收益”科目，

贷记或借记“其他综合收益”科目

3. 投资损益的确认

资产负债表日，投资方应按被投资单位实现的净利润（以取得投资时被投资单位可辨认净资产的公允价值为基础计算）中企业享有的份额，借记“长期股权投资—损益调整”科目，贷记“投资收益”科目。

4. 取得现金股利或利润

被投资单位发放的现金股利或利润，借记“应收股利”科目，贷记“长期股权投资—损益调整”科目。

5. 超额亏损的确认

投资方确认应分担被投资单位发生的损失，按长期股权投资的账面价值，贷记“长期股权投资—损益调整”科目，按投资方对被投资单位的长期债权（该债权没有明确的清收计划且在可预见的未来期间不准备收回的），贷记“长期应收款”科目，按照投资合同或协议约定将承担责任的金额确认预计负债，贷记“预计负债”科目，贷记“投资收益”科目（红字）。

在确认有关的投资损失以后，被投资单位以后期间实现盈利的，应当按顺序依次借记“预计负债”“长期应收款”“长期股权投资—损益调整”科目，贷记“投资收益”科目。

6. 被投资单位除净损益、其他综合收益以及利润分配以外的所有者权益发生变动时，投资方应按所持股权比例计算应享有的份额，借记或贷记“长期股权投资—其他权益变动”科目，贷记或借记“资本公积—其他资本公积”科目。

7. 公允价值计量转为权益法核算

长期股权投资按规定由公允价值计量转为权益法核算时，借记“长期股权投资—投资成本”“其他综合收益”等科目，贷记“投资收益”“其他权益工具投资”“银行存款”等科目。

初始投资成本与按照追加投资后全新的持股比例计算确定的应享有被投资单位在追加投资日可辨认净资产公允价值份额之间的差额，前者大于后者的，不调整长期股权投资的账面价值；前者小于后者的，按照差额借记“长期股权投资—投资成本”科目，贷记“营业外收入”科目。

8. 投资方持股比例增加但仍采用权益法核算

如果新增投资成本大于按新增持股比例计算的被投资单位可辨认净资产于新增投资日的公允价值份额，不调整长期股权投资成本；如果前者小于后者，按照差额借记“长期股权投资—投资成本”科目，贷记“银行存款”“营业外收入”等科目。

9. 权益法核算转为成本法

长期股权投资按规定由权益法转为成本法核算时，借记“长期股权投资—投资成本”等科目，贷记“长期股权投资—投资成本”“长期股权投资—损益调整”“长期股权投资—其他综合收益”“长期股权投资—其他权益变动”“银行存款”等科目。

10. 投资方持股比例减少但仍采用权益法核算

投资方持股比例减少但仍采用权益法核算时，借记“银行存款”“其他综合收益”“资本公积—其他资本公积”等科目，贷记“长期股权投资—投资成本”“投资收益”等科目。

11. 权益法核算转为公允价值计量的金融资产

长期股权投资按规定由权益法核算转为公允价值计量时，借记“其他权益工具投资”“交易性金融资产”“银行存款”等科目，借记或贷记其他综合收益科目，借记或贷记“资本公积—其他资本公积”科目，贷记“长期股权投资—投资成本”长期股权投资—损益调整，“长期股权投资—其他综合收益”“长期股权投资—其他权益变动”科目，贷记或借记“投资收益”科目。

12. 股票股利的处理

被投资单位分派的股票股利，投资企业不做账务处理。

（四）长期股权投资减值的处理

长期股权投资发生减值时，按应减记的金额，借记“资产减值损失”科目，贷记“长期股权投资减值准备”科目。

（五）长期股权投资的处置

处置长期股权投资时，应按实际收到的金额，借记“银行存款”等科目，按原已计提减值准备借记“长期股权投资减值准备”科目，按其账面余额贷记“长期股权投资”科目，按尚未领取的现金股利或利润，贷记“应收股利”科目，按其差额，贷记或借记“投资收益”科目。

处置采用权益法核算的长期股权投资时，按结转的长期股权投资的投资成本比例结转原记入“其他综合收益”科目的金额，借记或贷记“其他综合收益”科目，贷记或借记“投资收益”科目。

处置采用权益法核算的长期股权投资时，按结转的长期股权投资的投资成本比例结转原记入“资本公积—其他资本公积”科目的金额，借记或贷记“资本公积—其他资本公积”科目，贷记或借记“投资收益”科目。

第五章　固定资产

第一节　概述

一、固定资产的界定

固定资产，是指为生产商品、提供劳务、出租或经营管理而持有的，使用寿命超过一个会计年度，且单位价值在1000元以上的有形资产，包括房屋、建筑物、机器、机械、运输工具以及其他与生产经营活动有关的设备、器具、工具等。

二、固定资产的分类

（一）房屋建筑物。指产权属于本公司的房屋和建筑物，包括生产经营用房、员工生活用房、构筑物及附着物。

（二）机器设备。指专门用于生产经营的各种机械、机器、仪器、仪表设备等。

（三）办公器具。指用于办公室工作的器具、电器、工具和家具等。

（四）电子设备。指由集成电路、电子元器件等组成，包括电脑产品及其附属设备、传真机、扫描仪等。

（五）运输设备。指公司拥有的机动车辆等。

（六）其他。在上述类别之外的归公司所有的其他固定资产。

第二节　确认与计量

一、固定资产的确认条件

固定资产在符合定义的前提下，应当同时满足以下两个条件，才能加以确认：

（一）与该固定资产有关的经济利益很可能流入企业；

（二）该固定资产的成本能够可靠地计量。

二、固定资产的初始计量

固定资产的初始计量是指确定固定资产的取得成本。取得成本包括企业为构建某项固定资产达到预定可使用状态前所发生的一切合理的、必要的支出。

（一）外购固定资产的成本

企业外购固定资产的成本，包括购买价款、相关税费、使固定资产达到预定可使用状态前所发生的可归属于该项资产的运输费、装卸费、安装费和专业人员服务费等。

以一笔款项同时购入多项没有单独标价的固定资产，应按各项固定资产公允价值的比例对总成本进行分配，分别确定各项固定资产的成本。

采用分期付款方式购买固定资产（超过正常信用条件延期支付价款），实质上具有融资性质，购入固定资产的成本应以各期付款额的现值之和确定。

（二）自行建造固定资产的成本

自行建造固定资产的成本，由建造该项资产达到预定可使用状态前所发生的必要支出构成，包括工程物资成本、人工成本、缴纳的相关税费、应予资本化的借款费用以及应分摊的间接费用等。

出包建造固定资产的成本，由建造该项固定资产达到预定可使用状态前所发生的必要支出构成，包括发生的建筑工程支出、安装工程支出以及需分摊计入各固定资产价值的待摊支出。发包企业按照合同规定的结算方式和工程进度定期与建造承包商办理工程价款结算，结算的工程价款计入在建工程成本。待摊支出，是指在建设期间发生的，不能直接计入某项固定资产价值，而应由所建造固定资产共同负担的相关费用，包括为建造工程发生的管理费、可行性研究费、临时设施费、公证费、监理费、应负担的税金、符合资本化条件的借款费用、建设期间发生的工程物资盘亏、报废及毁损净损失以及负荷联合试车费等。

（三）投资者投入固定资产的成本

投资者投入固定资产的成本，应当按照投资合同或协议约定的价值确定，投资合同或协议约定价值不公允的，按照该项固定资产的公允价值作为入账价值。

（四）非货币性资产交换取得固定资产的成本

非货币性资产交换取得的固定资产，其成本按照本手册“非货币性资产交换”确认和计量。

（五）债务重组取得固定资产的成本

在债务重组中取得的固定资产，其成本按照本手册“债务重组”“企业合并”等规定确定。

（六）盘盈固定资产的成本

盘盈的固定资产，作为前期差错处理，在按管理权限报经批准处理前，应先通过“以前年度损益调整”科目核算。

（七）融资租入固定资产的成本

应按租赁开始日租入固定资产公允价值与最低租赁付款额现值两者中较低者作为租入固定资产的入账价值。

（八）接受捐赠固定资产的成本

1. 捐赠方提供有关凭据的，以凭据上标出的金额加上相关税费，作为入账价值。

2. 捐赠方未提供有关凭据的，按如下顺序确定其入账价值：

（1）同类或类似固定资产存在活跃市场的，按同类或类似固定资产的市场价格估计的金额，加上应支付的相关税费，作为入账价值。

（2）同类或类似固定资产不存在活跃市场的，按该固定资产的预计未来现金流量现值，作为入账价值。

（九）存在弃置费用的固定资产

存在弃置费用的固定资产的初始成本，还应考虑弃置费用。弃置费用通常是指根据国家法律和行政法规、国际公约等规定，企业承担的环境保护和生态恢复等义务所确定的支出（如核电站核设施等的弃置和恢复环境义务）。

弃置费用的金额与其现值比较通常较大，应按照现值计算确定应计入固定资产成本的金额和相应的预计负债。在固定资产的使用寿命内按照预计负债的摊余成本和实际利率计算确定的利息费用应当在发生时计入财务费用。

三、固定资产的后续计量

固定资产的后续计量主要包括固定资产折旧的计提、减值损失的确定，以及后续支出的计量。

（一）固定资产折旧

折旧，是指在固定资产的使用寿命内，按照确定的方法对应计折旧额进行的系统分摊。应计折旧额，是指应当计提折旧的固定资产的原价扣除其预计净残值后的金额。如果已对固定资产计提减值准备，还应当扣除已计提的固定资产减值准备累计金额。

1. 影响固定资产折旧的因素

（1）固定资产原价，指固定资产的成本。

（2）固定资产的使用寿命，指企业使用固定资产的预计期间，或者该固定资产所能生产产品或提供劳务的数量。

（3）预计净残值，指假定固定资产预计使用寿命已满并处于使用寿命终了时的预期状态，企业目前从该项资产处置中获得的扣除预计处置费用后的金额。

（4）固定资产减值准备，指固定资产已计提的固定资产减值准备累计金额。

2. 固定资产折旧计提范围

（1）企业应当对所有的固定资产计提折旧，但已提足折旧仍继续使用的固定资产和单独计价入账的土地除外。

（2）固定资产应当按月计提折旧，固定资产应自达到预定可使用状态时开始计提折旧，终止确认时或划分为持有待售非流动资产时停止计提折旧。当月增加的固定资产，当月不计提折旧，从下月起计提折旧；当月减少的固定资产，当月仍计提折旧，从下月起不计提折旧。

（3）固定资产提足折旧后，不论能否继续使用，均不再计提折旧，提前报废的固定资产也不再补提折旧。未使用的固定资产，仍需计提折旧。

（4）已达到预定可使用状态但尚未办理竣工决算的固定资产，应当按照估计价值确定其成本，并计提折旧；待办理竣工决算后再按实际成本调整原来的暂估价值，但不需要调整原已计提的折旧额。

3. 固定资产折旧的计提方法

（1）一般采用年限平均法计提折旧。

（2）企业应按固定资产的入账价值减去预计净残值后在预计使用年限内计提折旧。

（3）固定资产计提减值准备后，应当在剩余使用寿命内根据调整后的固定资产账面价值（固定资产账面余额扣减累计折旧和累计减值准备后的金额）和预计净残值重新计算确定折旧率和折旧额。

固定资产的折旧方法、折旧年限、年折旧率、预计净残值一经确定，不得随意变更。

4. 融资租入固定资产的折旧计提

融资租入的固定资产，应采用与自有固定资产相一致的折旧政策，能够合理确定租赁期届满时将会取得租赁资产所有权的，应当在租赁资产尚可使用年限内计提折旧，无法合理确定租赁期届满时能够取得租赁资产所有权的，应当在租赁期与租赁资产尚可使用年限两者中较短的期间内计提折旧。

5. 固定资产使用寿命、预计净残值和折旧方法的复核

企业至少应当于每年度终了，对固定资产的使用寿命、预计净残值和折旧方法进行复核。

固定资产使用寿命预计数与原先估计数有差异，应当调整固定资产使用寿命。如果固定资产预计净残值预计数与原先估计数有差异，应当调整预计净残值。与固定资产有关的经济利益的预期消耗方式发生重大改变，应改变固定资产折旧方法。固定资产使用寿命、预计净残值和折旧方法的改变应作为会计估计变更。

（二）固定资产的后续支出

固定资产的后续支出是指固定资产使用过程中发生的更新改造支出、修理费用等。

后续支出的处理原则为：符合资本化条件的，应当计入固定资产成本或其他相关资产的成本（例如：与生产产品相关的固定资产的后续支出计入相关产成品的成本），同时将被替换部分的账面价值扣除；不符合资本化条件的，应当计入当期损益。

（三）资本化的后续支出

固定资产发生可资本化的后续支出时，企业应将固定资产的账面价值转入在建工程，并在此基础上重新确定固定资产原价。当固定资产转入在建工程时，应停止计提折旧。在固定资产的后续支出完工并达到预定可使用状态时，再从在建工程转为固定资产，并重新计提折旧。

固定资产在定期大修理间隔期间，照提折旧。

（四）费用化的后续支出

与固定资产有关的修理费用等后续支出，不符合资本化条件的，在发生时应直接计入当期损益。

四、固定资产减值

企业应当至少于每年年度终了，对固定资产逐项进行检查，判断固定资产是否发生减值，具体按照本手册“资产减值”相关章节的规定确认。

五、固定资产终止确认的条件

（一）该固定资产处于处置状态。

（二）该固定资产预期通过使用或处置不能产生经济利益。

第三节　会计科目设置及主要账务处理

一、会计科目设置

企业应当设置“固定资产”“累计折旧”“固定资产减值准备”“固定资产清理”“在建工程”等科目，并按类别对固定资产进行明细核算。其中：

“固定资产”科目核算固定资产的原价。

“累计折旧”科目核算固定资产的累计折旧。

“固定资产减值准备”科目核算提取的固定资产减值准备。

“固定资产清理”科目核算因出售、报废、毁损、对外投资、非货币性资产交换、债务重组等原因转入清理的固定资产价值及其在清理过程中所发生的清理费用和清理收入等。

“在建工程”科目核算各种在建工程，包括基建工程、临时设施、安装工程、技术改造工程、大修理工程等发生的实际支出，包括需要安装设备的价值。

二、主要账务处理

（一）外购固定资产

1. 购入不需安装的固定资产，按实际支付的买价、包装费、运杂费、保险费、专业人员服务费及相关税费等作为固定资产的取得成本，借记“固定资产”科目，按可抵扣的增值税进项税额，借记“应交税费—应交增值税—进项税额”等科目，贷记“银行存款”“其他应付款”“应付票据”“应付账款”等科目。

2. 购入需要安装的固定资产，按实际支付的买价、包装费、运杂费、保险费、专业人员服务费、相关税费以及安装调试费等，借记“在建工程”科目，按可抵扣的增值税进项税额，借记“应交税费—应交增值税—进项税额”等科目，贷记“银行存款”“其他应付款”“应付票据”“应付账款”等科目；安装完成达到预定可使用状态时，借记“固定资产”科目，贷记“在建工程”科目。

（二）自行建造固定资产

1. 固定资产建造过程中，按建造该项资产达到预定可使用状态前所发生的全部支出，借记“在建工程”科目，按可抵扣的增值税进项税额，借记“应交税费—应交增值税—进项税额”等科目，贷记“银行存款”“应付账款”“原材料”“工程物资”“应付职工薪酬”等科目。

2. 固定资产建造完成，达到预定可使用状态时，借记“固定资产”科目，贷记“在建工程”科目。

（三）投资者投入固定资产

按投资合同或协议约定的价值（约定价值不公允的除外）及相关税费，借记“固定资产”科目，按照可抵扣的增值税进项税额，借记“应交税费—应交增值税—进项税额”等科目，贷记“实收资本（股本）”等科目。

（四）固定资产计提折旧

按月计提固定资产折旧时，根据资产使用的受益对象，借记“合同履约成本”

“生产成本”“管理费用”“销售费用”“间接费用”“辅助生产”“研发支出”“在建工程”等科目，贷记“累计折旧”科目。

（五）固定资产资本化后续支出

固定资产发生资本化的后续支出时，企业一般应将该固定资产的原价、计提的累计折旧和减值准备转销，将其账面价值转入在建工程，并停止计提折旧。

1. 停止计提折旧，转出固定资产的账面价值。按固定资产的账面价值，借记“在建工程”科目，按已计提的折旧和减值准备，借记“累计折旧”“固定减值准备”科目，按固定资产原值，贷记“固定资产”科目。

2. 发生的后续支出，借记“在建工程”“应交税费—应交增值税—进项税额”等科目，贷记“银行存款”“应付账款”“应付票据”“原材料”“工程物资”“应付职工薪酬”等科目。

3. 固定资产更新改造完成并达到预定可使用状态时，从在建工程转为固定资产，借记“固定资产”科目，贷记“在建工程”科目。

（六）固定资产费用化后续支出

固定资产发生费用化后续支出，直接计入当期损益，根据资产使用部门和受益对象，借记“合同履约成本”“生产成本”“管理费用”“销售费用”“间接费用”“辅助生产”“应交税费—应交增值税—进项税额”等科目，贷记“银行存款”等科目。

（七）固定资产减值

固定资产发生减值时，借记“资产减值损失”科目，贷记“固定资产减值准备”科目。

（八）固定资产处置

1. 固定资产转入清理

按固定资产账面价值，借记“固定资产清理”科目，按已计提的累计折旧，借记“累计折旧”科目，按已计提的减值准备，借记“固定资产减值准备”科目，按固定资产账面余额，贷记“固定资产”科目。

2. 发生的清理费用

固定资产清理过程中发生的有关费用以及支付的相关税费，借记“固定资产清理”“应交税费—应交增值税—进项税额”等科目，贷记“银行存款”等科目。

3. 出售收入和残料等

企业收回出售固定资产的价款、残料价值和变价收入等，应冲减清理支出。按实际收到的出售价款以及残料变价收入等，借记“银行存款”“原材料”等科目，贷记“固定资产清理”“应交税费—应交增值税—销项税额”等科目。

4. 保险赔偿

由保险公司或过失人赔偿的损失，应冲减清理支出，借记“其他应收款”“银行存款”等科目，贷记“固定资产清理”科目。

5. 清理净损益

（1）正常出售、转让的固定资产，清理完成后的净损失，借记“资产处置损益”科目，贷记“固定资产清理”科目；固定资产清理完成后的净收益，借记“固定资产清理”科目，贷记“资产处置损益”科目。

（2）已丧失使用功能正常报废及自然灾害等非正常原因造成报废的固定资产，清理净损失，借记“营业外支出”科目，贷记“固定资产清理”科目。

（九）固定资产盘亏

企业在财产清查中盘亏的固定资产，借记“待处理财产损溢”“累计折旧”等科目，贷记“固定资产”科目。盘亏造成的损失，借记“营业外支出”科目，贷记“待处理财产损溢”科目，并根据相关规定转出已抵扣的进项税额。

（十）固定资产盘盈

盘盈的固定资产，借记“固定资产”科目，贷记“以前年度损益调整”科目。

第六章　无形资产

第一节　概述

一、无形资产的概念

无形资产，是指企业拥有或者控制的没有实物形态的可辨认非货币性资产。主要包括专利权、非专利技术、商标权、著作权、土地使用权、特许权等。

二、无形资产的主要特征

（一）由企业拥有或控制并能为其带来未来经济利益的资源。

（二）不具有实物形态。

（三）具有可辨认性。

符合以下条件之一的，则认为其符合无形资产定义中的可辨认性标准：

1. 能够从企业中分离或者划分出来，并能单独或者与相关合同、资产或负债一起，用于出售、转移、授予许可、租赁或者交换。

2. 源自合同性权利或其他法定权利，无论这些权利是否可以从企业或其他权利和义务中转移或者分离。

（四）无形资产属于非货币性资产。

第二节　确认与计量

一、无形资产的确认

无形资产同时满足下列条件的，才能予以确认：

（一）与该无形资产有关的经济利益很可能流入企业；

（二）该无形资产的成本能够可靠地计量。

企业在判断无形资产产生的经济利益是否很可能流入时，应当对无形资产在预计使用寿命内可能存在的各种经济因素做出最稳健的估计，并且应当有明确证据支持。

二、无形资产的初始计量

无形资产应当按照成本进行初始计量。

（一）外购的无形资产

外购的无形资产包括购买价款、相关税费以及直接归属于使该项资产达到预定用途所发生的其他支出。

下列各项不包括在无形资产的初始成本中：

1. 为引入新产品进行宣传发生的广告费、管理费用及其他间接费用；

2. 无形资产已经达到预定用途以后发生的费用。

购入的无形资产超过正常信用条件延期支付价款，实质上具有融资性质的，无形资产的成本以购买价款的现值为基础确定。

（二）投资者投入的无形资产

应当按照投资合同或协议约定的价值确定，如果合同或协议约定价值不公允的，应按无形资产的公允价值入账。

（三）通过非货币性资产交换取得的无形资产

通过非货币性资产交换取得的无形资产，参照本手册“非货币性资产交换”章节相关规定。

（四）通过债务重组取得的无形资产

通过债务重组取得的无形资产成本，应当以其公允价值入账。

（五）通过政府补助取得的无形资产

通过政府补助取得的无形资产成本，应当按照公允价值计量；公允价值不能可靠取得的，按照名义金额计量。

（六）以出让方式取得的土地使用权

企业以出让方式取得的土地使用权通常应当按照取得时所支付的价款及相关税费确认为无形资产。土地使用权用于自行开发建造厂房等地上建筑物时，土地使用权的账面价值不与地上建筑物合并计算其成本，而仍应作为无形资产核算，土地使用权与地上建筑物分别进行摊销和提取折旧。下列情况除外：

1. 房地产开发企业取得土地用于建造对外出售的房屋建筑物，相关的土地使用权账面价值应当计入所建造的房屋建筑物成本。

2. 外购土地及建筑物支付的价款应当在建筑物与土地使用权之间进行分配；难以合理分配的，应当全部作为固定资产。

（七）建设—经营—转让方式（BOT）参与公共基础设施建设业务形成的无形资产

项目公司在有关基础设施建成后，从事经营的一定期间内有权利向获取服务的对象收取费用，但收费金额不确定的，该权利不构成一项无条件收取现金的权利，项目公司应当确认为无形资产。

1. 项目公司提供建造服务的，应当在确认收入的同时确认无形资产。

2. 项目公司未提供实际建造服务，应当按照建造过程中支付的工程价款等确认为无形资产。

（八）通过企业合并取得的无形资产

企业合并中取得的无形资产，按照企业合并的分类分别处理：

1. 同一控制下吸收合并，按照被合并企业无形资产的账面价值确认为取得时的初始成本；同一控制下控股合并，合并方在合并日编制合并报表时，应当按照被合并方无形资产的账面价值作为合并基础。

2. 非同一控制下的企业合并，购买方取得的无形资产应以其在购买日的公允价值计量，包括：

（1）被购买企业原已确认的无形资产。

（2）被购买企业原未确认的无形资产，但其公允价值能够可靠计量，购买方就应在购买日将其独立于商誉确认为一项无形资产。

在企业合并中，如果取得的无形资产本身可以单独辨认，但其计量或处置必须与有形的或其他无形的资产一并作价，如果该无形资产及与其相关的资产各自的公允价值不能可靠计量，则应将该资产组（将无形资产与其相关的有形资产一并）独立于商誉确认为单项资产。

三、无形资产的后续计量

（一）无形资产摊销

使用寿命有限的无形资产在估计使用寿命内采用系统合理的方法进行摊销，使用寿命不确定的无形资产不需要摊销。

1. 确定无形资产使用寿命

企业应当于取得无形资产时分析判断其使用寿命。无形资产的使用寿命为有限的，应当估计该使用寿命的年限或者构成使用寿命的产量等类似计量单位数量；无法预见无形资产为企业带来经济利益期限的，应当视为使用寿命不确定的无形资产。企业持有的无形资产，通常来源于合同性权利或其他法定权利，且合同规定或法律规定有明确的使用年限。

企业至少应当于每年年度终了，对无形资产的使用寿命进行复核。如果有证据表明无形资产的使用寿命与以前估计不同的，则应按照会计估计变更的原则进行处理。

2. 残值和摊销额的确定

除下列情况外，无形资产的残值一般为零：

（1）有第三方承诺在无形资产使用寿命结束时购买该无形资产。

（2）可以根据活跃市场得到预计残值信息，并且该市场在无形资产使用寿命结束时很可能存在。

无形资产的应摊销金额为其成本扣除预计残值后的金额。已计提减值准备的无形资产，还应扣除已计提的无形资产减值准备累计金额。

3. 使用寿命有限的无形资产摊销

（1）无形资产的摊销期自其可供使用（其达到预定用途）时起至终止确认时止，即当月增加的无形资产，当月开始摊销；当月减少的无形资产，当月不再摊销。

（2）无形资产可采用直线法、产量法等方法进行摊销。

企业选择的无形资产摊销方法，应当能够反映与该项无形资产有关的经济利益的预期消耗方式，并一致地运用于不同会计期间。无法可靠确定预期消耗方式的，应当采用直线法摊销。

无形资产的摊销金额一般应当计入当期损益，但是，如果某项无形资产是专门用于生产某种产品或者其他资产，其包含的经济利益是通过转入所生产的产品或其他资产实现的，其摊销金额应当计入相关资产的成本。

（3）持有待售的无形资产不进行摊销，按照账面价值与公允价值减去出售费用后的净额孰低进行计量。

4. 使用寿命不确定的无形资产

根据可获得的相关信息判断，如果无法合理估计某项无形资产的使用寿命，应作为使用寿命不确定的无形资产进行核算。对于使用寿命不确定的无形资产，在持有期间不需要摊销。企业不得随意判断使用寿命不确定的无形资产。

5. 无形资产的减值

（1）企业应当至少于每年年度终了，对无形资产逐项进行检查，判断无形资产是否存在发生减值的迹象，如有减值迹象，应进行减值测试。测试表明发生减值的无形资产，应当按可收回金额低于其账面价值的差额计提减值准备，并计入当期损益。

（2）无形资产减值准备应按单项无形资产计提。

（3）无形资产减值损失一经确认，在以后会计期间不得转回。

（二）无形资产的处置

1. 无形资产终止确认

无形资产满足下列条件之一的，应当予以终止确认：

（1）该无形资产处于处置状态。

（2）该无形资产预期通过使用或处置不能产生经济利益。

2. 无形资产的处置

（1）出售、转让无形资产。

出售、转让无形资产应将处置收入扣除其账面价值和相关税费后的差额计入当期损益。

（2）捐赠无形资产。

捐赠转出的无形资产，应将无形资产的账面价值和支出的相关税费计入当期损益。

（3）因非货币性资产交换换出的无形资产。

非货币性资产交换换出无形资产的计量，参照本手册“非货币性资产交换”章节的规定确定。

（4）因债务重组转让的无形资产。

在债务重组中转出无形资产的计量，参照本手册“债务重组”章节的规定确定。

第三节 会计科目设置及主要账务处理

一、会计科目设置

企业应设置“无形资产”“累计摊销”“无形资产减值准备”等科目。其中：“无形资产”科目核算企业持有的无形资产成本，应按无形资产项目设置“专利权”“非专利技术”“商标权”“著作权”“土地使用权”“特许权”及“其他无形资产”等二级明细科目进行核算。“无形资产”科目期末借方余额，反映企业无形资产的成本。

“累计摊销”科目核算企业对使用寿命有限的无形资产计提的累计摊销。本科目可按无形资产项目进行明细核算。“累计摊销”科目期末贷方余额，反映企业无形资产的累计摊销额。

“无形资产减值准备”科目核算企业无形资产的减值准备。本科目可按无形资产项目进行明细核算。“无形资产减值准备”科目期末贷方余额，反映企业已计提但尚未转销的无形资产减值准备。

二、主要账务处理

（一）无形资产初始计量

1. 外购的无形资产，借记“无形资产”“应交税费—应交增值税—进项税额”等科目，贷记“银行存款”等科目。

2.自行开发的无形资产，借记“无形资产”科目，贷记“研发支出—资本化支出”科目。

3.建设经营移交方式（BOT）参与公共基础设施建设业务形成的无形资产，建设期发生各项成本时，借记“在建工程”科目，贷记“应付账款”等科目，期末及建设完成时，在建工程转入无形资产，借记“无形资产—特许经营权”科目，贷记“在建工程”科目。

（二）无形资产后续计量

1.使用寿命有限的无形资产

企业按月进行无形资产摊销，借记“合同履约成本”“生产成本”“管理费用”“销售费用”“间接费用”“辅助生产”“研发支出”“在建工程”等科目，贷记“累计摊销”科目。

资产负债表日，无形资产发生减值的，按应减记的金额，借记“资产减值损失”科目，贷记“无形资产减值准备”科目。

2.使用寿命不确定的无形资产

对于使用寿命不确定的无形资产，在持有期间不需要摊销，但企业应当在每个会计期间进行减值测试。如减值测试结果表明已发生减值，则需要计提相应的减值准备。其相关账务处理为：借记“资产减值损失”科目，贷记“无形资产减值准备”科目。

3.建设经营移交方式（BOT）参与公共基础设施建设业务形成的无形资产

在运营期内，按照当期摊销金额，借记“运营及服务成本”科目，贷记“累计摊销”科目。

在项目建设期间和运营期间关注已确认的无形资产的减值迹象，并进行减值测试，在确认发生减值时，确认资产减值损失。其相关账务处理为：借记“资产减值损失”科目，贷记“无形资产减值准备”科目。

（三）无形资产处置

无形资产的处置，主要是指无形资产出售、对外捐赠，或者是无法为企业带来未来经济利益时，应予终止确认。

1. 出售无形资产时，应按实际收到的金额等，借记“银行存款”等科目，按已计提的累计摊销，借记“累计摊销”科目，按已计提的减值准备，借记“无形资产减值准备”科目，按应支付的相关税费及其他费用，贷记“应交税费”“银行存款”等科目，按其账面余额，贷记“无形资产”科目，按其差额，贷记或借记“资产处置损益”科目。

2. 如果无形资产预期不能为企业带来经济利益，应将该无形资产的账面价值予以转销，按已计提的累计摊销，借记“累计摊销”科目，按已计提的减值准备，借记“无形资产减值准备”科目，按其账面余额，贷记“无形资产”科目，按其差额，借记“营业外支出”科目。

第四节　研发支出

一、概述

（一）研究开发

研究开发是指企业为获得科学技术（不包括人文、社会科学）新知识，创造性运用科学技术新知识，或实质性改进技术、产品和服务而持续进行的具有明确目标的系统活动。一般分为研究阶段和开发阶段。

研究阶段是指为获取新的技术和知识等进行的有计划的调研。研究阶段是建立在有计划调研基础上的探索性活动，是为进一步开发活动进行资料及相关方面的准备，已进行的研究活动是否能在未来形成成果，通过开发后是否会形成无形资产等均具有较大的不确定性。

开发阶段指在进行商业性生产或使用前，将研究成果或其他知识应用于某项计划或设计，以生产出新的或具有实质性改进的材料、装置、产品等。相对于研究阶段，进入开发阶段，很大程度上具备形成一项新产品或新技术的基础条件。

（二）研发支出

研发支出是指企业在产品、技术、材料、工艺、标准的研究、开发过程中发生的各项费用，主要包括：

1. 研发活动直接消耗的材料、燃料和动力费用；

2. 企业在职研发人员的工资、奖金、津贴、补贴、社会保险费、住房公积金等人工费用以及外聘研发人员的劳务费用；

3. 用于研发活动的仪器、设备、房屋等固定资产的折旧费或租赁费以及相关固定资产的运行维护、维修等费用；

4. 用于研发活动的软件、专利权、非专利技术等无形资产的摊销费用；

5. 用于中间试验和产品试制的模具、工艺装备开发及制造费，设备调整及检验费，样品、样机及一般测试手段购置费，试制产品的检验费等；

6. 研发成果的论证、评审、验收、评估以及知识产权的申请费、注册费、代理费等费用；

7. 通过外包、合作研发等方式，委托其他单位、个人或者与之合作进行研发而支付的费用；

8. 与研发活动直接相关的其他费用，包技术图书资料费、资料翻译费、会议费、差旅费、办公费、外事费、研发人员培训费、培养费、专家咨询费、高新科技研发保险费用等。

二、确认与计量

企业研究阶段支出应当于发生时计入当期损益。开发阶段支出满足下列条件的，应确认为无形资产，否则计入当期损益：

1. 完成该无形资产以使其能够使用或出售在技术上具有可行性。

2. 具有完成该无形资产并使用或出售的意图。

3. 无形资产产生经济利益的方式，包括能够证明运用该无形资产生产的产品存在市场或无形资产自身存在市场，无形资产将在内部使用的，应当证明其有用性。

4. 有足够的技术、财务资源和其他资源支持，以完成该无形资产的开发，并有能力使用或出售该无形资产。

5. 归属于该无形资产开发阶段的支出能够可靠地计量。

企业对于研究开发活动发生的支出应单独核算，如无法区分研究阶段的支出和开发阶段的支出，应全部费用化计入当期损益。

三、会计科目设置

企业应设置“研发支出”科目，下设“费用化支出”“资本化支出”两个明细科目，按研究开发项目进行明细核算。

1.“研发支出—费用化支出”科目，核算企业研究阶段支出及开发阶段不符合资本化条件应计入当期损益的支出。

2.“研发支出—资本化支出”科目，核算企业开发阶段符合资本化条件的支出。“研发支出—资本化支出”科目期末借方余额，反映企业正在进行无形资产研究开发项目满足资本化条件的支出。

四、主要账务处理

1. 企业发生研发支出时，不满足资本化条件的，借记“研发支出—费用化支出”科目，满足资本化条件的，借记“研发支出—资本化支出”科目，按可抵扣的增值税进项税额，借记“应交税费—应交增值税—进项税额”科目，贷记“银行存款”“原材料”“应付职工薪酬”“应付账款”等科目。

2. 研究开发项目达到预定用途形成无形资产时，借记“无形资产”科目，贷记“研发支出—资本化支出”科目。

3. 期末，应将本科目归集的费用化支出金额（包括确认无法形成无形资产的资本化支出）转入“研发费用”科目，借记“研发费用”科目，贷记“研发支出—费用化支出”“研发支出—资本化支出”科目。

第七章　投资性房地产

第一节　概述

一、投资性房地产的概念

投资性房地产，是指为赚取租金或资本增值，或两者兼有而持有的房地产。投资性房地产应当能够单独计量和出售。某项房地产部分用于赚取租金或资本增值、部分自用或作为存货出售的，用于赚取租金或资本增值的部分能够单独计量和出售，应当将该部分确认为投资性房地产；不能够单独计量和出售的，不确认为投资性房地产。

二、投资性房地产的分类

投资性房地产主要包括：已出租的土地使用权、持有并准备增值后转让的土地使用权和已出租的建筑物。

（一）已出租的土地使用权，是指企业通过出让或转让方式取得的、以经营租赁方式出租的土地使用权。通常包括在一级市场上以交纳土地出让金的方式取得土地使用权，也包括在二级市场上接受其他单位转让的土地使用权。

（二）持有并准备增值后转让的土地使用权，是指企业取得的、准备增值后转让的土地使用权。由于国家严格限制与土地使用权相关的投机行为，因此持有并准备增值后转让土地使用权的情况较少。

（三）已出租的建筑物，是指企业拥有产权的、以经营租赁方式出租的建筑物，主要包括自行建造或开发活动完成后用于出租的建筑物。企业将建筑物出租，按租赁协议向承租人提供的相关辅助服务在整个协议中不重大的，应当将该建筑物确认为投资性房地产。

（四）下列各项不属于投资性房地产：

1. 自用房地产，即为生产商品、提供劳务或者经营管理而持有的房地产。

2. 作为存货处理的房地产。

第二节　确认与计量

一、投资性房地产的确认

投资性房地产同时满足下列条件的，才能予以确认：

（一）与该资产相关的经济利益很可能流入企业。

（二）该投资性房地产的成本能够可靠地计量。

二、投资性房地产的初始计量

投资性房地产应当按照成本进行初始计量。

（一）外购投资性房地产的成本，包括购买价款、相关税费和可直接归属于该资产的其他支出。

（二）自行建造投资性房地产的成本，由建造该项房地产达到预定可使用状态前发生的必要支出构成，包括土地开发费、建筑成本、安装成本、应予以资本化的借款费用、支付的其他费用和分摊的间接费用等。建造过程中发生的非正常性损失直接计入当期损益，不计入建造成本。

（三）投资者投入的投资性房地产的成本，应当按照投资合同或协议约定的价值确定，但合同或协议约定价值不公允的，应按投资性房地产的公允价值入账。

（四）通过非货币性资产交换取得的投资性房地产，参照本手册“非货币性资产交换”章节进行处理。

（五）通过债务重组取得的投资性房地产，应按公允价值入账。

三、投资性房地产的后续计量

（一）投资性房地产后续计量模式

投资性房地产后续计量可以选择成本模式或公允价值模式，同一企业只能采用一种模式对所有投资性房地产进行后续计量，不得同时采用两种计量模式。企业对投资性房地产的计量模式一经确定，不得随意变更。

采用公允价值模式计量的投资性房地产，应当同时满足下列条件：

1. 投资性房地产所在地有活跃的房地产交易市场；

2. 企业能够从房地产交易市场上取得同类或类似房地产的市场价格及其他相关信息，从而对投资性房地产的公允价值做出合理的估计。

成本模式转为公允价值模式的，应当作为会计政策变更处理。已采用公允价值模式计量的投资性房地产，不得从公允价值模式转为成本模式。

（二）投资性房地产折旧与摊销

采用成本模式计量的投资性房地产应当参照固定资产或无形资产的有关规定进行后续计量、计提折旧或进行摊销。

采用公允价值模式计量的投资性房地产，不计提折旧或进行摊销，应当按照资产负债表日的公允价值调整投资性房地产的账面价值，并将公允价值变动计入当期损益。

（三）投资性房地产后续支出

与投资性房地产有关的后续支出，满足投资性房地产确认条件的应当计入投资性房地产成本，否则，应当在发生时计入当期损益。

（四）投资性房地产减值

采用成本模式进行后续计量的投资性房地产存在减值迹象的，应进行减值测试，并按照资产减值的有关规定进行处理。已经计提减值准备的投资性房地产的价值又得以恢复，不得转回。

采用公允价值模式进行后续计量的投资性房地产不计提减值。

四、投资性房地产转换

（一）企业有确凿证据表明房地产用途发生改变，满足下列条件之一的，应当将投资性房地产转换为其他资产或者将其他资产转换为投资性房地产：

1. 投资性房地产开始自用。

2. 作为存货的房地产，改为出租。

3. 自用土地使用权停止自用，用于赚取租金或资本增值。

4. 自用建筑物停止自用，改为出租。

5. 房地产企业将用于经营出租的房地产重新开发用于对外销售，从投资性房地产转为存货。

（二）转换日的确定

转换日是指房地产的用途发生改变、状态相应发生改变的日期，转换日的确定关系到资产的确认时点和入账价值。确定标准主要包括：

1. 投资性房地产开始自用，转换日是指房地产达到自用状态，企业开始将房地产用于生产商品、提供劳务或者经营管理的日期。

2. 投资性房地产转换为存货，转换日为租赁期届满、企业董事会或类似机构做出书面决议明确表明将其重新开发用于对外销售的日期。

3. 作为存货的房地产改为出租，或者自用建筑物或土地使用权停止自用改为出租， 转换日通常为租赁期开始日。租赁期开始日是指出租人提供租赁资产使其可供承租人使用的起始日期。

五、投资性房地产处置

当投资性房地产被处置，或者永久退出使用且预计不能从其处置中取得经济利益时，应当终止确认该项投资性房地产。

第三节　会计科目设置及主要账务处理

一、会计科目设置

企业应设置“投资性房地产”“投资性房地产累计折旧”“投资性房地产累计摊销”“投资性房地产减值准备”等科目。其中：

“投资性房地产”科目下设“成本”“公允价值变动”等二级科目，其中“成本”科目核算企业投资性房地产的成本，“公允价值变动”科目核算企业采用公允价值模式计量的投资性房地产的公允价值变动。

“投资性房地产累计折旧”核算企业房屋建筑物等投资性房地产的累计折旧。

“投资性房地产累计摊销”核算企业对土地使用权等投资性房地产计提的累计摊销。

“投资性房地产减值准备”核算企业投资性房地产的减值准备。

二、主要账务处理

（一）投资性房地产初始计量

1. 企业外购取得的投资性房地产，借记“投资性房地产”“应交税费—应交增值税—进项税额”“应交税费—待抵扣进项税额”等科目，贷记“银行存款”“应付账款”等科目。

2. 企业自行建造等取得的投资性房地产，借记“投资性房地产”科目，贷记“在建工程”等科目。

（二）投资性房地产后续计量

1. 采用成本模式计量的投资性房地产

（1）计提折旧或摊销时，借记“主营业务成本”“其他业务成本”“运营及服务成本”等科目，贷记“投资性房地产累计折旧”“投资性房地产累计摊销”科目。

（2）投资性房地产发生减值的，按减值金额，借记“资产减值损失”科目，贷记“投资性房地产减值准备”科目。

（3）取得的租金收入，借记“银行存款”等科目，贷记“主营业务收入”“其他业务收入”“应交税费—应交增值税—销项税额”等科目。

2. 采用公允价值模式计量的投资性房地产

（1）采用公允价值模式进行计量的，不对投资性房地产计提折旧或进行摊销。资产负债表日，投资性房地产的公允价值高于其账面余额的差额，借记“投资性房地产—公允价值变动”科目，贷记“公允价值变动损益”科目；公允价值低于其账面余额的差额做相反的会计分录。

（2）取得的租金收入，借记“银行存款”等科目，贷记“主营业务收入”“其他业务收入”“应交税费—应交增值税—销项税额”等科目。

3. 后续支出

与投资性房地产有关的后续支出，满足投资性房地产确认条件的应当计入投资性房地产成本，借记“在建工程”等科目，贷记“银行存款”“应付账款”等科目；与投资性房地产有关的后续支出，不满足投资性房地产确认条件的，应当在发生时计入当期损益，借记“主营业务成本”“其他业务成本”“运营及服务成本”等科目，贷记“银行存款”“应付账款”等科目。

（三）投资性房地产转换

1. 成本模式下投资性房地产的转换

（1）作为存货的房地产转换为投资性房地产，应当按照存货在转换日的账面价值，借记“投资性房地产”科目，按已计提跌价准备，借记“存货跌价准备”科目，按其账面余额，贷记“开发产品”等科目。

（2）用于生产商品、提供劳务或者经营管理的房地产改用于出租，应于租赁期开始日，将相应的固定资产或无形资产转换为投资性房地产，按照固定资产或无形资产原价，借记“投资性房地产”科目，贷记“固定资产”“无形资产”科目，按照累计折旧或累计摊销，借记“累计折旧”“累计摊销”科目，贷记“投资性房地产累计折旧”“投资性房地产累计摊销”科目，按照已计提的减值准备，借记“固定资产减值准备”“无形资产减值准备”科目，贷记“投资性房地产减值准备”科目。

（3）投资性房地产转换为自用房地产，按照转换日投资性房地产账面余额，借记“固定资产”“无形资产”科目，贷记“投资性房地产”科目，按照累计折旧或累计摊销，借记“投资性房地产累计折旧”“投资性房地产累计摊销”科目，贷记“累计折旧”“累计摊销”科目，按照已计提的减值准备，借记“投资性房地产减值准备”科目，贷记“固定资产减值准备”“无形资产减值准备”科目。

（4）房地产企业将投资性房地产转换为存货时，应当按照该项房地产在转换日的账面价值，借记“开发产品”等科目，按照已计提的折旧或摊销，借记“投资性房地产累计折旧”“投资性房地产累计摊销”科目，按已计提减值准备，借记“投资性房地产减值准备”科目，按其账面余额，贷记“投资性房地产”科目。

2. 公允价值模式下投资性房地产的转换

（1）作为存货的房地产转换为采用公允价值模式计量的投资性房地产时，应按其在转换日的公允价值，借记“投资性房地产—成本”科目，按已计提跌价准备，借记“存货跌价准备”科目，按其账面余额，贷记“开发产品”等科目。转换日的公允价值小于账面价值的，按其差额，借记“公允价值变动损益”科目；转换日的公允价值大于账面价值的，按其差额，贷记“其他综合收益”科目。

（2）自用房地产转换为采用公允价值模式计量的投资性房地产时，应按其在转换日的公允价值，借记“投资性房地产—成本”科目，按已计提的累计折旧或累计摊销，借记“累计折旧”“累计摊销”等科目，按已计提减值准备，借记“无形资产减值准备”“固定资产减值准备”科目，按其账面余额，贷记“固定资产”“无形资产”等科目。转换日的公允价值小于账面价值的，按其差额，借记“公允价值变动损益”科目；转换日的公允价值大于账面价值的，按其差额，贷记“其他综合收益”科目。

（3）采用公允价值模式计量的投资性房地产转换为存货时，应当以其转换当日的公允价值作为存货的账面价值，借记“开发产品”等科目，按该项投资性房地产的成本，贷记“投资性房地产—成本”科目，按该项投资性房地产的累计公允价值变动，贷记或借记“投资性房地产—公允价值变动”科目，按其差额，贷记或借记“公允价值变动损益”科目。

（4）采用公允价值模式计量的投资性房地产转换为自用房地产时，应当以其转换当日的公允价值作为自用房地产的账面价值，借记“固定资产”或“无形资产”科目，按该项投资性房地产的成本，贷记“投资性房地产—成本”科目，按该项投资性房地产的累计公允价值变动，贷记或借记“投资性房地产—公允价值变动”科目，按其差额，贷记或借记“公允价值变动损益”科目。

（四）投资性房地产处置

1. 采用成本模式计量的投资性房地产的处置

处置投资性房地产时，应当按实际收到的金额，借记“银行存款”等科目，贷记“其他业务收入”“应交税费—应交增值税—销项税额”等科目；按该项投资性房地产的账面价值，借记“其他业务成本”科目，按其账面余额，贷记“投资性房地产”科目，按照已计提的折旧或摊销，借记“投资性房地产累计折旧”“投资性房地产累计摊销”科目，原已计提减值准备的，借记“投资性房地产减值准备”科目。

2. 采用公允价值模式计量的投资性房地产的处置

处置投资性房地产时，应当按实际收到的金额，借记“银行存款”等科目，贷记“其他业务收入”“应交税费—应交增值税—销项税额”等科目；按该项投资性房地产的账面余额，借记“其他业务成本”科目，按其成本，贷记“投资性房地产—成本”科目，按其累计公允价值变动，贷记或借记“投资性房地产—公允价值变动”科目。同时，按该项投资性房地产的公允价值变动，借记或贷记“公允价值变动损益”科目，贷记或借记“其他业务成本”科目。原转换日已计入其他综合收益的金额，也一并结转，借记“其他综合收益”科目，贷记“其他业务成本”科目。

第八章　持有待售的非流动资产、处置组和终止经营

第一节　概述

一、持有待售的非流动资产、处置组概述

企业主要通过出售而非持续使用一项非流动资产或处置组收回其账面价值的，应当将其划分为持有待售类别。

处置组，是指在一项交易中作为整体通过出售或其他方式一并处置的一组资产，以及在该交易中转让的与这些资产直接相关的负债。处置组中可能包含企业的任何资产和负债，如流动资产、流动负债、非流动资产和非流动负债。处置组所属的资产组或资产组组合按照本手册“资产减值”章节的相关规定分摊了企业合并中取得的商誉的，该处置组应当包含分摊至处置组的商誉。

二、终止经营概述

终止经营，是指企业满足下列条件之一的、能够单独区分的组成部分，且该组成部分已经处置或划分为持有待售类别：

（一）该组成部分代表一项独立的主要业务或一个单独的主要经营地区；

（二）该组成部分是拟对一项独立的主要业务或一个单独的主要经营地区进行处置的一项相关联计划的一部分；

（三）该组成部分是专为转售而取得的子公司。

终止经营的相关损益应当作为终止经营损益在利润表中列报，还应当在附注中披露有关终止经营的相关信息。

第二节　确认与计量

一、持有待售的非流动资产、处置组的确认

（一）非流动资产或处置组划分为持有待售类别，应当同时满足两个条件：

1. 可立即出售。企业具有在当前状态下可立即出售该非流动资产或处置组的意图和能力。“出售”包括具有商业实质的非货币性资产交换。

2. 出售极可能发生。出售极可能发生，即企业已经就一项出售计划做出决议且获得确定的购买承诺，预计出售将在一年内完成。如果有关规定要求企业相关权力机构或者监管部门批准后方可出售，应当已经获得批准。

（二）延长一年期限的例外条款

有些情况下，由于发生一些企业无法控制的原因，可能导致出售未能在一年内完成。如果涉及的出售是关联方交易，不允许放松一年期限条件。如果涉及的出售不是关联方交易，企业如果在最初一年内已经针对这些新情况采取必要措施，而且该非流动资产或处置组重新满足了持有待售类别的划分条件，即在当前状况下可立即出售且出售极可能发生，那么即使原定的出售计划无法在最初一年内完成，企业仍然可以维持有待售类别的分类。

（三）不再继续符合划分条件的处理

持有待售的非流动资产或处置组不再继续满足持有待售类别划分条件的，企业不应当继续将其划分为持有待售类别，部分资产或负债从持有待售的处置组中移除后，如果处置组中剩余资产或负债新组成的处置组仍然满足持有待售类别划分条件，企业应当将新组成的处置组划分为持有待售类别，否则应当将满足持有待售类别划分条件的非流动资产单独划分为持有待售类别。

二、持有待售的非流动资产、处置组的计量

（一）划分为持有待售类别前的计量

企业将非流动资产或处置组首次划分为持有待售类别前，应当按照本核算手册计量非流动资产或处置组中各项资产和负债的账面价值。对于拟出售的非流动资产或处置组，企业应当在划分为持有待售类别前考虑进行减值测试。

（二）划分为持有待售类别时的计量

企业初始计量持有待售的非流动资产或处置组时，其账面价值低于其公允价值减去出售费用后的净额，企业不需要对账面价值进行调整；其账面价值高于其公允价值减去出售费用后的净额，应当将账面价值减记至公允价值减去出售费用后的净额，减记的金额确认为资产减值损失，计入当期损益，同时计提持有待售资产减值准备。

（三）划分为持有待售类别后的计量

1. 持有待售非流动资产的后续计量

资产负债表日重新计量持有待售的非流动资产时，其账面价值高于公允价值减去出售费用后的净额的，应当将账面价值减记至公允价值减去出售费用后的净额，减记的金额确认为资产减值损失，计入当期损益，同时计提持有待售资产减值准备。

后续资产负债表日持有待售的非流动资产公允价值减去出售费用后的净额增加的，以前减记的金额应当予以恢复，并在划分为持有待售类别后确认的资产减值损失金额内转回，转回金额计入当期损益。划分为持有待售类别前确认的资产减值损失不得转回。持有待售的非流动资产不应计提折旧或摊销。

2. 持有待售处置组的后续计量

企业在资产负债表日重新计量持有待售的处置组时，应当首先按照其他章节的有关规定计量处置组中不属于本章规定的资产和负债的账面价值。

在进行上述计量后，企业应当比较持有待售的处置组整体账面价值与公允价值减去出售费用后的净额，如果账面价值高于其公允价值减去出售费用后的净额，应当将账面价值减记至公允价值减去出售费用后的净额，减记的金额确认为资产减值损失，计入当期损益，同时计提持有待售资产减值准备。

对于持有待售的处置组确认的资产减值损失金额，应当先抵减处置组中商誉的账面价值，再根据处置组中适用本章计量规定的各项非流动资产账面价值所占比重，按比例抵减其账面价值。

后续资产负债表日持有待售的处置组公允价值减去出售费用后的净额增加的，以前减记的金额应当予以恢复，并在划分为持有待售类别后适用本章计量规定的非流动资产确认的资产减值损失金额内转回，转回金额计入当期损益。

已抵减的商誉账面价值，以及适用本章计量规定的非流动资产在划分为持有待售类别前确认的资产减值损失不得转回。

持有待售的处置组中的非流动资产不应计提折旧或摊销，持有待售的处置组中的负债和适用其他章节计量规定的非流动资产的利息或租金收入、支出以及其他费用应当继续予以确认。

（四）不再继续划分为持有待售类别的计量

非流动资产或处置组因不再满足持有待售类别的划分条件而不再继续划分为持有待售类别或非流动资产从持有待售的处置组中移除时，应当按照以下两者孰低计量：

1. 划分为持有待售类别前的账面价值，按照假定不划分为持有待售类别情况下本应确认的折旧、摊销或减值等进行调整后的金额；

2. 可收回金额。

这样处理的结果是，原来划分为持有待售的非流动资产或处置组在重新分类后的账面价值，与其从未划分为持有待售类别情况下的账面价值相一致。

（五）终止确认

企业终止确认持有待售的非流动资产或处置组时，应当将尚未确认的利得或损失计入当期损益。

第三节　会计科目设置及主要账务处理

一、会计科目设置

企业应当设置“持有待售资产”“持有待售资产减值准备”“持有待售负债”等会计科目对持有待售的非流动资产、处置组进行核算。其中：

“持有待售资产”科目核算持有待售的非流动资产和持有待售的处置组中的资产。本科目按照资产类别进行明细核算。“持有待售资产”科目期末借方余额，反映企业持有待售的非流动资产和持有待售的处置组中资产的账面余额。

“持有待售资产减值准备”科目核算持有待售的非流动资产和持有待售的处置组计提的允许转回的资产减值准备和商誉的减值准备。本科目按照资产类别进行明细核算。

“持有待售负债”科目核算持有待售的处置组中的负债。本科目按照负债类别进行明细核算。

二、主要账务处理

（一）企业将相关非流动资产或处置组划分为持有待售类别的，按各类资产账面价值或账面余额，借记“持有待售资产”科目，按已计提的累计折旧、累计摊销等，借记“累计折旧”“累计摊销”等科目，按各项资产账面余额，贷记“固定资产”“无形资产”“长期股权投资”“商誉”等科目，已计提减值准备的，还应同时结转已计提的减值准备。

（二）取得日，当企业初始计量的持有待售的非流动资产或处置组其账面价值高于公允价值减去出售费用后的净额的，应按账面价值高于公允价值减去出售费用后的净额的差额，借记“资产减值损失”科目，贷记“持有待售资产减值准备”科目；当企业初始计量的持有待售的非流动资产或处置组其账面价值低于公允价值减去出售费用后的净额的，不需要对账面价值进行调整。

（三）后续资产负债表日，重新计量持有待售的非流动资产或处置组时，其公允价值减去出售后的净额增加的，在划分为持有待售类别后非流动资产确认的资产减值损失金额范围内，以前减记的金额予以恢复，借记“持有待售资产减值准备”，贷记“资产减值损失”，划分为持有待售类别前确认的资产减值损失不得转回；其账面价值高于公允价值减去出售费用后的净额的，应当将账面价值减记至公允价值减去出售费用后的净额，按照减记的金额，借记“资产减值损失”科目，贷记“持有待售资产减值准备”等科目。

（四）企业终止确认持有待售的非流动资产或处置组时，借记“持有待售资产减值准备”“银行存款”等科目，贷记“持有待售资产”等科目，按尚未确认的利得或损失金额，借记或贷记“资产处置损益”等科目。

第九章　其他资产

第一节　概述

其他资产是指除上述资产以外的资产，主要包括合同资产、预付账款、内部往来、长期待摊费用等。

一、合同资产

合同资产是指企业已向客户转让商品而有权收取对价的权利，且该权利取决于时间流逝之外的其他因素。

二、预付账款

预付账款是指企业按照合同规定预付的款项，包括预付工程款、备料款、购货款、劳务款、租金等。

三、内部往来

内部往来用于核算同一法人内本部与所属内部独立核算单位之间，或各内部独立核算单位之间，由于工程价款结算、材料销售、提供劳务等业务所发生的各种应收、应付、暂收、暂付往来款项。法人间经济业务往来不得通过本科目核算。

四、长期待摊费用

长期待摊费用是指企业已经支付，但摊销期限在1年以上（不含1年）的各项费用。

长期待摊费用应当单独核算，并在各费用项目的受益期限内分期平均摊销。

如果长期待摊的费用项目不能使以后会计期间受益的，应当将尚未摊销的该项目的摊余价值全部转入当期损益。

企业自有的固定资产发生的装修支出符合固定资产改建支出条件的，应作为长期待摊费用，在装修的受益期限内平均摊销。

第二节　确认与计量

一、预付账款

（一）会计科目设置

企业应设置“预付账款”科目，核算企业按照工程合同规定预付给分包单位的款项，以及按照合同规定预付的购货款、劳务款等。

本科目应按照预付款项的类别设置“预付材料款”“预付工程款”“预付商品贸易款”“预付租赁款”“预付设备款”等明细科目，并按客商分别进行辅助核算。

“预付账款”科目期末借方余额，反映企业实际预付的款项；期末如为贷方余额，反映企业尚未补付的款项。

（二）主要账务处理

企业因购买商品、接受劳务而按合同预付的款项，借记“预付账款”等科目，贷记“银行存款”等科目。收到所购商品、劳务，按应计入成本的金额，借记“原材料”“库存商品”“合同履约成本”“管理费用”等科目，按应扣回的预付款，贷记“预付账款”科目，按剩余应付款项，贷记“应付账款”等科目。涉及增值税的，还应进行相应处理。

二、内部往来

（一）会计科目设置

企业应设置“内部往来”科目，并按各内部独立核算单位进行辅助核算。本科目的期末余额应与其他内部单位各明细科目的借方余额合计与贷方余额合计的差额相等。本科目的期末借方余额合计反映应收内部单位的款项，贷方余额合计反映应付内部单位的款项。

企业与所属单位之间对本科目的记录应相互一致。

（二）主要账务处理

企业与所属内部独立核算单位之间产生应收、暂付和转销的应付、暂收的款项时，借记“内部往来”科目，贷记“原材料”“银行存款”等科目。

企业与所属内部独立核算单位之间产生应付、暂收和转销的应收、暂付的款项时，借记“原材料”“银行存款”等科目，贷记“内部往来”科目。

三、长期待摊费用

（一）会计科目设置

企业应设置“长期待摊费用”科目，核算各单位已经发生但应由本期和以后各期负担的分摊期限在1年以上的各项费用。

“长期待摊费用”科目期末借方余额，反映企业尚未摊销完毕的长期待摊费用。

（二）主要账务处理

企业发生的长期待摊费用，借记“长期待摊费用”科目，贷记“银行存款”“原材料”等科目。摊销长期待摊费用，借记“合同履约成本”“管理费用”“销售费用”等科目，贷记“长期待摊费用”科目。

第十章　资产减值

第一节　概述

一、资产减值的概念

资产减值，是指资产的可收回金额低于其账面价值。

除了特别规定外，本章所指的资产包括单项资产和资产组。资产组，是指企业可以认定的最小资产组合，其产生的现金流入应当基本上独立于其他资产或者资产组产生的现金流入。

二、适用范围

本章涉及的资产减值，具体包括：对子公司、联营企业和合营企业的长期股权投资、采用成本模式进行后续计量的投资性房地产、固定资产、无形资产、商誉、探明石油天然气矿区权益和井及相关设施等资产的减值；不包括存货、递延所得税资产、融资租赁中出租人未担保余值、以公允价值模式进行后续计量的投资性房地产、金融资产等资产的减值。

第二节　确认与计量

一、资产减值迹象的判断

企业应当在资产负债表日判断资产是否存在可能发生减值的迹象。因企业合并所形成的商誉和使用寿命不确定的无形资产以及尚未达到可使用状态的无形资产，无论是否存在减值迹象，每年都应当进行减值测试。

企业主要从外部和内部信息来源方面判断资产是否存在可能发生减值的迹象：

（一）资产的市价在当期大幅度下跌，其跌幅明显高于因时间的推移或者正常使用而预计的下跌；

（二）企业经营所处的经济、技术或者法律等环境以及资产所处的市场在当期或者将在近期发生重大变化，从而对企业产生不利影响；

（三）市场利率或者其他市场投资报酬率在当期已经提高，从而影响企业计算资产预计未来现金流量现值的折现率，导致资产可收回金额大幅度降低；

（四）企业所有者权益（净资产）的账面价值远高于其市值；

（五）有证据表明资产已经陈旧过时或其实体已经损坏；

（六）资产已经或者将被闲置、终止使用或者计划提前处置；

（七）企业内部报告的证据表明资产的经济绩效已经低于或者将低于预期，如资产所创造的净现金流量或者实现的营业利润远远低于原来的预算或预计金额等、资产发生的营业损失远远高于原来的预算或者预计金额；

（八）资产在建造或者收购时所需的现金支出远远高于最初的预算、资产在经营或者维护中所需的现金支出远远高于最初的预算；

（九）其他表明资产可能已经发生减值的迹象。

二、资产可收回金额的估计

（一）基本方法

企业资产存在减值迹象的，应当估计其可收回金额，然后将所估计的资产可收回金额与其账面价值相比较，以确定资产是否发生了减值，以及是否需要计提资产减值准备并确认相应的减值损失。在估计资产可收回金额时，原则上应当以单项资产为基础，如果企业难以对单项资产的可收回金额进行估计，应当以该资产所属的资产组为基础确定资产组的可收回金额。

资产可收回金额的估计，应当根据其公允价值减去处置费用后的净额与资产预计未来现金流量的现值两者之间较高者确定。估计资产的可收回金额，通常需要同时估计该资产的公允价值减去处置费用后的净额和资产预计未来现金流量的现值。但是，下列情形除外：

1. 资产的公允价值减去处置费用后的净额与资产预计未来现金流量的现值，只要有一项超过了资产的账面价值，就表明资产没有发生减值，不需再估计另一项金额。

2. 没有确凿证据或者理由表明，资产预计未来现金流量现值显著高于其公允价值减去处置费用后的净额的，可以将资产的公允价值减去处置费用后的净额视为资产的可收回金额。

3. 资产的公允价值减去处置费用后的净额如果无法可靠估计的，应当以该资产预计未来现金流量的现值作为其可收回金额。

（二）资产的公允价值减去处置费用后的净额的估计

企业在估计资产的公允价值减去处置费用后的净额时，应当按照下列顺序进行：

1. 优先采用根据公平交易中销售协议价格减去可直接归属于该资产处置费用的金额确定。

2. 不存在销售协议但存在资产活跃市场的，应当按照该资产的市场价格减去处置费用后的金额确定。资产的市场价格通常应当根据资产的买方出价确定。

3. 在不存在销售协议和资产活跃市场的情况下，应当以可获取的最佳信息为基础，估计资产的公允价值减去处置费用后的净额，该净额可以参考同行业类似资产的最近交易价格或者结果进行估计。

4. 企业按照上述规定仍然无法可靠估计资产的公允价值减去处置费用后的净额的，应当以该资产预计未来现金流量的现值作为其可收回金额。

（三）资产预计未来现金流量的现值的估计

资产预计未来现金流量的现值，应当按照资产在持续使用过程中和最终处置时所产生的预计未来现金流量，选择恰当的折现率对其进行折现后的金额加以确定。预计资产未来现金流量的现值，应当综合考虑资产的预计未来现金流量、资产的使用寿命及折现率等因素。

1. 资产未来现金流量的预计

（1）预计资产未来现金流量的基础

企业应当在合理和有依据的基础上对资产剩余使用寿命内整个经济状况进行最佳估计，并将资产未来现金流量的预计建立在经批准的最近财务预算或者预测数据之上，建立在该预算或者预测基础上的预计现金流量最多涵盖5年。财务预算或者预测期之后的现金流量，企业应当以该预算或者预测期之后年份稳定的或者递减的增长率为基础进行估计，所使用的增长率除企业能够证明更高的增长率是合理的之外，不应当超过企业经营的产品、市场、所处的行业或者所在地区的长期平均增长率，或者该资产所处市场的长期平均增长率。

（2）资产预计未来现金流量应当包括下列内容：

1）资产持续使用过程中预计产生的现金流入。

2）为实现资产持续使用过程中产生的现金流入所必需的预计现金流出（包括为使资产达到预定可使用状态所发生的现金流出）。

3）资产使用寿命结束时，处置资产所收到或者支付的净现金流量。

（3）预计资产未来现金流量应当考虑的因素

1）以资产的当前状况为基础预计资产未来现金流量，不应当包括与将来可能会发生的、尚未做出承诺的重组事项或者与资产改良有关的预计未来现金流量。

2）预计资产未来现金流量不应当包括筹资活动和所得税收付产生的现金流量。

3）对通货膨胀因素的考虑应当和折现率相一致。

4）内部转移价格应当予以调整。

（4）预计资产未来现金流量的方法

预计资产未来现金流量，通常可以根据资产未来每期最有可能产生的现金流量进行预测。

2. 折现率的预计

折现率是企业在购置或者投资资产时所要求的必要报酬率。如果在预计资产的未来现金流量时已经对资产特定风险的影响做了调整的，折现率的估计不需要考虑这些特定风险。如果用于估计折现率的基础是税后的，应当将其调整为税前的折现率，以便于与资产未来现金流量的估计基础相一致。

3. 资产未来现金流量现值的预计

资产未来现金流量的现值为该资产的预计未来现金流量按照预计的折现率在预计的资产使用寿命里加以折现后的金额。

4. 外币未来现金流量及其现值的预计

企业应当按照以下顺序确定资产未来外币现金流量的现值：

首先，应当以该资产所产生的未来现金流量的结算货币为基础预计其未来现金流量，并按照该货币适用的折现率计算资产的现值。

其次，将该外币现值按照计算资产未来现金流量现值当日的即期汇率进行折算，从而折现成按照记账本位币表示的资产未来现金流量的现值。

最后，在该现值基础上，比较资产公允价值减去处置费用后的净额以及资产的账面价值，以确定是否需要确认减值损失以及确认多少减值损失。

三、资产组的认定与减值处理

（一）认定资产组应当考虑的因素

1. 资产组的认定，应当以资产组产生的主要现金流入是否独立于其他资产或者资产组的现金流入为依据。即资产组能否独立产生现金流入是认定资产组的最关键因素。

2. 资产组的认定，应当考虑企业对生产经营活动的管理或者监控方式和对资产的持续使用或者处置的决策方式等。

（二）资产组认定后不得随意变更

资产组一经确定，在各个会计期间应当保持一致，不得随意变更。即资产组的各项资产构成通常不能随意变更。但是，如果由于企业重组、变更资产用途等原因，导致资产组构成确需变更的，企业可以进行变更，但企业应当证明该变更是合理的，并在附注中作相应说明。

（三）资产组减值测试

企业需要预计资产组的可收回金额和计算资产组的账面价值，并将两者进行比较，如果资产组的可收回金额低于其账面价值，表明资产组发生了减值损失，应当予以确认。资产组账面价值的确定基础应当与其可收回金额的确定方式相一致。

在确定资产组的可收回金额时，应当按照该资产组的公允价值减去处置费用后的净额与其预计未来现金流量的现值两者之间较高者确定。资产组的账面价值应当包括可直接归属于资产组与可以合理和一致地分摊至资产组的资产账面价值，通常不应当包括已确认负债的账面价值，但如不考虑该负债金额就无法确定资产组可收回金额的除外。

资产组在处置时如要求购买者承担一项负债（如环境恢复负债等），该负债金额已经确认并计入相关资产账面价值，而且企业只能取得包括上述资产和负债在内的单一公允价值减去处置费用后的净额的，为了比较资产组的账面价值和可收回金额，在确定资产组的账面价值及其预计未来现金流量的现值时，应当将已确认的负债金额从中扣除。

（四）总部资产的减值测试

企业总部资产包括企业集团或其事业部的办公楼、电子数据处理设备、研发中心等资产。总部资产的显著特征是难以脱离其他资产或者资产组产生独立的现金流入，而且其账面价值难以完全归属于某一资产组。

资产负债表日，如果有迹象表明某项总部资产可能发生减值，企业应当计算确定该总部资产所归属的资产组或者资产组组合的可收回金额，然后将其与相应的账面价值相比较，据以判断是否需要确认减值损失。

企业对某一资产组进行减值测试时，应当先认定所有与该资产组相关的总部资产，再根据相关总部资产能否按照合理和一致的基础分摊至该资产组分别按下列情况处理：

1. 对于相关总部资产能够按照合理和一致的基础分摊至该资产组的部分，应当将该部分总部资产的账面价值分摊至该资产组，再据以比较该资产组的账面价值（包括已分摊的总部资产的账面价值部分）和可收回金额，并按照前述有关资产组减值测试的顺序和方法处理。

2. 对于相关总部资产中有部分资产难以按照合理和一致的基础分摊至该资产组的，应当按照下列步骤处理：

首先，在不考虑相关总部资产的情况下，估计和比较资产组的账面价值和可收回金额，并按照前述有关资产组减值测试的顺序和方法处理。

其次，认定由若干个资产组组成的最小的资产组组合，该资产组组合应当包括所测试的资产组与可以按照合理和一致的基础将该部分总部资产的账面价值分摊其上的部分。

最后，比较所认定的资产组组合的账面价值（包括已分摊的总部资产的账面价值部分）和可收回金额，并按照前述有关资产组减值测试的顺序和方法处理。

四、商誉减值测试与处理

（一）商誉减值测试的基本要求

企业合并所形成的商誉，至少应当在每年年度终了进行减值测试。商誉应当结合与其相关的资产组或者资产组组合进行减值测试。对于因企业合并形成的商誉的账面价值，应当自购买日起按照合理的方法分摊至相关的资产组；难以分摊至相关的资产组的，应当将其分摊至相关的资产组组合。

（二）商誉减值测试的方法与处理

企业在对包含商誉的相关资产组或者资产组组合进行减值测试时，如与商誉相关的资产组或者资产组组合存在减值迹象的，应当按照以下顺序处理：

首先，对不包含商誉的资产组或者资产组组合进行减值测试，计算可收回金额，并与相关账面价值相比较，确认相应的减值损失。

其次，再对包含商誉的资产组或者资产组组合进行减值测试，比较这些相关资产组或者资产组组合的账面价值（包括所分摊的商誉的账面价值部分）与其可收回金额，如相关资产组或者资产组组合的可收回金额低于其账面价值的，应当就其差额确认减值损失，减值损失金额应当首先抵减分摊至资产组或者资产组组合中商誉的账面价值。

最后，根据资产组或者资产组组合中除商誉之外的其他各项资产的账面价值所占比重，按比例抵减其他各项资产的账面价值。

五、资产减值损失的确认与计量

（一）一般规定

资产的可收回金额低于其账面价值的，应当将资产的账面价值减记至可收回金额，减记的金额确认为资产减值损失，计入当期损益，同时，计提相应的资产减值准备。

资产减值损失确认后，减值资产的折旧或者摊销费用应当在未来期间做相应调整，以使该资产在剩余使用寿命内，系统地分摊调整后的资产账面价值（扣除预计净残值）。

资产减值损失一经确认，在以后会计期间不得转回。以前期间计提的资产减值准备，需要等到资产处置时才可转出。

（二）资产组减值计量的特殊规定

根据减值测试的结果，资产组的可收回金额如低于其账面价值，应当确认相应的减值损失。减值损失金额应当按照以下顺序进行分摊：

首先，抵减分摊至资产组中商誉的账面价值。

然后，根据资产组中除商誉之外的其他各项资产的账面价值所占比重，按比例抵减其他各项资产的账面价值。

以上资产账面价值的抵减，应当作为各单项资产（包括商誉）的减值损失处理，计入当期损益。抵减后的各资产的账面价值不得低于以下三者之中最高者：该资产的公允价值减去处置费用后的净额（如可确定的）、该资产预计未来现金流量的现值（如可确定的）和零。因此而导致的未能分摊的减值损失金额，应当按照相关资产组中其他各项资产的账面价值所占比重进行分摊。

第三节　会计科目设置及主要账务处理

一、会计科目设置

企业应当根据不同的资产类别，分别设置“固定资产减值准备”“在建工程减值准备”“投资性房地产减值准备”“无形资产减值准备”“商誉减值准备”“长期股权投资减值准备”等科目。

二、主要账务处理

当企业确定资产发生了减值时，应当根据确认的资产减值金额，借记“资产减值损失”科目，贷记“固定资产减值准备”“在建工程减值准备”“投资性房地产减值准备”“无形资产减值准备”“商誉减值准备”“长期股权投资减值准备”等科目。

当企业处置已计提减值的相应资产时，借记“银行存款”“固定资产减值准备”

“投资性房地产减值准备”“无形资产减值准备”“长期股权投资减值准备”等科目，贷记“固定资产清理”“投资性房地产”“无形资产”“长期股权投资”等科目，按其差额，借记或贷记“资产处置损益”“投资收益”等科目。

第十一章　金融负债

第一节　概述

一、金融负债的概念

金融负债，是指企业符合下列条件之一的负债：

（一）向其他方交付现金或其他金融资产的合同义务。

（二）在潜在不利条件下，与其他方交换金融资产或金融负债的合同义务。

（三）将来须用或可用企业自身权益工具进行结算的非衍生工具合同，且企业根据该合同将交付可变数量的自身权益工具。

（四）将来须用或可用企业自身权益工具进行结算的衍生工具合同，但以固定数量的自身权益工具交换固定金额的现金或其他金融资产的衍生工具合同除外。

金融负债包括：短期借款、交易性金融负债、应付票据、应付账款、应付利息、应付股利、其他应付款、长期借款、应付债券、长期应付款等。

二、金融负债的分类

金融负债可以分为下列四类：

（一）以公允价值计量且其变动计入当期损益的金融负债。

包括交易性金融负债（含属于金融负债的衍生工具）和指定为以公允价值计量且其变动计入当期损益的金融负债。

1. 满足下列条件之一的金融负债，应当划分为交易性金融负债：

（1）承担该金融负债的目的，主要是为了近期内出售或回购；

（2）属于进行集中管理的可辨认金融工具组合的一部分，且有客观证据表明企业近期采用短期获利方式对该组合进行管理；

（3）属于衍生工具，但被指定为有效套期工具的衍生工具、属于财务担保合同的衍生工具、与在活跃市场中没有报价且其公允价值不能可靠计量的权益工具投资挂钩并须通过交付该权益工具结算的衍生工具除外。

2. 指定为以公允价值计量且其变动计入当期损益的金融负债。

一般情况下，只有符合下列条件之一的金融负债，才可以在初始确认时指定为以公允价值计量且其变动计入当期损益的金融负债：

（1）该指定可以消除或明显减少金融负债由于会计确认方法与计量属性不同导致相关利得或损失在会计确认和计量上不一致的情况。

（2）根据正式书面文件载明的企业风险管理或投资策略，以公允价值为基础对金融负债组合或金融资产和金融负债组合进行管理和业绩评价，并向关键管理人员报告。

该指定一经做出，不得撤销。

3.在非同一控制下的企业合并中，企业作为购买方确认的或有对价形成金融负债的，该金融负债应当按照以公允价值计量且其变动计入当期损益进行会计处理。

（二）不符合终止确认条件的金融资产转移或继续涉入被转移金融资产所形成的金融负债。

（三）不属于上述第（一）类或第（二）类情形的财务担保合同，以及不属于第（一）类情形的以低于市场利率贷款的贷款承诺。

财务担保合同是指当特定债务人到期不能按照最初或修改后的债务工具条款偿付债务时，要求发行方向蒙受损失的合同持有人赔付特定金额的合同。

贷款承诺是指按照预先规定的条款和条件提供信用的确定性承诺。

（四）以摊余成本计量的金融负债。

除上述三项外，企业应当将金融负债分类为以摊余成本计量的金融负债。

企业在日常经营活动中所形成的应付账款、短期借款、其他应付款等债务属于以摊余成本计量的金融负债。

企业对所有金融负债一旦确定，均不得进行重分类。

三、金融负债和权益工具的区分

权益工具是证明拥有企业的资产扣除负债后的剩余权益的合同。

（一）分类原则

1. 是否存在无条件地避免交付现金或其他金融资产的合同义务。

不能无条件地避免以交付现金或其他金融资产来履行一项合同义务，则该合同义务为金融负债；否则，为权益工具。在区分时，应当注重经济业务实质，而非合同条文的法律形式，并且不受以前实施分配的情况、未来实施分配的意向、相关金融工具如果没有发放股利对发行方普通股的价格可能产生的负面影响、发行方的未分配利润等可供分配权益的金额、发行方对一段期间内损益的预期、发行方是否有能力影响其当期损益等因素的影响。

2. 是否通过交付固定数量的自身权益工具结算。

对于将来须交付企业自身权益工具的金融工具，未来结算时交付的权益工具数量是可变的，或者收到的对价的金额是可变的，为金融负债。发行方只能通过以固定数量的自身权益工具交换固定金额的现金或其他金融资产进行结算的衍生工具，是权益工具。

（二）合并财务报表中金融负债和权益工具的区分

在各级合并财务报表中对金融工具进行分类时，应考虑企业集团成员和金融工具的持有方之间达成的所有条款和条件，以确定集团作为一个整体是否由于该工具而承担了交付现金或其他金融资产的义务，或者承担了以其他导致该工具分类为金融负债的方式进行结算的义务。

子公司在个别财务报表中作为权益工具列报的特殊金融工具，在其合并财务报表中对应的少数股东权益部分，应当分类为金融负债。

（三）特殊金融工具的区分

可回售工具、发行方仅在清算时才有义务向另一方按比例交付其净资产的金融工具，在一般情况下，应当作为金融负债列报。但同时符合下列条件的可回售工具，应分类为权益工具：

1. 持有方有权在企业清算时按比例份额获得企业净资产。

2. 在企业清算时无需转换且不优先于其他工具的要求权。

3. 该金融工具类别中所有的工具具有相同的特征。

4. 除向持有方支付赎回对价之外，不具有金融负债的其他特征。

5. 该金融工具在存续期间的预计现金流量总额基于存续期间企业的损益、已确认净资产的变动、净资产的公允价值变动。

6. 企业未发行其他现金流量总额实质上基于企业损益、净资产变动且限制持有方获得剩余回报的金融工具。

第二节 确认和计量

一、金融负债的确认

（一）金融负债的初始确认

企业成为金融工具合同的一方并承担相应义务时或衍生工具合同义务形成时确认金融负债。

企业确认金融负债的常见情形如下：

1. 当企业成为金融工具合同的一方，并因此承担支付现金的义务时，应将无条件的应付款项确认金融负债。

2. 因买卖商品或劳务的确定承诺而将承担的负债，通常直到至少合同一方履约才予以确认。

3. 属于金融工具的远期合同，企业应在成为远期合同的一方，承担相应义务时确认一项金融负债。

4. 属于金融工具的期权合同，企业应在成为该期权合同的一方，承担相应义务时确认一项金融负债。

（二）金融负债的终止确认

出现下列情况之一时，金融负债（或其一部分）的现时义务已经解除：

1. 债务人通过履行义务解除了金融负债（或其一部分）的现时义务。

2. 债务人通过法定程序，或债权人合法解除了债务人对金融负债（或其一部分）的主要责任。

针对金融负债现时义务解除的不同情形企业应进行如下处理：

1. 企业将用于偿付金融负债的资产转入某个机构或设立信托，偿付债务的义务仍存在的，不应当终止确认该金融负债，也不能终止确认转出的资产。

2. 企业与债权人之间签订协议，以承担新金融负债方式替换原金融负债（或其一部分），且合同条款实质上不同的（金融负债未来现金流量现值与原金融负债剩余期间现金流量现值相差10%及以上），企业应当终止确认原金融负债（或其一部分），同时确认一项新金融负债。

3. 债权人解除企业对金融负债的主要责任并要求企业提供担保的，企业应当按照担保义务的公允价值为基础确认一项新的金融负债，并按支付的价款加上新金融负债公允价值之和与原金融负债账面价值的差额确认利得和损失。

4. 企业回购金融负债一部分的，应当按照继续确认部分和终止确认部分在回购日各自公允价值占整体公允价值的比例，对该金融负债整体的账面价值进行分配。分配给终止确认部分的账面价值与支付的对价之间的差额，应当计入当期损益。

金融负债（或其一部分）终止确认的，企业应当将其账面价值与支付的对价（包括转出的非现金资产或承担的负债）之间的差额，计入当期损益。

二、金融负债的计量

（一）金融负债的初始计量

1. 一般规定

企业初始确认金融负债，应当按照公允价值计量。金融负债初始确认时的公允价值通常指交易价格，即所收到或支付对价的公允价值。

对于以公允价值计量且其变动计入当期损益的金融负债，相关交易费用应当直接计入当期损益；对于其他类别的金融负债，相关交易费用应当计入初始确认金额。

2. 可转换公司债券初始计量的特殊情形

企业发行可转换公司债券时，应按公允价值将负债和权益成分进行分拆，分别进行初始确认，负债部分的公允价值按类似不具有转换选择权债券的现行市场价格确定，可转换公司债券的整体发行价格扣除负债的公允价值的差额，作为债券持有人将债券转换为权益工具的转换选择权的价值，计入股东权益。企业发行包含转换选择权衍生工具的可转换公司债券时，负债和转换选择权衍生工具均按公允价值进行初始确认。

企业发行可转换公司债券发生的交易费用，应当在负债成分和权益成分之间按照总发行价款的比例进行分摊。与多项交易相关的共同交易费用，应当在合理的基础上，采用与其他类似交易一致的方法，在各项交易之间进行分摊。对于分摊至负债成分的交易费用，应当计入该负债成分的初始计量金额（若该负债成分按摊余成本进行后续计量）或计入当期损益（若该负债成分按公允价值进行后续计量且其变动计入当期损益）；对于分摊至权益成分的交易费用，应当从权益中扣除。

（二）金融负债的后续计量

企业应当按照以下原则对金融负债进行后续计量：

1. 以公允价值计量且其变动计入当期损益的金融负债采用公允价值进行后续计量，公允价值变动形成的利得或损失，除与套期会计有关外，应当计入当期损益。

2. 金融资产转移形成的金融负债的后续计量。

金融资产整体转移未满足终止确认条件的，企业继续确认所转移的金融资产，因资产转移而收到的对价在收到时确认为负债。

（1）继续涉入被转移金融资产以摊余成本计量的，相关负债的账面价值等于继续涉入被转移金融资产的账面价值减去企业保留的权利（如果企业因金融资产转移保留了相关权利）的摊余成本并加上企业承担的义务（如果企业因金融资产转移承担了相关义务）的摊余成本，相关负债不指定为以公允价值计量且其变动计入当期损益的金融负债。

（2）继续涉入被转移金融资产以公允价值计量的，相关负债的账面价值等于继续涉入被转移金融资产的账面价值减去企业保留的权利（如果企业因金融资产转移保留了相关权利）的公允价值并加上企业承担的义务（如果企业因金融资产转移承担了相关义务）的公允价值，该权利和义务的公允价值为按独立基础计量时的公允价值。

3. 不属于指定为以公允价值计量且其变动计入当期损益的金融负债的财务担保合同，或没有指定为以公允价值计量且其变动计入当期损益并将以低于市场利率贷款的贷款承诺，在初始确认后按照损失准备金额以及初始确认金额扣除依据收入确认相关规定所确定的累计摊销额后的余额孰高进行计量。

4. 以摊余成本计量的金融负债的后续计量。

（1）金融负债的摊余成本，应当以金融负债的初始确认金额经下列调整后的结果确定：

1）扣除已偿还的本金；

2）加上或减去采用实际利率法将该初始确认金额与到期日金额之间的差额进行摊销形成的累计摊销额。

（2）以摊余成本计量且不属于任何套期关系一部分的金融负债所产生的利得或损失，应当在终止确认时计入当期损益或在按照实际利率法摊销时计入相关期间损益。

（3）企业发行的可转换公司债券的后续计量中，负债部分采用实际利率法按摊余成本计量；权益部分按公允价值计量，且公允价值变动计入当期损益。在可转换公司债券转换时，应终止确认负债成分，并将其确认为权益。原来的权益成分仍旧保留为权益（从权益的一个项目结转到另一个项目，如从“其他权益工具”转入“资本公积—股本（或资本）溢价”）。可转换公司债券转换时不产生损益。

（三）金融负债与权益工具重分类的计量由于发行的金融工具原合同条款约定的条件或事项随着时间的推移或经济环境的改变而发生变化，可能会导致已发行金融工具的重分类。

1. 原分类为权益工具的金融工具，自不再被分类为权益工具之日起，应当将其重分类为金融负债，以重分类日该工具的公允价值计量，重分类日权益工具的账面价值和金融负债的公允价值之间的差额确认为权益。发行方以重分类日计算的实际利率作为该金融负债后续计量利息调整等的基础。

2. 原分类为金融负债的金融工具，自不再被分类为金融负债之日起，应当将其重分类为权益工具，以重分类日金融负债的账面价值计量。

第三节　会计科目设置及主要账务处理

一、短期借款

（一）会计科目设置

企业应设置“短期借款”科目，核算企业从银行或其他金融机构借入的或委托金融机构借入的、偿还期在1年以内（含1年）的各种借款。企业财务公司及内部资金中心借款也在本科目核算。

“短期借款”科目可按借款种类设置“金融机构借款”“财务公司及资金中心借款”等明细科目，进行明细核算，按照债权人、借款币种进行辅助核算。“短期借款”科目期末贷方余额，反映企业尚未偿还的短期借款。

（二）主要账务处理

1. 企业借入的各种短期借款，借记“银行存款”科目，贷记“短期借款”科目；归还借款时做相反的会计分录。

2. 资产负债表日，应按计算确定的短期借款利息的金额，借记“财务费用”等科目，贷记“银行存款”“应付利息”等科目。

二、交易性金融负债

（一）会计科目设置

企业应设置“交易性金融负债”科目，核算企业承担的交易性金融负债与企业持有的指定为公允价值变动计入当期损益的金融负债的公允价值。“交易性金融负债”科目可按交易性金融负债类别，分别设置“本金”“公允价值变动”“指定类”等进行明细核算。

“交易性金融负债”科目期末贷方余额，反映企业承担的交易性金融负债指定为公允价值变动计入当期损益的金融负债的公允价值。

（二）主要账务处理

1. 企业承担的交易性金融负债，应按实际收到的金额，借记“银行存款”等科目，按发生的交易费用，借记“投资收益”科目，按交易性金融负债的公允价值，贷记“交易性金融负债—本金”科目。

2. 资产负债表日，按交易性金融负债票面利率计算的利息，借记“投资收益”科目，贷记“应付利息”科目。

资产负债表日，交易性金融负债的公允价值高于其账面余额的差额，借记“公允价值变动损益”科目，贷记“交易性金融负债—公允价值变动”科目；公允价值低于其账面余额的差额，做相反的会计分录。

3. 处置交易性金融负债，应按该金融负债的账面余额，借记“交易性金融负债”，按实际支付的金额，贷记“银行存款”等科目，按其差额，贷记或借记“投资收益”科目。同时，按该金融负债累计的公允价值变动，借记或贷记“公允价值变动损益”科目，贷记或借记“投资收益”科目。

三、应付票据

（一）会计科目设置

企业应设置“应付票据”科目，核算企业购买材料、接受劳务以及施工企业为拨付分包单位工程价款等而开出、承兑的商业汇票，包括银行承兑汇票和商业承兑汇票。

“应付票据”科目应按照类别设置“银行承兑汇票”“商业承兑汇票”明细科目，进行明细核算；按照债权人进行辅助核算。“应付票据”科目期末贷方余额，反映企业持有的尚未到期的商业汇票金额。

（二）主要账务处理

1. 企业开出、承兑商业汇票支付购货款、工程款等时，借记“在途物资”“原材料”“库存商品”“合同履约成本”“应付账款”等科目，按可抵扣的增值税，借记“应交税费—应交增值税—进项税额”科目，贷记“应付票据”科目。

2. 支付承兑汇票的手续费，借记“财务费用”科目，贷记“银行存款”科目。

3. 应付票据到期，借记“应付票据”科目，贷记“银行存款”科目。企业无力支付票款的，按应付票据的票面金额，借记“应付票据”科目，贷记“应付账款”（如为商业承兑汇票时）科目、“短期借款”（如为银行承兑汇票时）科目。

四、应付账款

（一）会计科目设置

企业应设置“应付账款”科目，核算企业购买材料、接受劳务等应付给供应单位的款项，以及施工企业工程结算应付给分包单位的款项，包括应付工程款、应付购货款和应付劳务款等。

“应付账款”科目分别设置“材料款”“工程款”“设备款”“商品贸易款”“零星合同款”等明细科目，进行明细核算；按照债权人进行往来辅助核算。“应付账款”科目期末贷方余额，反映企业尚未支付的应付账款余额。

（二）主要账务处理

1. 企业购入材料、商品等验收入库，但货款尚未支付，根据有关凭证，借记“原材料”等科目，按可抵扣的增值税额，借记“应交税费—应交增值税—进项税额”科目，按应付的价款，贷记“应付账款—材料款”等科目。

2. 施工企业与工程分包单位结算工程价款，但工程款尚未支付，根据合同、工程价款结算单等有关凭证，借记“合同履约成本”等科目，按可抵扣的增值税额，借记“应交税费—应交增值税—进项税额”科目，按应付的价款，贷记“应付账款—工程”科目。

3. 支付应付未付款项时，借记“应付账款”科目，贷记“银行存款”等科目。

五、应付利息

（一）会计科目设置

企业应设置“应付利息”科目，核算企业按照合同约定应支付的利息，包括分期付息到期还本的长期借款、企业债券等应支付的利息。

“应付利息”科目应按照债权人进行辅助核算。

“应付利息”科目期末贷方余额，反映企业应付未付的利息。

（二）主要账务处理

资产负债表日，应按摊余成本和实际利率计算确定的利息费用，借记“在建工程”“间接费用”“财务费用”等科目，按合同利率计算确定的应付未付利息贷记“应付利息”科目，按其差额，借记或贷记“长期借款—利息调整”等科目。实际支付利息时，借记“应付利息”科目，贷记“银行存款”等科目。

六、应付股利

（一）会计科目设置

企业应设置“应付股利”科目，核算企业经董事会或股东大会，或类似机构决议确定分配的现金股利或利润。企业分配的股票股利，不通过本科目核算。

“应付股利”科目按投资者进行辅助核算。

“应付股利”科目期末贷方余额，反映企业应付未付的现金股利或利润。

（二）主要账务处理

1. 企业根据股东大会或类似机构审议批准的利润分配方案，按应支付的现金股利或利润，借记“利润分配”科目，贷记“应付股利”科目。

2. 实际支付现金股利或利润，借记“应付股利”科目，贷记“银行存款”等科目。

七、其他应付款

（一）会计科目设置

企业应设置“其他应付款”科目，核算企业除应付票据、应付账款、预收账款、应付职工薪酬、应付利息、应付股利、应交税费、长期应付款等以外的其他各项应付、暂收其他单位或个人的款项。

“其他应付款”科目应按照其他应付款种类分对方单位（或个人）进行辅助核算。

“其他应付款”科目期末贷方余额反映企业尚未支付的其他应付款项。

（二）主要账务处理

1. 企业发生的其他各种应付、暂收款项，借记“银行存款”“管理费用”等科目，贷记“其他应付款”科目；支付的其他各种应付、暂收款项，借记“其他应付款”科目，贷记“银行存款”等科目。

2. 企业采用售后回购方式融入资金的（回购价格不低于售价），应按实际收到的金额，借记“银行存款”科目，贷记“其他应付款”科目。回购价格与原销售价格之间的差额，应在售后回购期间内按期计提利息费用，借记“财务费用”科目，贷记“其他应付款”科目。按照合同约定购回该项商品等时，应按实际支付的金额，借记“其他应付款”科目，贷记“银行存款”科目。

八、长期借款

（一）会计科目设置

企业应设置“长期借款”科目，核算企业从银行或其他金融机构借入的或委托金融机构借入的、偿还期在1年以上（不含1年）的各种借款。

“长期借款”科目可按贷款种类设置“本金”“利息调整”科目进行明细核算：按照债权人、借款用途、币种进行辅助核算。

“长期借款”科目期末贷方余额，反映企业尚未偿还的长期借款本金。

（二）主要账务处理

1. 企业借入长期借款，应按实际收到的金额，借记“银行存款”科目，贷记“长期借款—本金”科目。

2. 资产负债表日，应按合同约定计算确定的长期借款的利息费用，借记“合同履约成本”“在建工程”“间接费用”“财务费用”等科目，按合同利率计算确定的应付未付利息，贷记“应付利息”科目。

3. 归还长期借款本金，借记“长期借款—本金”科目，贷记“银行存款”科目。

九、应付债券

（一）会计科目设置

企业应设置“应付债券”科目，核算企业以摊余成本计量的为筹集资金而发行的债券本金和利息。企业发行的可转换公司债券的负债成分在本科目核算。

“应付债券”科目按债权种类设置“面值”“利息调整”“应计利息”等进行明细核算。

“应付债券”科目期末贷方余额，反映企业尚未偿还的债券摊余成本。

（二）主要账务处理

1. 企业发行普通债券，应按实际收到的金额，借记“银行存款”等科目，按债券票面金额，贷记“应付债券—面值”。存在差额的，还应借记或贷记“应付债券—利息调整”科目。

企业发行的可转换公司债券，应按实际收到的金额，借记“银行存款”等科目，按债券的面值，分拆后形成的负债成分在“应付债券—面值”科目核算，按负债成分的公允价值与面值之间的差额，借记或贷记“应付债券—利息调整”科目，按实际收到的金额扣除负债成分的公允价值后的金额，贷记“其他权益工具”科目。

2. 资产负债表日，对于分期付息、一次还本的债券，应按摊余成本和实际利率计算确定的债券利息费用，借记“合同履约成本”“在建工程”“间接费用”“财务费用”“研发支出”等科目，按票面利率计算确定的应付未付利息，贷记“应付利息”科目，按其差额，借记或贷记“应付债券—利息调整”科目。

对于一次还本付息的债券，应于资产负债表日按摊余成本和实际利率计算确定的债券利息费用，借记“在建工程”“间接费用”“财务费用”“研发支出”等科目，票面利率计算确定的应付未付利息，贷记“应付债券—应计利息”科目，按其差额，借记或贷记“应付债券—利息调整”科目。

3. 债券到期，支付债券本息，借记“应付债券—面值”“应付债券—应计利息”“应付利息”等科目，贷记“银行存款”等科目。同时，存在利息调整余额的，借记或贷记“应付债券—利息调整”，贷记或借记“在建工程”“间接费用”“财务费用”“研发支出”等科目。

4. 可转换公司债券持有人行使转换权利，将其持有的债券转换为股票，按可转换公司债券的余额，借记“应付债券—可转换公司债券—面值”科目，按利息调整余额，借记或贷记“应付债券—可转换公司债券—利息调整”科目，按其权益成分的金额，借记“其他权益工具”科目，按股票面值和转换的股数而计算的股票面值总额，贷记“股本”科目，按其差额，贷记“资本公积—股本（或资本）溢价”科目。

5. 原归类为金融负债重分类为权益工具的，在重分类日，按债券的面值，借记“应付债券—面值”科目，按利息调整余额，借记或贷记“应付债券—利息调整”科目，按金融负债的账面价值，贷记“其他权益工具”科目。

原归类为权益工具重分类为金融负债的，在重分类日，按权益工具的账面价值，借记“其他权益工具”科目，按债务工具的面值，贷记“应付债券—面值”科目，按债务工具的公允价值与面值之间的差额，借记或贷记“应付债券—利息调整”科目，按权益工具的公允价值与账面价值的差额，贷记或借记”资本公积—股本（或资本）溢价”科目，如资本公积不够冲减，依次冲减盈余公积和未分配利润。

十、长期应付款

（一）会计科目设置

企业应设置“长期应付款”“未确认融资费用”科目。

“长期应付款”科目核算企业除长期借款和应付债券以外的其他各种长期应付款项，包括应付融资租入固定资产的租赁费、以分期付款方式购入固定资产等发生的应付款项等。本科目根据种类设置“应付融资租赁款”“补偿贸易设备引进款”等科目进行明细核算，按客商进行往来辅助核算。本科目期末贷方余额，反映企业应付未付的长期应付款项。

“未确认融资费用”科目核算企业应当分期计入利息费用的未确认融资费用。本科目可按长期应付款项目进行明细核算，按债权人进行往来辅助核算。本科目期末借方余额，反映企业未确认融资费用的摊余价值。

（二）主要账务处理

1. 企业融资租入的固定资产，在租赁期开始日，按应计入固定资产成本的金额（租赁开始日租赁资产公允价值与最低租赁付款额现值两者中较低者，加上初始直接费用），借记“在建工程”或“固定资产”科目，按最低租赁付款额，贷记“长期应付款”科目，按发生的初始直接费用，贷记“银行存款”等科目，按其差额，借记“未确认融资费用”科目。

按期支付的租金，借记“长期应付款—应付融资租赁款”科目，贷记“银行存款”科目。

租赁期满后的业务处理，参照本手册“租赁”章节相关规定。

2. 购入有关资产超过正常信用条件延期支付价款、实质上具有融资性质的，应按购买价款的现值，借记“固定资产”“在建工程”等科目，按应支付的金额，贷记“长期应付款”科目，按其差额，借记“未确认融资费用”科目。

按期支付的价款，借记“长期应付款”科目，贷记“银行存款”科目。

3. 采用实际利率法分期摊销未确认融资费用，借记“在建工程”“财务费用”等科目，贷记“未确认融资费用”科目。

第十二章　职工薪酬

第一节　概述

一、职工及职工薪酬的概念

职工，是指与企业订立劳动合同的所有人员，含全职、兼职和临时职工，也包括虽未与企业订立劳动合同但由企业正式任命的人员。具体而言包括以下人员：

（一）与企业订立劳动合同的所有人员，含全职、兼职和临时职工；

（二）未与企业订立劳动合同但由企业正式任命的人员，如董事会成员、监事会成员等；

（三）在企业的计划和控制下，虽未与企业订立劳动合同或未由其正式任命，但向企业所提供服务与职工所提供服务类似的人员。

职工薪酬，是指企业为获得职工提供的服务或终止劳动合同关系而给予的各种形式的报酬。企业提供给职工配偶、子女、受赡养人、已故员工遗属及其他受益人等的福利，也属于职工薪酬。职工薪酬主要包括短期薪酬、离职后福利、辞退福利和其他长期职工福利。

二、职工薪酬的分类

（一）短期薪酬

短期薪酬，是指企业预期在职工提供相关服务的年度报告期间结束后12个月内将全部予以支付的职工薪酬，因解除与职工的劳动关系给予的补偿除外。短期薪酬主要包括：职工工资、奖金、津贴和补贴，职工福利费，医疗保险费、工伤保险费等社会保险费，住房公积金，工会经费和职工教育经费，短期带薪缺勤，短期利润分享计划，非货币性福利及其他短期薪酬。

（二）离职后福利

离职后福利，是指企业为获得职工提供的服务而在职工退休或与企业解除劳动关系后，提供的各种形式的报酬和福利，属于短期薪酬和辞退福利的除外。

离职后福利计划，是指企业与职工就离职后福利达成的协议，或者企业为向职工提供离职后福利制定的规章或办法等。离职后福利计划按其特征可以分为设定提存计划和设定受益计划。

设定提存计划，是指向独立的基金缴存固定费用后，企业不再承担进一步支付义务的离职后福利计划，包括基本养老保险、补充养老保险、失业保险等。

设定受益计划，是指除设定提存计划以外的离职后福利计划。在设定受益计划下，企业的义务是为现在以及以前的职工提供约定的福利，并且精算风险和投资风险实质上由企业来承担。

（三）辞退福利

辞退福利，是指企业在职工劳动合同到期之前解除与职工的劳动合同关系，或者为鼓励职工自愿接受裁减而给予职工的补偿。辞退福利主要包括：

1. 在职工劳动合同尚未到期前，不论职工本人是否愿意，企业决定解除与职工的劳动关系而给予的补偿。

2. 在职工劳动合同尚未到期前，为鼓励职工自愿接受裁减而给予的补偿，职工有权利选择继续在职或接受补偿离职。

辞退福利通常采取解除劳动关系时一次性支付补偿的方式，也有通过提高退休后养老金或其他离职后福利的标准，或者在职工不再为企业带来经济利益后，将职工工资支付到辞退后未来某一期间的方式。

（四）其他长期职工福利

其他长期职工福利，是指除短期薪酬、离职后福利、辞退福利之外所有的职工薪酬，包括长期带薪缺勤、长期残疾福利、长期利润分享计划等。

第二节　确认与计量

一、短期薪酬

企业应当在职工为其提供服务的会计期间，将实际发生的短期薪酬确认为负债，并计入当期损益或相关资产成本。

（一）货币性短期薪酬

企业应当根据职工提供服务情况和工资标准计算应计入职工薪酬的工资总额，按照受益对象计入当期损益或相关资产成本，借记“生产成本”“制造费用”“管理费用”等科目，贷记“应付职工薪酬”科目。发放时，借记“应付职工薪酬”科目，贷记“银行存款”等科目。企业发生的职工福利费，应当在实际发生时根据实际发生额计入当期损益或相关资产成本。

企业为职工缴纳的医疗保险费、工伤保险费等社会保险费和住房公积金，以及按规定提取的工会经费和职工教育经费，应当在职工为其提供服务的会计期间，根据规定的计提基础和计提比例计算确定相应的职工薪酬金额，并确认相关负债，按照受益对象计入当期损益或相关资产成本。

（二）带薪缺勤

1. 累积带薪缺勤

企业应当在职工提供服务从而增加其未来享有的带薪缺勤权利时，确认与累积带薪缺勤相关的职工薪酬，并以累积未行使权利而增加的预期支付金额计量。企业应当根据资产负债表日因累积未使用权利而导致的预期支付的追加金额，作为累积带薪缺勤费用进行预计。

2. 非累积带薪缺勤

企业应当在职工实际发生缺勤的会计期间确认与非累积带薪缺勤相关的职工薪酬。企业在职工缺勤时确认职工享有的带薪权利，即视同职工出勤确认的相关资产成本或当期费用。

（三）短期利润分享计划

利润分享计划同时满足下列条件的，企业应当确认相关的应付职工薪酬，并计入当期损益或者相关资产成本：

1. 企业因过去事项导致现在具有支付职工薪酬的法定义务。

2. 因利润分享计划所产生的应付职工薪酬义务能够可靠估计。属于以下三种情形之一的，视为义务金额能够可靠估计：①在财务报告批准报出之前企业已确定应支付的薪酬金额；②该利润分享计划的正式条款中包括确定薪酬金额的方式；③过去的惯例为企业确定推定义务金额提供了明显证据。

企业根据企业经济效益增长的实际情况提取的奖金，属于奖金计划，应当比照利润分享计划进行处理。

（四）非货币性福利

企业向职工提供非货币性福利的，应当按照公允价值计量。公允价值不能可靠取得的，可以采用成本计量。

企业向职工提供的非货币性福利，应当分情况处理：

1. 以自产产品或外购商品发放给职工作为福利

企业以其生产的产品作为非货币性福利提供给职工的，应当按照该产品的公允价值和相关税费，计量应计入成本费用的职工薪酬金额，相关收入的确认、销售成本的结转和相关税费的处理，与正常商品销售相同。以外购商品作为非货币性福利提供给职工的，应当按照该商品的公允价值和相关税费计入成本费用。

2. 将拥有的房屋等资产无偿提供给职工使用或租赁住房等资产供职工无偿使用

企业将拥有的房屋等资产无偿提供给职工使用的，应当根据受益对象，将住房每期的公允价值计入当期损益或相关资产成本，同时确认应付职工薪酬。公允价值无法可靠取得的，可以按照成本计量。

租赁住房等资产供职工无偿使用的，应当根据受益对象，将每期应付的租金计入相应资产成本或当期损益，并确认应付职工薪酬。

3. 向职工提供企业支付了补贴的商品或服务

企业有时以低于企业取得资产或服务成本的价格向职工提供资产或服务，比如以低于成本的价格向职工出售住房、以低于企业支付的价格向职工提供医疗保健服务。以提供包含补贴的住房为例，企业在出售住房等资产时，应当将此类资产的公允价值与其内部售价之间的差额（相当于企业补贴的金额）分情况处理：

（1）如果出售住房的合同或协议中规定了职工在购得住房后至少应当提供服务的年限，且如果职工提前离开则应退回部分差价，企业应当将该项差额作为长期待摊费用处理，并在合同或协议规定的服务年限内平均摊销，根据受益对象分别计入相关资产成本或当期损益。

（2）如果出售住房的合同或协议中未规定职工在购得住房后必须服务的年限，企业应当将该项差额直接计入出售住房当期相关资产成本或当期损益。

二、离职后福利

离职后福利，是指企业为获得职工提供的服务而在职工退休或与企业解除劳动关系后，提供的各种形式的报酬和福利，短期薪酬和辞退福利除外。离职后福利包括退休福利及其他离职后福利。

（一）设定提存计划

企业应在资产负债表日确认为换取职工在会计期间内为企业提供的服务而应付给设定提存计划的提存金，并作为一项费用计入当期损益或相关资产成本。

（二）设定受益计划

设定受益计划，是指除设定提存计划以外的离职后福利计划。两者的区分取决于计划的主要条款和条件所包含的经济实质。在设定提存计划下，企业的法定义务是以企业同意向基金的缴存额为限，职工所取得的离职后福利金额取决于向离职后福利计划或保险公司支付的提存金额，以及提存金所产生的投资回报，从而精算风险（福利将少于预期）和投资风险（投资的资产将不足以支付预期的福利）实质上要由职工来承担。在设定受益计划下，企业的义务是为现在及以前的职工提供约定的福利，并且精算风险和投资风险实质上由企业来承担，因此如果精算或者投资的实际结果比预期差，则企业的义务可能会增加。

当企业通过以下方式负有法定义务时，该计划就是一项设定受益计划：

1. 计划福利公式不仅仅与提存金额相关，且要求企业在资产不足以满足该公式的福利时提供进一步的提存金；

2. 通过计划间接地或直接地对提存金的特定回报做出担保。

设定受益计划可能是不注入资金的，或者可能全部或部分由企业（有时由其职工）向法律上独立于报告主体的企业或者基金，以缴纳提存金形式注入资金，并由其向职工支付福利。到期时已注资福利的支付不仅取决于基金的财务状况和投资业绩，而且取决于企业补偿基金资产短缺的能力和意愿。企业实质上承担着与计划相关的精算风险和投资风险。因此，设定受益计划所确认的费用并不一定是本期应付的提存金金额。企业如果存在一项或多项设定受益计划的，对于每一项计划应当分别进行会计处理。

设定受益计划的核算涉及四个步骤：

步骤一：确定设定受益义务现值和当期服务成本。

步骤二：确定设定受益计划净负债或净资产。

步骤三：确定应当计入当期损益的金额。

步骤四：确定应当计入其他综合收益的金额。

三、辞退福利

辞退福利，是指企业在职工劳动合同到期之前解除与职工的劳动关系，或者为鼓励职工自愿接受裁减而给予职工的补偿。

企业向职工提供辞退福利的，应当在以下两者孰早日确认辞退福利产生的职工薪酬负债，并计入当期损益：

（一）企业不能单方面撤回解除劳动关系计划或裁减建议所提供的辞退福利时。如果企业能够单方面撤回解除劳动关系计划或裁减建议，则表明未来经济利益流出不是很可能，因而不符合负债的确认条件。

（二）企业确认涉及支付辞退福利的重组相关的成本或费用时。

所有辞退福利，应当于辞退计划满足负债确认条件的当期一次计入费用，不计入资产成本。

对于企业实施的职工内部退休计划，由于这部分职工不再为企业带来经济利益，企业应当比照辞退福利处理。按照内退计划规定，将自职工停止提供服务日至正常退休日期间企业拟支付的内退人员工资和缴纳的社会保险费等，确认为预计负债，一次计入当期管理费用，不能在职工内退后各期分期确认因支付内退职工工资和为其缴纳社会保险费而产生的义务。

辞退福利的计量因辞退计划中职工有无选择权而有所不同：

（1）对于职工没有选择权的辞退计划，应当根据计划条款规定拟解除劳动关系的职工数量、每一职位的辞退补偿等计提应付职工薪酬。

（2）对于自愿接受裁减的建议，因接受裁减的职工数量不确定，企业应当根据《企业会计准则第13号——或有事项》规定，预计将会接受裁减建议的职工数量，根据预计的职工数量和每一职位的辞退补偿等计提应付职工薪酬。

（3）企业应当按照辞退计划条款的规定，合理预计并确认辞退福利产生的应付职工薪酬。辞退福利预期在其确认的年度报告期间期末后12个月内完全支付的，应当适用短期薪酬的相关规定。

（4）对于辞退福利预期在年度报告期间期末后12个月内不能完全支付的，应当适用本章关于其他长期职工福利的有关规定。即实质性辞退工作在一年内实施完毕但补偿款项超过一年支付的辞退计划，企业应当选择恰当的折现率，以折现后的金额计量应计入当期损益的辞退福利金额。

四、其他长期职工福利

其他长期职工福利，是指除短期薪酬、离职后福利和辞退福利以外的其他所有职工福利。

企业向职工提供的其他长期职工福利，符合设定提存计划条件的，应当按照设定提存计划的有关规定进行会计处理。符合设定受益计划条件的，企业应当按照设定受益计划的有关规定，确认和计量其他长期职工福利净负债或净资产。在报告期末，企业应当将其他长期职工福利产生的职工薪酬成本确认为下列组成部分：

（1）服务成本；

（2）其他长期职工福利净负债或净资产的利息净额；

（3）重新计量其他长期职工福利净负债或净资产所产生的变动。

长期残疾福利水平取决于职工提供服务期间长短的，企业应在职工提供服务的期间确认应付长期残疾福利义务，计量时应当考虑长期残疾福利支付的可能性和预期支付的期限；与职工提供服务期间长短无关的，企业应当在导致职工长期残疾的事件发生的当期确认应付长期残疾福利义务。

第三节　会计科目设置及主要账务处理

一、会计科目设置

企业应当设置“应付职工薪酬”科目，可按“应付工资”“职工福利”“社会保险费”“住房公积金”“工会经费”“职工教育经费”“辞退福利”等进行二级明细核算。

二、主要账务处理

（一）短期薪酬

1. 工资、奖金、津贴及补助

企业应当按月计提职工工资，根据收益对象不同，借记“合同履约成本”“管理费用”“销售费用”“在建工程”“研发支出”等科目，贷记“应付职工薪酬”科目。

实际发放时，借记“应付职工薪酬”科目，贷记“其他应付款—社会保险费”“其他应付款—住房公积金”“应交税费—应交个人所得税”“其他应付款”“银行存款”等科目。

2. 职工福利

（1）企业按照规定给职工发放货币性福利时，根据受益对象不同，借记“合同履约成本”“管理费用”“销售费用”“在建工程”“研发支出”等科目，贷记“应付职工薪酬—职工福利—货币性福利”科目。实际支付时，借记“应付职工薪酬—职工福利—货币性福利”科目，贷记“银行存款”等科目。

（2）企业按照规定给职工发放非货币性福利，应当分情况处理：

1）企业以其自产产品作为非货币性福利发放给职工的，应当按照该产品的公允价值和相关税费计量计入成本或费用的职工薪酬金额，借记“合同履约成本”“在建工程”“管理费用”等科目，贷记“应付职工薪酬—职工福利—非货币性福利”科目。实际发放时，借记“应付职工薪酬—职工福利—非货币性福利”，贷记“主营业务收入”科目，按增值税销项税额，贷记“应交税费—应交增值税—销项税额”科目；同时，还应结转产成品的成本，借记“主营业务成本”科目，贷记“库存商品”等科目。

2）企业将拥有的房屋等资产无偿提供给职工使用的，应按计提的折旧额，借记“合同履约成本”“管理费用”“销售费用”等科目，贷记“应付职工薪酬—职工福利—非货币性福利”科目。同时，借记“应付职工薪酬—职工福利—非货币性福利”科目，贷记“累计折旧”科目。

3）企业以租赁住房等资产供职工无偿使用的，应按每期支付的租金，借记“合同履约成本”“管理费用”“销售费用”等科目，贷记“应付职工薪酬—职工福利—非货币性福利”科目。实际支付时，借记“应付职工薪酬—职工福利—非货币性福利”科目，贷记“银行存款”科目等。

3. 医疗保险、工伤保险和住房公积金

按照国家有关规定缴纳社会保险费和住房公积金等，根据缴纳社会保险费和住房公积金等明细汇总表及银行付款单据，应由企业承担的部分，借记“合同履约成本”“管理费用”“销售费用”“在建工程”“研发支出”等科目，贷记“应付职工薪酬—社会保险费—医疗保险”“应付职工薪酬—社会保险费—工伤保险”“应付职工薪酬—住房公积金”。企业实际缴纳时，借记“应付职工薪酬—社会保险费—医疗保险”“应付职工薪酬—社会保险费—工伤保险”“应付职工薪酬—住房公积金”，贷记“银行存款”等科目。

4. 工会经费和职工教育经费

企业按规定计提的工会经费，员工外训或内训发生的培训费、教材费、路途差旅费及相关补贴等计提的职工教育经费，根据受益对象不同，借记“合同履约成本”“管理费用”“销售费用”“在建工程”“研发支出”等科目，贷记“应付职工薪酬—工会经费”“应付职工薪酬—职工教育经费”科目。企业实际拨付职工教育经费和使用职工教育经费时，借记“应付职工薪酬—工会经费”“应付职工薪酬—职工教育经费”，贷记“银行存款”等科目。

（二）离职后福利

1. 设定提存计划

企业应按规定按月计提基本养老保险、补充养老保险（企业年金）、失业保险等，根据受益对象不同，借记“合同履约成本”“管理费用”“销售费用”“在建工程”“研发支出”等科目，贷记“应付职工薪酬—社会保险费—基本养老保险”“应付职工薪酬—社会保险费—企业年金”“应付职工薪酬—社会保险费—失业保险”科目。

企业实际缴纳基本养老保险、补充养老保险、失业保险时，借记“应付职工薪酬—社会保险费—基本养老保险”“应付职工薪酬—社会保险费—企业年金”“应付职工薪酬—社会保险费—失业保险”科目，贷记“银行存款”等科目。

2. 设定受益计划

设定受益计划目前不涉及暂不考虑。

（三）辞退福利

因解除与职工的劳动关系给予的补偿，借记“管理费用”等科目，贷记“应付职工薪酬—辞退福利”科目。企业实际支付辞退福利时，借记“应付职工薪酬—辞退福利”，贷记“银行存款”等科目。

第十三章 其他负债

其他负债是指除上述负债以外的其他负债，如应交税费、合同负债、预计负债、递延收益、专项应付款、预收账款等。

第一节 应交税费

一、概述

企业在一定时期内取得的营业收入和实现的利润或发生特定经营行为，要按照规定向国家缴纳各种税金，这些应交的税金，应按照权责发生制的原则确认。这些应交的税金在尚未缴纳之前，形成企业的一项负债。

（一）增值税

增值税是以商品（含货物、加工修理修配劳务、服务、无形资产或不动产）在流转过程中产生的为计税依据而征收的一种流转税。按照增值税有关规定，企业购入商品支付的增值税（进项税额），可以从销售商品按规定收取的增值税（销项税额）中抵扣。

（二）消费税

消费税是以特定消费品为课税对象所征收的一种税，属于流转税的范畴。国家为了正确引导消费方向，在普遍征收增值税的基础上，选择部分消费品，再征收一道消费税。

（三）资源税

资源税是对在我国领域或管辖的其他海域开发应税资源的单位和个人征收的一种税。

（四）土地增值税

土地增值税是对有偿转让国有土地使用权及地上建筑物和其他附着物，取得增值收入的单位和个人征收的一种税。

（五）房产税

房产税是国家对在城市、县城、建制镇和工矿区征收的由产权所有人缴纳的一种税。房产税依照房产原值一次减除10%至30%后的余额计算缴纳。没有房产原值作为依据的，由房产所在地税务机关参考同类房产核定；房产出租的，以房产租金收入为房产税的计税依据。

（六）土地使用税

土地使用税是国家为了合理利用城镇土地，调节土地级差收入，提高土地使用效益，加强土地管理而开征的一种税，以纳税人实际占用的土地面积为计税依据，依照规定税额计算征收。

（七）车船税

车船税是对车辆、船舶的所有人或管理人征收的一种税。

（八）印花税

印花税是对经济活动和经济交往中书立、领受、使用的应税经济凭证征收的一种税。

（九）土地增值税

土地增值税是对有偿转让国有土地使用权及地上建筑物和其他附着物产权并取得增值性收入的单位和个人所征收的一种税。

（十）城市维护建设税

城市维护建设税是对从事工商经营，缴纳增值税、消费税的单位和个人征收的一种税。

（十一）耕地占用税

耕地占用税是对占用耕地建房或从事其他非农业建设的单位和个人征收的税，目的是为了合理利用土地资源，加强土地管理，保护农用耕地。

（十二）环境保护税

环境保护税是向环境排放应税污染物的企业、事业单位和其他生产经营者，以应税污染物为计税依据向国家缴纳的一种税。

（十三）个人所得税

个人所得税是以个人取得的各项应税所得为征收对象所征收的一种税。

（十四）教育费附加、地方教育费附加

教育费附加、地方教育费附加是以单位和个人实际缴纳的增值税、消费税税额为计征依据征收的附加费。

（十五）企业所得税

企业所得税是对我国境内企业和其他取得收入的组织的生产经营所得和其他所得征收的一种税。

（十六）契税

契税是以所有权发生转移的不动产为征税对象，向产权承受人征收的一种财产税。

二、会计科目设置及主要账务处理

（一）会计科目设置

企业应设置“应交税费”科目，核算企业按照税法等规定计算应缴纳的各种税费。

1. 增值税

一般纳税人应当在“应交税费”科目下设置“应交增值税”“未交增值税”“预交增值税”“待抵扣进项税额”“待转销项税额”等明细科目进行核算。

“应交税费—应交增值税”明细科目下设置“进项税额”“进项税额转出”“销项税额抵减”“已交税金”“减免税款”“转出未交增值税”“销项税额”“出口退税”“转出多交增值税”等专栏。其中，一般纳税人发生的应税行为适用简易计税方法的，销售商品时应交纳的增值税额在“简易计税”明细科目核算。

2. 其他税费科目设置

企业应分别设置“应交企业所得税”“应交消费税”“应交城市维护建设税”“应交房产税”“应交土地使用税”“应交车船税”“应交印花税”“应交土地增值

税”“应交契税”“应交资源税”“应交耕地占用税”“应交关税”“应交环境保护税”“应交个人所得税”“应交教育费附加”“应交地方教育费附加”等明细科目。

（二）主要账务处理

1. 增值税

（1）购进等业务的账务处理

一般纳税人购进货物、加工修理修配劳务、服务、无形资产或不动产，按应计入相关成本费用或资产的金额，借记“原材料”“库存商品”“合同履约成本”“无形资产”“固定资产”“管理费用”等科目，按当月已认证的可抵扣增值税额，借记“应交税费—应交增值税—进项税额”科目，按实际应付或实际支付的金额，贷记“应付账款”“应付票据”“银行存款”科目。发生退货的，如原增值税专用发票已做认证，应根据开具的红字增值税专用发票从“应交税费—应交增值税—进项税额转出”转出；如原增值税专用发票未做认证，应将发票退回并做相反的会计分录。

采购等业务进项税额不得抵扣的账务处理。一般纳税人购进货物、加工修理修配劳务、服务、无形资产或不动产，用于简易计税方法计税项目、免征增值税项目、集体福利或个人消费等，其进项税额按照现行增值税制度规定不得从销项税额中抵扣的，取得增值税专用发票时，应借记相关成本费用或资产科目，借记“应交税费—待认证进项税额”科目，贷记“银行存款”“应付账款”等科目，同时应借记相关成本费用或资产科目，贷记“应交税费—应交增值税—进项税额转出”科目。

一般纳税人购进的货物等已到达并验收入库，但尚未收到增值税扣税凭证并未付款的，应在月末按货物清单或相关合同协议上的价格暂估入账，不需要将增值税的进项税暂估入账。待取得相关增值税扣税凭证并经认证后，用红字冲销原暂估入账金额，按应计入相关成本费用或资产的金额，借记“原材料”“库存商品”“固定资产”“无形资产”等科目，按可抵扣的增值税额，借记“应交税费—应交增值税—进项税额”科目，贷记“应付账款”等科目。

购买方作为扣缴义务人的账务处理。按照现行增值税制度规定，境外单位或个人在境内发生应税行为，在境内未设有经营机构的，以购买方为增值税扣缴义务人。境内一般纳税人购进服务、无形资产或不动产，按应计入相关成本费用或资产的金额，借记“生产成本”“无形资产”“固定资产”“管理费用”等科目，按可抵扣的增值税额，借记“应交税费—进项税额”科目（小规模纳税人应借记相关成本费用或资产科目），按应付或实际支付的金额，贷记“应付账款”等科目，按应代扣代缴的增值税额，贷记“应交税费—代扣代缴增值税”科目。实际缴纳代扣代缴增值税时，按代扣代缴的增值税额，借记“应交税费—代扣代缴增值税”科目，贷记“银行存款”科目。

（2）销售等业务的账务处理

销售业务的账务处理。销售物资或提供应税劳务，按营业收入和应收取得增值税额，借记“应收账款”“应收票据”“银行存款”等科目；按专用发票上注明的增值税额（或采用简易计税方法计算的应纳增值税额），贷记“应交税费—应交增值税—销项税额”或“应交税费—简易计税”科目；按确认的营业收入，贷记“主营业务收入”“其他业务收入”等科目。发生销售退回做相反的会计分录。

按照国家统一的会计制度确认收入或利得的时点早于按照税法规定的增值税纳税义务发生时点的，应将相关销项税额计入“应交税费—待转销项税额”科目，实际发生纳税义务时，转入“应交税费—应交增值税—销项税额”或“应交税费—简易计税”科目。

视同销售的账务处理。对于企业将自产、委托加工或购买的货物分配给股东或投资，将自产、委托加工的货物用于集体福利或个人消费等行为，视同销售货物，需计算缴纳增值税，并记入“应交税费—应交增值税—销项税额”或“应交税费—简易计税”科目（小规模纳税人应计入“应交税费—未交增值税”科目）。

（3）差额征税

按照现行规定企业发生相关成本费用允许扣减销售额的，发生成本费用时，按应付或实际支付的金额，借记“主营业务成本”“合同履约成本”等科目，贷记“应付账款”“应付票据”“银行存款”等科目。待取得增值税扣税凭证且纳税义务发生时，按照允许抵扣的税额，借记“应交税费—应交增值税—销项税额抵减”科目，贷记“主营业务成本”“合同履约成本”等科目。

金融商品转让按规定以盈亏相抵后的余额作为销售额的账务处理。金融商品实际转让月末，如产生转让收益，则按应纳税额借记“投资收益”等科目，贷记“应交税费—转让金融商品应交增值税”科目；如产生转让损失，则按可结转下月抵扣税额，借记“应交税费—转让金融商品应交增值税”科目，贷记“投资收益”等科目。缴纳增值税时，应借记“应交税费—转让金融商品应交增值税”科目，贷记“银行存款”

科目。年末，本科目如有借方余额，则借记“投资收益”等科目，贷记“应交税费—转让金融商品应交增值税”科目。

（4）出口退税的账务处理

为核算纳税人出口货物应收取的出口退税款，设置“其他应收款”科目，该科目借方反映销售出口货物按规定向税务机关申报应退回的增值税、消费税等，贷方反映实际收到的出口货物应退回的增值税、消费税等。期末借方余额，反映尚未收到的应退税额。

未实行“免、抵、退”办法的一般纳税人出口货物按规定退税的，按规定计算的应收出口退税额，借记“其他应收款”科目，贷记“应交税费—应交增值税（出口退税）”科目，收到出口退税时，借记“银行存款”科目，贷记“其他应收款”科目；退税额低于购进时取得的增值税专用发票上的增值税额的差额，借记“主营业务成本”科目，贷记“应交税费—应交增值税—进项税额转出”科目。

实行“免、抵、退”办法的一般纳税人出口货物，在货物出口销售后结转产品销售成本时，按规定计算的退税额低于购进时取得的增值税专用发票上的增值税额的差额，借记“主营业务成本”科目，贷记“应交税费—应交增值税—进项税额转出”科目；按规定计算的当期出口货物的进项税抵减内销产品的应纳税额，借记“应交税费—应交增值税—出口抵减内销产品应纳税额”科目，贷记“应交税费—应交增值税—出口退税”科目。在规定期限内，内销产品的应纳税额不足以抵减出口货物的进项税额，不足部分按有关税法规定给予退税的，应在实际收到退税款时，借记“银行存款”科目，贷记“应交税费—应交增值税—出口退税”科目。

（5）进项税额抵扣情况发生改变的账务处理

因发生非正常损失或改变用途等，原已计入进项税额、待抵扣进项税额或待认证进项税额，但按现行增值税制度规定不得从销项税额中抵扣的，借记“待处理财产损溢”“应付职工薪酬”“固定资产”“无形资产”等科目，贷记“应交税费—应交增值税—进项税额转出”“应交税费—待抵扣进项税额”或“应交税费—待认证进项税额”科目；原不得抵扣且未抵扣进项税额的固定资产、无形资产等，因改变用途等用于允许抵扣进项税额的应税项目，应按允许抵扣的进项税额，借记“应交税费—应交增值税—进项税额”科目，贷记“固定资产”“无形资产”等科目。固定资产、无形资产等经上述调整后，应按调整后的账面价值在剩余尚可使用寿命内计提折旧或摊销。

一般纳税人购进时已全额计提进项税额的货物或服务等转用于不动产在建工程的，对于结转以后期间的进项税额，应借记“应交税费—待抵扣进项税额”科目，贷记“应交税费—应交增值税—进项税额转出”科目。

（6）月末转出多交增值税和未交增值税的账务处理

月度终了，企业应当将当月应交未交或多交的增值税自“应交增值税”明细科目转入“未交增值税”明细科目。对于当月应交未交的增值税，借记“应交税费—应交增值税—转出未交增值税”科目，贷记“应交税费—未交增值税”科目；对于当月多交的增值税，借记“应交税费—未交增值税”科目，贷记“应交税费—应交增值税—转出多交增值税”科目。

（7）交纳增值税的账务处理

交纳当月应交增值税的账务处理。企业交纳当月应交的增值税，借记“应交税费—应交增值税—已交税金”科目（小规模纳税人应借记“应交税费—应交增值税”科目），贷记“银行存款”科目。

交纳以前期间未交增值税的账务处理。企业交纳以前期间未交的增值税，借记“应交税费—未交增值税”科目，贷记“银行存款”科目。

预缴增值税的账务处理。企业预缴增值税时，借记“应交税费—预交增值税”科目，贷记“银行存款”科目。月末，企业应将“预交增值税”明细科目余额转入“未交增值税”明细科目，借记“应交税费—未交增值税”科目，贷记“应交税费—预交增值税”科目。房地产开发企业等在预缴增值税后，应直至纳税义务发生时方可从“应交税费—预交增值税”科目结转至“应交税费—未交增值税”科目。

减免增值税的账务处理。对于当期直接减免的增值税，借记“应交税金—应交增值税（减免税款）”科目，贷记损益类相关科目。

（8）增值税税控系统专用设备和技术维护费用抵减增值税额的账务处理

按现行增值税制度规定，企业初次购买增值税税控系统专用设备支付的费用以及缴纳的技术维护费允许在增值税应纳税额中全额抵减的，按规定抵减的增值税应纳税额，借记“应交税费—应交增值税—减免税款”科目（小规模纳税人应借记“应交税费—未交增值税”科目），贷记“管理费用”等科目。

（9）关于小微企业免征增值税的会计处理规定

小微企业在取得销售收入时，应当按照税法的规定计算应交增值税，并确认为应交税费，在达到增值税制度规定的免征增值税条件时，将有关应交增值税转入当期损益“其他收益”科目。

2. 消费税、资源税、城市维护建设税、教育费附加

企业按规定计算应交的消费税、资源税、城市维护建设税、教育费附加等，借记“税金及附加”科目，贷记“应交税费”科目。实际交纳时，根据完税凭证及银行相关单据，借记“应交税费”科目，贷记“银行存款”等科目。

3. 土地增值税

土地使用权与地上建筑物及其附着物一并在“固定资产”等科目核算的，借记“固定资产清理”等科目，贷记“应交税费—应交土地增值税”科目。

土地使用权在“无形资产”科目核算的，按实际收到的金额，借记“银行存款”科目，按应交的土地增值税，贷记“应交税费—应交土地增值税”科目，同时冲销土地使用权的账面价值，贷记“无形资产”科目，按其差额，借记“资产处置收益”科目或贷记“资产处置收益”科目。

实际交纳土地增值税时，根据完税凭证及银行相关单据，借记“应交税费—应交土地增值税”科目，贷记“银行存款”等科目。

4. 房产税、土地使用税、车船使用税、资源税

根据规定计算出的应交房产税、土地使用税、车船使用税、资源税的明细汇总表，借记“税金及附加”科目，贷记“应交税费—应交房产税”等科目。

实际交纳时，根据完税凭证及银行相关单据，借记“应交税费—应交房产税”等科目，贷记“银行存款”等科目。

5. 企业所得税

根据季度利润表的利润总额按当地的所得税税率计算，预提企业所得税，借记“所得税费用—当期所得税费用”科目，贷记“应交税费—应交企业所得税”科目；如果当季的利润为亏损，则不做以上的会计分录。

实际预缴时，根据签批后的付款申请单、完税凭证及银行相关票据，借记“应交

税费—应交企业所得税”科目，贷记“银行存款”科目。

年终汇算清缴时，根据应补提的金额，借记“所得税费用—当期所得税费用”科目，贷记“应交税费—应交企业所得税”科目。补缴时，借记“应交税费—应交企业所得税”科目，贷记“银行存款”科目。

汇算清缴当年多计提及多交的所得税，注意须及时到当地税务部门申请退回或留抵。按需冲回多计提的金额，红字借记“所得税费用—当期所得税费用”科目，红字贷记“应交税费—应交企业所得税”科目。收到税务部门退回多交的所得税时，借记“银行存款”科目，红字借记“应交税费—应交企业所得税”科目；如税务部门不退此税，并将此税留待以后年度进行抵缴，红字借记“所得税费用—当期所得税费用”科目，红字贷记“应交税费—应交企业所得税”科目，同时，待以后年度有利润的情况下再做正确的账务处理，直至补齐差额。

6. 印花税

企业按规定计算应交的印花税，根据计算的明细汇总表，借记“税金及附加”科目，贷记“应交税费—应交印花税”科目；实际交纳印花税时，根据完税凭证及银行相关单据，借记“应交税费—应交印花税”科目，贷记“银行存款”等科目。

7. 个人所得税

发放工资计算出代扣代缴的个人所得税，根据工资发放明细汇总表，借记“应付职工薪酬”科目，贷记“应交税费—应交个人所得税”等科目。缴纳个人所得税时，根据完税凭证及银行相关票据，借记“应交税费—应交个人所得税”科目，贷记“银行存款”等科目。

收到税务部门返还的代扣代缴个人所得税手续费，借记“银行存款”等科目，贷记“其他收益”科目。实际使用此费用时，借记“应付职工薪酬”“管理费用”等科目，贷记“银行存款”等科目。

支付税务部门的罚款及滞纳金，根据审批后的付款申请单、完税凭证及银行等相关票据，借记“营业外支出”科目，贷记“银行存款”等科目。

第二节 其他负债

一、概述

（一）合同负债

合同负债，是指企业已收或应收客户对价而应向客户转让商品的义务。

（二）预计负债

预计负债是因或有事项可能产生的负债。

（三）递延收益

递延收益是指企业暂未确认的收入或收益。

（四）专项应付款

专项应付款是企业的专项资金对外发生的各种应付和暂收款项。如用于工程项目或搬迁补偿的专项拨款。

（五）预收账款

预收账款是企业向客户预收的款项。

二、会计科目设置及主要账务处理

（一）会计科目设置

1. 预收账款

企业应设置“预收账款”科目，核算企业按照合同预收的租赁款等款项。与本手册“收入”章节相关的预收款项不在本科目核算。该科目期末贷方余额，反映企业向客户预收的款项。

2. 预计负债

企业应设置“预计负债”科目，核算企业确认的对外提供担保、未决诉讼、产品质量保证、重组义务、亏损性合同等预计负债。

3. 递延收益

企业应设置“递延收益”科目，核算企业确认的应在以后期间计入当期损益的收益。

4. 专项应付款

企业应设置“专项应付款”科目。该科目期末贷方余额，反映企业尚未转销的专项应付款。

（二）主要账务处理

1. 预收账款

企业按规定收到租赁费等款项时，按收到的金额，借记“银行存款”等科目，贷记“预收账款”科目；确认租金收入时，按确定的金额，借记“预收账款”科目，贷记“主营业务收入”“其他业务收入”等科目，涉及增值税的，还应进行相应处理。

2. 预计负债

企业由对外提供担保、未决诉讼、重组义务产生的预计负债，应按照确定的金额，借记“营业外支出”等科目，贷记“预计负债”科目。由产品质量保证产生的预计负债，应按确定的金额，借记“销售费用”科目，贷记“预计负债”科目。

由资产弃置义务产生的预计负债，应按确定的金额，借记“固定资产”科目，贷记“预计负债”科目。在固定资产的使用寿命内，按计算确定各期应负担的利息费用，借记“财务费用”科目，贷记“预计负债”科目。

实际清偿或冲减的预计负债，借记“预计负债”科目，贷记“银行存款”等科目。

根据确凿证据需要对已确认的预计负债进行调整的，调整增加的预计负债，借记有关科目，贷记“预计负债”科目；调整减少的预计负债做相反的会计分录。

3. 递延收益

递延收益的相关处理详见本手册“政府补助”章节内容。

4. 专项应付款

企业收到或应收的资本性拨款，根据相关协议及银行相关凭据，借记“银行存款”等科目，贷记“专项应付款”科目。

将专项或特定用途的拨款用于工程项目，根据审批后的付款申请单及银行等相关单据，借记“在建工程”等科目，贷记“银行存款”等科目。

工程项目完工形成长期资产的部分，借记“专项应付款”科目，贷记“资本公积—资本溢价”科目；对未形成长期资产需要核销的部分，借记“专项应付款”科目，贷记“在建工程”等科目；拨款结余需要返还的，借记“专项应付款”科目，贷记“银行存款”科目。

上述资本溢价转增实收资本或股本，借记“资本公积—资本溢价或股本溢价”科目，贷记“实收资本”科目。

第十四章　所有者权益

所有者权益是指企业资产扣除负债后由所有者享有的剩余权益。所有者权益根据其核算的内容和要求，可分为实收资本（股本）、其他权益工具、资本公积、其他综合收益、盈余公积和未分配利润、一般风险准备、专项储备等。其中，盈余公积和未分配利润统称为留存收益。

第一节　实收资本

一、概述

实收资本是投资者投入资本形成法定资本的价值，所有者向企业投入的资本，在一般情况下无须偿还，可以长期周转使用。实收资本的构成比例，即投资者的出资比例或股东的股份比例，通常是确定所有者在企业所有者权益中所占的份额和参与企业财务经营决策的基础，也是企业进行利润分配或股利分配的依据，同时还是企业清算时确定所有者对净资产的要求权的依据。

二、会计科目设置及主要账务处理

（一）会计科目设置

实收资本确认和计量要求企业应当设置“实收资本”科目，核算企业接受投资者投入的实收资本，股份有限公司应将该科目改为“股本”。该科目借方反映减资金额，贷方反映增资金额，期末贷方余额，反映企业实有的资本或股本数额。

（二）主要账务处理

1. 公司成立，股东投入时的会计处理

收到投资人投入的现金，应在实际收到或者存入企业开户银行时，按实际收到的金额，借记“银行存款”科目，以实物资产投资的，应在办理实物产权转移手续时，借记有关资产科目，以无形资产投资的，应按照合同、协议或公司章程规定移交有关凭证时，借记“无形资产”科目，按投入资本在注册资本或股本中所占份额，贷记“实收资本”或“股本”科目，按其差额，贷记“资本公积—资本溢价或股本溢价”科目。

初建公司时，各投资者按照合同、协议或公司章程投入企业的资本，应全部计入“实收资本”或“股本”科目，注册资本为在公司登记机关登记的全体股东认缴的出资额。在企业增资时，如有新投资者介入，新介入的投资者缴纳的出资额大于其按约定比例计算的其在注册资本中所占的份额部分作为资本公积，计入“资本公积”科目。

2. 实收资本增加的会计处理

企业增加资本的途径一般有三条：一是将资本公积转为实收资本或者股本。会计上应借记“资本公积—资本溢价”或“资本公积—股本溢价”科目，贷记“实收资本”或“股本”科目。二是将盈余公积转为实收资本。会计上应借记“盈余公积”科目，贷记“实收资本”或“股本”科目。这里要注意的是，资本公积和盈余公积均属所有者权益，转为实收资本或者股本时，企业如为独资企业的，核算比较简单，直接结转即可；如为股份有限公司或有限责任公司，应按原投资者所持股份同比例增加各股东的股权。三是所有者投入。企业接受投资者投入的资本，借记“银行存款”“固定资产”“无形资产”“长期股权投资”等科目，贷记“实收资本”或“股本”等科目。

（1）股份有限公司发放股票股利

股东大会批准的利润分配方案中分配的股票股利，应在办理增资手续后，借记“利润分配”科目，贷记“股本”科目。

（2）可转换公司债券持有人行使转换权利

可转换公司债券持有人行使转换权利，将其持有的债券转换为股票，按可转换公司债券的余额，借记“应付债券—可转换公司债券（面值、利息调整）”科目，按其权益成分的金额，借记“其他权益工具”科目，按股票面值和转换的股数计算的股票面值总额，贷记“股本”科目，按其差额，贷记“资本公积—股本溢价”科目。

（3）企业将重组债务转为资本

企业将重组债务转为资本的，应按重组债务的账面余额，借记“应付账款”等科目，按债权人因放弃债权而享有本企业股份的面值总额，贷记“实收资本”或“股本”科目，按股份的公允价值总额与相应的实收资本或股本之间的差额，贷记或借记“资本公积—资本溢价”或“资本公积—股本溢价”科目，按其差额，贷记“投资收益”科目。

（4）以权益结算的股份支付的行权

以权益结算的股份支付换取职工或其他方提供服务的，应在行权日，按根据实际行权情况确定的金额，借记“资本公积—其他资本公积”科目，按应计入实收资本或股本的金额，贷记“实收资本”或“股本”科目。

3. 实收资本减少的会计处理

企业实收资本减少的原因大体有两种：一是资本过剩；二是企业发生重大亏损而需要减少实收资本。企业因资本过剩而减资，一般要发还股款。

有限责任公司和一般企业发还投资的会计处理比较简单，按法定程序报经批准减少注册资本的，借记“实收资本”科目，贷记“库存现金”“银行存款”等科目。

第二节　其他权益工具

一、概述

其他权益工具，是指企业发行的除普通股（作为实收资本或股本）以外，按照金融负债和权益工具区分原则分类为权益工具的其他权益工具。

二、会计科目设置及主要账务处理

（一）会计科目设置

企业应设置“其他权益工具”科目，核算企业发行的除普通股以外的归类为权益工具的各种金融工具。本科目应当按照发行金融工具的种类进行明细核算，下设“优先股”“永续债”等明细科目。

（二）主要账务处理

1. 发行方发行的金融工具归类为债务工具并以摊余成本计量的，应按实际收到的金额，借记“银行存款”等科目，按债务工具的面值，贷记“应付债券—优先股、永续债等（面值）”科目，按其差额，贷记或借记“应付债券—优先股、永续债等（利息调整）”科目。

在该工具存续期间，计提利息并对账面的利息调整进行调整等的会计处理，按照金融工具确认和计量准则中有关金融负债按摊余成本后续计量的规定进行会计处理。

2. 发行方发行的金融工具归类为权益工具的，应按实际收到的金额，借记“银行存款”等科目，贷记“其他权益工具—优先股、永续债等”科目。

分类为权益工具的金融工具，在存续期间分派股利（含分类为权益工具的工具所产生的利息，下同）的，作为利润分配处理。发行方应根据经批准的股利分配方案，按应分配给金融工具持有者的股利金额，借记“利润分配—应付优先股股利、应付永续债利息等”科目，贷记“应付股利—优先股股利、永续债利息等”科目。

3. 发行方发行的金融工具为复合金融工具的，应按实际收到的金额，借记“银行存款”等科目，按金融工具的面值，贷记“应付债券—优先股、永续债（面值）等”科目，按负债成分的公允价值与金融工具面值之间的差额，借记或贷记“应付债券—优先股、永续债等（利息调整）”科目，按实际收到的金额扣除负债成分的公允价值后的金额，贷记“其他权益工具—优先股、永续债等”科目。

发行复合金融工具发生的交易费用，应当在负债成分和权益成分之间按照各自占总发行价款的比例进行分摊。与多项交易相关的共同交易费用，应当在合理的基础上，采用与其他类似交易一致的方法，在各项交易之间进行分摊。

4. 发行方按合同条款约定赎回所发行的除普通股以外的分类为权益工具的金融工具，按赎回价格，借记“库存股—其他权益工具”科目，贷记“银行存款”等科目；注销所购回的金融工具，按该工具对应的其他权益工具的账面价值，借记“其他权益工具”科目，按该工具的赎回价格，贷记“库存股—其他权益工具”科目，按其差额，借记或贷记“资本公积—资本溢价（或股本溢价）”科目，如资本公积不够冲减的，依次冲减盈余公积和未分配利润。

5. 发行方按合同条款约定将发行的除普通股以外的金融工具转换为普通股的，按该工具对应的金融负债或其他权益工具的账面价值，借记“应付债券”“其他权益工具”等科目，按普通股的面值，贷记“实收资本（或股本）”科目，按其差额，贷记“资本公积—资本溢价（或股本溢价）”科目。

第三节　资本公积

一、概述

资本公积是企业收到投资者的超出其在企业注册资本（或股本）中所占份额的投资，以及某些特定情况下直接计入所有者权益的项目。资本公积包括资本溢价（或股本溢价）和其他资本公积。资本溢价（或股本溢价）是企业收到投资者的超出其在企业注册资本（或股本）中所占份额的投资。其他资本公积核算权益法下被投资单位除了实现净损益、分配现金股利、发生其他综合收益以外其他原因导致所有者权益变动的，投资单位确认其他资本公积。

二、会计科目设置及主要账务处理

（一）会计科目设置

资本公积一般应当设置“资本公积”科目，核算企业从各种途径取得的资本公积的增减变动情况，借方反映减少额，贷方反映增加额，期末贷方余额，反映企业期末实有的资本公积。本科目应当设置“资本（或股本）溢价”“其他资本公积”明细科目核算。

“股本（或资本）溢价”科目，核算企业投资者投入的资金超过其在注册资本或股本所占份额的部分；“其他资本公积”科目，核算企业除股本（或资本）溢价外引起的资本公积的变动。

（二）主要账务处理

1. 企业接受投资者投入的资本

企业接受投资者投入的资本，借记“银行存款”等科目，按其在注册资本或股本中所占份额，贷记“实收资本”或“股本”科目，按其差额，贷记“资本公积—资本溢价或股本溢价”科目。

与发行权益性证券直接相关的手续费、佣金等交易费用，借记“资本公积—股本溢价”等，贷记“银行存款”等科目。

经股东大会或类似机构决议，用资本公积转增资本，借记 “资本公积—资本溢价或股本溢价”科目，贷记“实收资本”科目。

2. 同一控制下控股合并形成的长期股权投资

应在合并日按取得被合并方所有者权益账面价值的份额，借记“长期股权投资”科目，按享有被投资单位已宣告但尚未发放的现金股利或利润，借记“应收股利”科目，按支付的合并对价的账面价值，贷记有关资产科目或借记有关负债科目。

按其差额，贷记“资本公积—资本溢价或股本溢价”科目；为借方差额的，借记“资本公积—资本溢价或股本溢价”科目，资本公积（资本溢价或股本溢价）不足冲减的，借记“盈余公积”“利润分配—未分配利润”科目。

同一控制下吸收合并涉及的资本公积，比照上述原则进行处理。

3. 长期股权投资采用权益法核算

在持股比例不变的情况下，被投资单位除净损益、利润分配以及其他综合收益以外所有者权益的其他变动的份额，企业按持股比例计算应享有的份额，借记或贷记“长期股权投资—其他权益变动”科目，贷记或借记“资本公积—其他资本公积”科目。

处置采用权益法核算的长期股权投资，还应结转原计入资本公积的相关金额，借记或贷记“资本公积—其他资本公积”科目，贷记或借记“投资收益”科目。

4. 以权益结算的股份支付换取职工或其他方提供服务的

应按照确定的金额，借记“管理费用”等科目，贷记“资本公积—其他资本公积”科目。在行权日，应按实际行权的权益工具数量计算确定的金额，借记“资本公积—其他资本公积”科目，按计入实收资本或股本的金额，贷记“实收资本”科目，按其差额，贷记“资本公积—资本溢价或股本溢价”科目。

5. 股份有限企业采用收购本企业股票方式减资的

按股票面值和注销股数计算的股票面值总额，借记“股本”科目，按所注销的库存股的账面余额，贷记“库存股”科目，按其差额，借记“资本公积—股本溢价”科目，股本溢价不足冲减的，应借记“盈余公积”“利润分配—未分配利润”科目。

购回股票支付的价款低于面值总额的，应按股票面值总额，借记“股本”科目，按所注销的库存股的账面余额，贷记“库存股”科目，按其差额，贷记“资本公积—股本溢价”科目。

第四节 其他综合收益

一、概述

其他综合收益，是指企业根据其他会计准则规定未在当期损益中确认的各项利得和损失。包括以后会计期间不能重分类进损益的其他综合收益和以后会计期间满足规定条件时将重分类进损益的其他综合收益两类。

二、会计科目设置及主要账务处理

（一）会计科目设置

企业应设置“其他综合收益”科目，核算按照未在当期损益中确认的各项利得和损失。下设“不能重分类进损益的其他综合收益”“能重分类进损益的其他综合收益”等明细科目，核算企业因上述事项引起的其他综合收益的变动。

（二）主要账务处理

1. 以后会计期间不能重分类进损益的其他综合收益项目

（1）重新计量设定受益计划净负债或净资产导致的变动；

（2）按照权益法核算因被投资单位重新计量设定受益计划净负债或净资产变动导致的权益变动；

（3）在初始确认时，企业将非交易性权益工具指定为以公允价值计量且其变动计入其他综合收益的金融资产，该类非交易性权益工具的公允价值变动；

（4）企业制定为以公允价值计量且其变动计入当期损益的金额负债，由企业自身信用风险变动引起的公允价值变动。

上述项目在终止确认时，需将其他综合收益转入留存收益，借记或贷记“其他综合收益”科目，贷记或借记“盈余公积”“未分配利润”科目。

2. 以后会计期间满足规定条件时将重分类进损益的其他综合收益项目

（1）其他权益工具投资、其他债权投资发生公允价值变动时，借记“其他权益工具投资”“其他债权投资－公允价值变动”科目，贷记“其他综合收益－公允价值变动”科目。

其他债权投资出售时，借记“其他综合收益”科目，贷记“投资收益”科目。

其他权益工具投资终止确认时，借记或贷记“其他综合收益”科目，贷记或借记“盈余公积”“利润分配－未分配利润”科目。

（2）采用权益法核算的长期股权投资。投资方确认被投资单位的其他综合收益变动时，借记（或贷记）“长期股权投资－其他综合收益”科目，贷记（或借记）“其他综合收益”科目，待该项股权投资处置时，将原计入其他综合收益的金额转入当期损益。

（3）存货或自用房地产转换为投资性房地产。企业将作为存货的房地产转换为采用公允价值模式计量的投资性房地产时，应当按该项房地产在转换日的公允价值，借记“投资性房地产－成本”科目，原已计提跌价准备的，借记“存货跌价准备”科目，按其账面余额，贷记“开发产品”等科目；同时，转换日的公允价值小于账面价值的，按其差额，借记“公允价值变动损益”科目，转换日的公允价值大于账面价值的，按其差额，贷记“其他综合收益”科目。

企业将自用的建筑物等转换为采用公允价值模式计量的投资性房地产时，应当按该项房地产在转换日的公允价值，借记“投资性房地产－成本”科目，原已计提减值准备的，借记“固定资产减值准备”科目，按已计提的累计折旧等，借记“累计折旧”等科目，按其账面余额，贷记“固定资产”等科目；同时，转换日的公允价值小于账面价值的，按其差额，借记“公允价值变动损益”科目，转换日的公允价值大于账面价值的，按其差额，贷记“其他综合收益”科目。

出售、转让采用公允价值模式计量投资性房地产时，借记“其他综合收益”科目，贷记“其他业务成本”科目（或做相反分录）。

（4）资产负债表日，满足运用套期会计方法条件的现金流量套期和境外经营净投资套期产生的利得或损失，属于有效套期的，借记或贷记有关科目，贷记或借记“其他综合收益”科目；属于无效套期的，借记或贷记有关科目，贷记或借记“公允价值变动损益”科目。

（5）外币财务报表折算差额。按照外币折算的要求，企业在处置境外经营的当期，将已列入合并财务报表所有者权益的外币报表折算差额中与该境外经营相关部分，自其他综合收益项目转入处置当期损益。如果是部分处置境外经营，应当按处置的比例计算处置部分的外币报表折算差额，转入处置当期损益。

第五节　盈余公积

一、概述

盈余公积，是指企业按规定从净利润中提取的各种积累资金。盈余公积包括法定盈余公积、任意盈余公积。公司法定盈余公积累计额为公司注册资本的50%以上时，可以不再提取法定盈余公积。经股东大会或类似机构决议，企业的盈余公积可以用于弥补亏损、转增资本（或股本）。法定盈余公积转为资本时，所留存的该项公积金（资本公积和盈余公积）不得少于转增前公司注册资本的25%。

二、会计科目设置及主要账务处理

（一）会计科目设置

企业应设置“盈余公积”科目，核算企业盈余公积的提取、使用、结余情况。借方反映使用或减少数，贷方反映提取或增加数，期末贷方余额反映企业提取的盈余公积余额。企业应当分别“法定盈余公积”“任意盈余公积”进行明细核算。

（二）主要账务处理

1. 企业提取盈余公积时，借记“利润分配—提取法定盈余公积”“利润分配—提取任意盈余公积”科目，贷记“盈余公积—法定盈余公积”“盈余公积—任意盈余公积”科目。

2. 外商投资企业按规定提取的储备基金、企业发展基金、职工奖励及福利基金，借记“利润分配—提取储备基金”“利润分配—提取企业发展基金”“利润分配—提取职工奖励及福利基金”科目，贷记“盈余公积—储备基金”“盈余公积—企业发展基金”“应付职工薪酬”科目。

3. 企业用盈余公积弥补亏损或转增资本时，借记“盈余公积”科目，贷记“利润分配—盈余公积补亏”“实收资本”或“股本”科目。经股东大会决议，用盈余公积派送新股，按派送新股计算的金额，借记“盈余公积”科目，按股票面值和派送新股总数计算的股票面值总额，贷记“股本”科目。

第六节 未分配利润

一、概述

未分配利润是企业留待以后年度进行分配的结存利润，也是企业所有者权益的组成部分。相对于所有者权益的其他部分来讲，企业对于未分配利润的使用分配有较大的自主权。从数量上来讲，未分配利润是期初未分配利润，加上本期实现的净利润，减去提取的各种盈余公积和分出利润后的余额。

二、会计科目设置及主要账务处理

（一）会计科目设置

企业应设置“利润分配”科目，核算企业利润的分配（或亏损的弥补）和历年分配（或弥补）后的积存余额，其借方反映当期分配额或结转的亏损额，贷方反映结转的利润额，期末余额反映企业累计未分配利润（或未弥补亏损）。“利润分配”科目应当分别“提取法定盈余公积”“提取任意盈余公积”“提取一般风险准备”“应付现金股利或利润”“转作股本的股利”“盈余公积补亏”“一般风险准备补亏”“未分配利润”等进行明细核算。

（二）主要账务处理

分配股利或利润的会计处理。经股东大会或类似机构决议，分配给股东或投资者的现金股利或利润，借记“利润分配—应付现金股利或利润”科目，贷记“应付股利”科目。经股东大会或类似机构决议，分配给股东的股票股利，应在办理增资手续后，借记“利润分配—转作股本的股利”科目，贷记“股本”科目。

期末结转的会计处理。企业期末结转利润时，应将各损益类科目的余额转入“本年利润”科目，结平各损益类科目。结转后“本年利润”的贷方余额为当期实现的净利润，借方余额为当期发生的净亏损。年度终了，应将本年收入和支出相抵后结出的本年实现的净利润或净亏损，转入“利润分配—未分配利润”科目。同时，将“利润分配”科目所属的其他明细科目的余额，转入“未分配利润”明细科目。结转后，“未分配利润”明细科目的贷方余额，就是未分配利润的金额；如出现借方余额，则表示未弥补亏损的金额。“利润分配”科目所属的其他明细科目应无余额。

弥补亏损的会计处理。企业在生产经营过程中既有可能发生盈利，也有可能出现亏损。企业在当年发生亏损的情况下，与实现利润的情况相同，应当将本年发生的亏损自“本年利润”科目转入“利润分配—未分配利润”科目，借记“利润分配—未分配利润”科目，贷记“本年利润”科目，结转后“利润分配”科目的借方余额，即为未弥补亏损的数额。然后通过“利润分配”科目核算有关亏损的弥补情况。

第七节　一般风险准备

一、概述

一般风险准备是根据财政部《金融企业准备金计提管理办法》（财金〔2012〕20号）和《金融企业财务规则——实施指南》（财金〔2007〕23号），在提取资产减值准备的基础上，设立一般风险准备用以弥补金融企业尚未识别的与风险资产相关的潜在可能损失。该一般风险准备作为利润分配处理，是所有者权益的组成部分。

二、会计科目设置及主要账务处理

（一）会计科目设置

金融或类金融企业应设置“一般风险准备”科目，核算按照税后利润提取的风险准备金。本科目期末贷方余额，反映企业的一般风险准备。

（二）主要账务处理

年度终了，企业按规定从净利润中提取的一般风险准备，借记“利润分配—提取一般风险准备”科目，贷记“一般风险准备”科目。

用一般风险准备弥补亏损，借记“一般风险准备”科目，贷记“利润分配——一般风险准备补亏”科目。

第八节　专项储备

一、概述

专项储备用于核算高危行业企业按照规定提取的安全生产费以及维持简单再生产费用等具有类似性质的费用。

二、科目设置及主要账务处理

（一）科目设置

企业应设置“专项储备”科目，核算企业专项储备的提取、使用、结余情况，借方反映使用或减少数，贷方反映提取或增加数，期末贷方余额反映企业提取的尚未使用的安全生产费。本科目应当根据实际需要设置明细科目核算。

（二）主要账务处理

高危行业企业按照国家规定提取的安全生产费，应当计入相关产品的成本或当期损益，同时记入“专项储备”科目。提取安全生产费时，借记“生产成本”“制造费用”等科目，贷记“专项储备”科目。

企业发生安全生产支出时，属于费用性支出的，直接冲减专项储备，借记“专项储备”科目，按照可抵扣的增值税进项税额，借记“应交税费—应交增值税—进项税额”科目，贷记“银行存款”等科目。

企业发生安全生产支出时，属于资本性支出，形成固定资产的，借记“固定资产”“在建工程”科目，按照可抵扣的增值税进项税额，借记“应交税费—应交增值税—进项税额”科目，贷记“银行存款”等科目；在建工程完工达到预定可使用状态时确认为固定资产，按照形成固定资产的成本冲减专项储备，并确认相同金额的累计折旧，即借记“专项储备”科目，贷记“累计折旧”科目。该固定资产在以后期间不再计提折旧。

第十五章　收　入

第一节　概述

一、基本概念

（一）收入，是指企业在日常活动中形成的、会导致所有者权益增加的、与所有者投入资本无关的经济利益的总流入。日常活动，是指企业为完成其经营目标所从事的经常性活动以及与之相关的其他活动。

（二）本章收入是指主营业务收入和其他业务收入。

主营业务收入是指企业从事本行业生产经营活动所取得的营业收入。其他业务收入是指企业主营业务以外的其他日常活动所取得的收入。

二、适用范围

涉及企业对外出租资产收取的租金收入适用于本手册“租赁”章节的规定。

涉及企业金融工具投资收取的利息收入适用于本手册“金融资产”章节的规定。

除以上两条规定外，其他有关收入按本章规定执行。

第二节　收入确认与计量的一般规定

一、收入确认的基本要求

企业应当在履行了合同中的履约义务，即在客户（指与企业订立合同，购买企业日常活动产出的商品并支付对价的一方）取得相关商品（包括商品和服务）控制权时确认收入。

取得相关商品控制权，是指能够主导该商品的使用并从中获得几乎全部的经济利益，也包括有能力阻止其他方主导该商品的使用并从中获得经济利益。企业在判断商品的控制权是否发生转移时，应当从客户的角度进行分析，即客户是否取得了相关商品的控制权以及何时取得该控制权。取得商品控制权同时包括下列三项要素：

一是企业只有在客户拥有现时权利，能够主导该商品的使用并从中获得几乎全部经济利益时，才能确认收入。如果客户只能在未来的某一期间主导该商品的使用并从中获益，则表明其尚未取得该商品的控制权。

二是客户有能力主导该商品的使用，指客户在其活动中有权使用该商品，或者能够允许或阻止其他方使用该商品。

三是客户必须拥有获得商品几乎全部经济利益的能力，才能被视为获得了该商品的控制。商品的经济利益，是指该商品的潜在现金流量，既包括现金流入的增加，也包括现金流出的减少。客户可以通过使用、消耗、出售、处置、交换、抵押或持有等多种方式直接或间接地获得商品的经济利益。

二、收入确认与计量的基本方法

企业收入的确认和计量一般分为以下五个步骤：

第一步，识别与客户订立的合同；

第二步，识别合同中的单项履约义务；

第三步，确定交易价格；

第四步，将交易价格分摊至各单项履约义务；

第五步，履行各单项履约义务时确认收入。

（一）识别与客户订立的合同

1. 合同的识别

企业确认收入的前提是存在与客户签订的合同，且该合同应同时满足下列五项条件：

一是合同各方已批准该合同并承诺将履行各自义务；

二是该合同明确了合同各方与所转让商品相关的权利和义务；

三是该合同有明确的与所转让商品相关的支付条款；

四是该合同具有商业实质，即履行该合同将改变企业未来现金流量的风险、时间分布或金额；

五是企业因向客户转让商品而有权取得的对价很可能收回。

对不符合上述条件的合同，企业只有在不再负有向客户转让商品的剩余义务，且已向客户收取的对价无需退回时，才能将已收取的对价确认为收入；否则应当将已收取的对价作为负债进行会计处理。没有商业实质的非货币性资产交换，不确认收入。

2. 合同合并

企业与同一客户（或该客户的关联方）同时订立或在相近时间内先后订立的两份或多份合同，在满足下列条件之一时，应当合并为一份合同进行会计处理：

（1）该两份或多份合同基于同一商业目的而订立并构成一揽子交易，如一份合同在不考虑另一份合同的对价的情况下将会发生亏损；

（2）该两份或多份合同中的一份合同的对价金额取决于其他合同的定价或履行情况，如一份合同如果发生违约，将会影响另一份合同的对价金额；

（3）该两份或多份合同中所承诺的商品（或每份合同中所承诺的部分商品）构成单项履约义务。

3. 合同变更

合同变更，是指经合同各方批准对原合同范围或价格做出的变更。企业应当区分下列三种情形对合同变更分别进行会计处理：

（1）合同变更部分作为单独合同。合同变更增加了可明确区分的商品及合同价款，且新增合同价款反映了新增商品单独售价的，应当将该合同变更部分作为一份单独的合同进行会计处理。此类合同变更不影响原合同的会计处理。

（2）合同变更作为原合同终止及新合同订立。合同变更不属于上述第（1）种情形，且在合同变更日已转让的商品或已提供的服务（以下简称“已转让的商品”）与未转让的商品或未提供的服务（以下简称“未转让的商品”）之间可明确区分的，应当视为原合同终止，同时，将原合同未履约部分与合同变更部分合并为新合同进行会计处理。新合同的交易价格应当为下列两项金额之和：一是原合同交易价格中尚未确认为收入的部分（包括已从客户收取的金额）；二是合同变更中客户已承诺的对价金额。

（3）合同变更部分作为原合同的组成部分。合同变更不属于上述第（1）种情形，且在合同变更日已转让的商品与未转让的商品之间不可明确区分的，应当将该合同变更部分作为原合同的组成部分，在合同变更日重新计算履约进度，并调整当期收入和相应成本等。

（二）识别合同中的单项履约义务

合同签订后，企业应当识别该合同所包含的各单项履约义务，并确定各单项履约义务是在某一时段内履行，还是在某一时点履行，然后，在履行了各单项履约义务时分别确认收入。

履约义务，是指合同中明确约定的（包括由于企业已公开宣布的政策、特定声明或以往的习惯做法等导致合同订立时客户合理预期的）企业向客户转让商品的承诺。

单项履约义务，是指承诺转让的商品为可明确区分商品（或者商品的组合）的履约义务。如果承诺转让的商品为一系列实质相同且转让模式相同的、可明确区分商品，该履约义务也应作为单项履约义务。

可明确区分商品应同时满足下列条件：

1. 客户能够从该商品本身或从该商品与其他易于获得资源一起使用中受益；

2. 企业向客户转让该商品的承诺与合同中其他承诺可单独区分。

下列情形通常表明企业向客户转让该商品的承诺与合同中其他承诺不可单独区分：

一是企业需提供重大的服务以将该商品与合同中承诺的其他商品整合成合同约定的组合产出转让给客户。

二是该商品将对合同中承诺的其他商品予以重大修改或定制。

三是该商品与合同中承诺的其他商品具有高度关联性。

企业在判断一系列实质相同且转让模式相同的、可明确区分的商品时，转让模式相同指每一项可明确区分的商品均满足某一时段内履行履约义务的条件，且采用相同方法确定其履约进度。在判断所转让的一系列商品是否实质相同，应当考虑合同中承诺的性质。当企业承诺的是提供确定数量的商品时，需要考虑这些商品本身是否实质相同；当企业承诺的是在某一期间内随时向客户提供某项服务时，需要考虑企业在该期间内的各个时间段（如每天或每小时）的承诺是否相同，而并非具体的服务行为本身。

（三）确定交易价格

交易价格，是指企业因向客户转让商品而预期有权收取的对价金额。企业代第三方收取的款项（例如增值税）以及企业预期将退还给客户的款项，应当作为负债进行会计处理，不计入交易价格。在确定交易价格时，企业应当考虑可变对价、合同中存在的重大融资成分、非现金对价以及应付客户对价等因素的影响。

1. 可变对价

可变对价，指合同对价可能会因索赔、奖励、折扣、价格折让、激励措施等因素而变化。此外，企业有权收取的对价金额，将根据一项或多项或有事项的发生有所不同的情况，也属于可变对价的情形。合同中存在可变对价的，企业应当对计入交易价格的可变对价进行估计。

（1）确定可变对价最佳估计数。企业应当按照期望值或最可能发生金额确定可变对价的最佳估计数。对于类似的合同，应当采用相同的方法进行估计。期望值是按照各种可能发生的对价金额及相关概率计算确定的金额。如果企业拥有大量具有类似特征的合同，企业据此估计合同可能产生两个以上的结果时，应当采用期望值法估计可变对价金额。

最可能发生金额是一系列可能发生的对价金额中最可能发生的单一金额，即合同最可能产生的单一结果。当合同仅有两个可能结果时，应当采用最可能发生金额估计可变对价金额。

对于某一事项的不确定性对可变对价金额的影响，企业应当在整个合同期间一致地采用同一种方法进行估计。当存在多个不确定性事项均会影响可变对价金额时，企业可采用不同的方法对其进行估计。

（2）计入交易价格的可变对价金额的限制。企业按照期望值或最可能发生金额确定可变对价金额之后，计入交易价格的可变对价金额还应该满足限制条件，即包含可变对价的交易价格，应当不超过在相关不确定性消除时，累计已确认的收入极可能不会发生重大转回的金额。

企业在评估与可变对价相关的不确定性消除时，累计已确认的收入金额是否极可能不会发生重大转回时，应当同时考虑收入转回的可能性及转回金额的比。

其中，“极可能”发生的概率应远高于“很可能（可能性超过50%）”，但要求达到“基本确定（可能性超过95%）”。重大指转回金额相对于合同总对价（包括固定对价和可变对价）而言的比重较大。每期末，企业应当重新估计可变对价金额（包括重新评估对可变对价的估计是否受到限制），以如实反映报告期末存在的情况以及报告期内发生的情况变化。

2. 合同中存在重大融资成分

当企业将商品的控制权转移给客户的时间与客户实际付款的时间不一致时，如企业以赊销或分期付款的方式销售商品，或者要求客户支付预付款等，如果各方以在合同中明确（或隐含的方式）约定的付款时间为客户或企业就转让商品的交易提供了重大融资利益，则合同中包含了重大融资成分。合同中存在重大融资成分的，企业应当按照假定客户在取得商品控制权时即以现金支付的应付金额（现销价格）确定交易价格。

企业在评估合同中是否存在融资成分以及该融资成分对于该合同而言是否重大时，应当考虑所有相关的事实和情况，包括：一是已承诺的对价金额与已承诺商品的现销价格之间的差额；二是企业将承诺的商品转让给客户与客户支付相关款项之间的预计时间间隔和相应的市场现行利率的共同影响。同时企业应当在单个合同层面考虑融资成分是否重大，而不应在合同组合层面考虑这些合同中的融资成分的汇总影响对企业整体而言是否重大。

表明企业与客户之间的合同未包含重大融资成分的情形有：一是客户就商品支付了预付款，且可以自行决定这些商品的转让时间；二是客户承诺支付的对价中有相当大的部分是可变的，该对价金额或付款时间取决于某一未来事项是否发生，且该事项实质上不受客户或企业控制；三是合同承诺的对价金额与现销价格之间的差额是由于向客户或企业提供融资利益以外的其他原因所导致的，且这一差额与产生该差额的原因是相称的。

对于合同开始日，企业预计客户取得商品控制权与客户支付价款间隔不超过一年的，不考虑合同中存在的重大融资成分。

合同中存在重大融资成分的，企业在确定该重大融资成分的金额时，应使用将合同对价的名义金额折现为商品的现销价格的折现率。该折现率一经确定，不得因后续市场利率或客户信用风险等情况的变化而变更。企业确定的交易价格与合同承诺的对价金额之间的差额，应当在合同期间内采用实际利率法摊销。

3. 非现金对价

当企业因转让商品而有权向客户收取的对价是非现金形式时，如实物资产、无形资产、股权、客户提供的广告服务等，企业通常应当按照非现金对价在合同开始日的公允价值确定交易价格。非现金对价公允价值不能合理估计的，企业应当参照其承诺向客户转让商品的单独售价间接确定交易价格。

非现金对价的公允价值可能会因对价的形式而发生变动（例如，企业有权向客户收取的对价是股票，股票本身的价格会发生变动），也可能会因为其形式以外的原因而发生变动（例如，企业有权收取非现金对价的公允价值因企业的履约情况而发生变动）。合同开始日后，非现金对价的公允价值因对价形式以外的原因而发生变动的，应当作为可变对价，按照与计入交易价格的可变对价金额的限制条件相关的规定进行处理；合同开始日后，非现金对价的公允价值因对价形式而发生变动的，该变动金额不应计入交易价格。

企业在向客户转让商品的同时，如果客户向企业投入材料、设备或人工等商品，以协助企业履行合同，企业应当评估其是否取得了对这些商品的控制权，取得这些商品控制权的，企业应当将这些商品作为从客户收取的非现金对价进行会计处理。

4. 应付客户对价

企业在向客户转让商品的同时，需要向客户或第三方支付对价的，应当将该应付对价冲减交易价格，但应付客户对价是为了自客户取得其他可明确区分商品的除外。

企业应付客户对价是为了自客户取得其他可明确区分商品的，应当采用与企业其他采购相一致的方式确认所购买的商品。企业应付客户对价超过自客户取得的可明确区分商品公允价值的，超过金额应当作为应付客户对价冲减交易价格。自客户取得的可明确区分商品公允价值不能合理估计的，企业应当将应付客户对价全额冲减交易价格。

在对应付客户对价冲减交易价格进行会计处理时，企业应当在确认相关收入与支付（或承诺支付）客户对价二者孰晚的时点冲减当期收入。

（四）将交易价格分摊至各单项履约义务

当合同中包含两项或多项履约义务时，需要将交易价格分摊至各单项履约义务，以使企业分摊至各单项履约义务（或可明确区分的商品）的交易价格能够反映其因向客户转让已承诺的相关商品而预期有权收取的对价金额。

1. 分摊的一般原则

企业应当在合同开始日，按照各单项履约义务所承诺商品的单独售价的相对比例，将交易价格分摊至各单项履约义务。

单独售价，是指企业向客户单独销售商品的价格。单独售价无法直接观察，企业应当综合考虑其能够合理取得的全部相关信息，采用市场调整法、成本加成法、余值法等方法合理估计单独售价。市场调整法，是指企业根据某商品或类似商品的市场售价，考虑本企业的成本和毛利等进行适当调整后的金额，确定其单独售价的方法。成本加成法，是指企业根据某商品的预计成本加上其合理毛利后的金额，确定其单独售价的方法。余值法，是指企业根据合同交易价格减去合同中其他商品可观察单独售价后的余额，确定某商品单独售价的方法。企业应当最大限度地采用可观察的输入值，并对类似的情况采用一致的估计方法。

企业在商品近期售价波动幅度巨大，或者因未定价且未曾单独销售而使售价无法可靠确定时，可采用余值法估计其单独售价。

2. 分摊合同折扣

合同折扣，是指合同中各单项履约义务所承诺商品的单独售价之和高于合同交易价格的金额。企业应当在各单项履约义务之间按比例分摊合同折扣。有确凿证据表明合同折扣仅与合同中一项或多项（而非全部）履约义务相关的，企业应当将该合同折扣分摊至相关的一项或多项履约义务。

同时满足下列条件时，企业应当将合同折扣全部分摊至合同中的一项或多项（而非全部）履约义务：①企业经常将该合同中的各项可明确区分的商品单独销售或者以组合的方式单独销售；②企业也经常将其中部分可明确区分的商品以组合的方式按折扣价格单独销售；③上述第②项中的折扣与该合同中的折扣基本相同，且针对每一组合中的商品的分析为将该合同的全部折扣归属于某一项或多项履约义务提供了可观察的证据。有确凿证据表明，合同折扣仅与合同中的一项或多项（而非全部）履约义务相关，且企业采用余值法估计单独售价的，应当首先在该一项或多项（而非全部）履约义务之间分摊合同折扣，然后再采用余值法估计单独售价。

3. 分摊可变对价

合同中包含可变对价的，该可变对价可能与整个合同相关，也可能仅与合同中的一个特定组成部分有关，包括两种情形；一是可变对价可能与合同中的单项或多项（而非全部）履约义务有关。二是可变对价可能与企业向客户转让的构成单项履约义务的一系列可明确区分商品中的一项或多项（而非全部）商品有关。

同时满足下列两项条件的，企业应当将可变对价及可变对价的后续变动额全部分摊至与之相关的某项履约义务，或者构成单项履约义务的一系列可明确区分商品中的某项商品：一是可变对价的条款专门针对企业为履行该项履约义务或转让该项可明确区分商品所做的努力（或者是履行该项履约义务或转让该项可明确区分商品所导致的特定结果）；二是企业在考虑了合同中的全部履约义务及支付条款后，将合同对价中的可变金额全部分摊至该项履约义务或该项可明确区分商品符合分摊交易价格的目标。

对于不满足上述条件的可变对价及可变对价的后续变动额，以及可变对价及其后续变动额中未满足上述条件的剩余部分，企业应当按照分摊交易价格的一般原则，将其分摊至合同中的各单项履约义务。对于已履行的履约义务，其分摊的可变对价后续变动额应当调整变动当期的收入。

4. 交易价格的后续变动

交易价格发生后续变动的，企业应当按照在合同开始日所采用的基础将该后续变动金额分摊至合同中的履约义务。企业不得因合同开始日之后单独售价的变动而重新分摊交易价格。

对于合同变更导致的交易价格后续变动的，企业应当区分下列三种情形分别进行会计处理：

（1）合同变更属于本节合同变更第（1）规定情形的，企业应当判断可变对价后续变动与哪一项合同相关，并按照分摊可变对价的相关规定进行会计处理。

（2）合同变更属于本节合同变更第（2）规定情形，且可变对价后续变动与合同变更前已承诺可变对价相关的，企业应当首先将该可变对价后续变动额以原合同开始日确定的单独售价为基础进行分摊，然后再将分摊至合同变更日尚未履行履约义务的该可变对价后续变动额以新合同开始日确定的基础进行二次分摊。

（3）合同变更之后发生除上述第（1）和（2）种情形以外的可变对价后续变动的，企业应当将该可变对价后续变动额分摊至合同变更日尚未履行（或部分未履行）的履约义务。

（五）履行各单项履约义务时确认收入

企业应当在履行了合同中的履约义务，即客户取得相关商品控制权时确认收入。企业应当根据实际情况首先判断履约义务是否满足在某一时段内履行的条件，如不满足，则该履约义务属于在某一时点履行的履约义务。对于在某一时段内履行的履约义务，企业应当选取恰当的方法来确定履约进度；对于在某一时点履行的履约义务，企业应当综合分析控制权转移的迹象，判断其转移时点。

1. 在某一时段内履行的履约义务

满足下列条件之一的，属于在某一时段内履行履约义务，相关收入应当在该履约义务履行的期间内确认：

（1）客户在企业履约的同时即取得并消耗企业履约所带来的经济利益。

（2）客户能够控制企业履约过程中在建的商品。

（3）企业履约过程中所产出的商品具有不可替代用途，且该企业在整个合同期间内有权就累计至今已完成的履约部分收取款项。

对于在某一时段内履行的履约义务，企业应当在该段时间内按照履约进度确认收入，履约进度不能合理确定的除外。企业应当考虑商品的性质，采用产出法或投入法确定恰当的履约进度。

（1）产出法。产出法是根据已转移给客户的商品对于客户的价值确定履约进度的方法，通常可采用实际测量的完工进度、评估已实现的结果，已达到的里程碑、时间进度、已完工或交付的产品等产出指标确定履约进度。

（2）投入法。投入法是根据企业履行履约义务的投入确定履约进度的方法，通常可采用投入的材料数量、花费的人工工时或机器工时、发生的成本和时间进度等投入指标确定履约进度。当企业从事的工作或发生的投入是在整个履约期间内平均发生时，企业也可以按照直线法确认收入。

投入法在实务中，通常按照累计实际发生的成本占预计总成本的比例（成本法）确定履约进度。

期末，企业应当按合同的交易价格总额乘以履约进度扣除以前会计期间累计已确认的收入后的金额，确认为当期收入。当履约进度不能合理确定时，企业已经发生的成本预计能够得到补偿的，应当按照已经发生的成本金额确认收入，直到履约进度能够合理确定为止。对于每一项履约义务及类似情况下的类似履约义务，企业只能采用一种方法来确定其履约进度，并加以运用。

2. 在某一时点履行的履约义务

对于不属于在某一时段内履行的履约义务，应当属于在某一时点履行的履约义务，企业应当在客户取得相关商品控制权时点确认收入。在判断客户是否已取得商品控制权时，企业应当考虑下列五个迹象：

（1）企业就该商品享有现时收款权利，即客户就该商品负有现时付款义务。

（2）企业已将该商品的法定所有权转移给客户，即客户已拥有该商品的法定所有权。

（3）企业已将该商品实物转移给客户，即客户已占有该商品实物。

（4）企业已将该商品所有权上的主要风险和报酬转移给客户，即客户已取得该商品所有权上的主要风险和报酬。

（5）客户已接受该商品。

（6）上述五个迹象并不是决定性的，企业应当根据合同条款和交易实质进行分析，综合判断其是否将商品的控制权转移给客户以及何时转移的，从而确定收入确认的时点。此外，企业应当从客户的角度进行评估，而不应当仅考虑企业自身的看法。

三、特定交易的收入确认与计量

（一）附有销售退回条款的销售

附有销售退回条款的销售，是指客户依照有关合同有权退货的销售方式。企业应当在客户取得相关商品控制权时，按照因向客户转让商品而预期有权收取的对价金额（不包含预期因销售退回将退还的金额）确认收入，按照预期因销售退回将退还的金额确认负债；同时，按照预期将退回商品转让时的账面价值，扣除收回该商品预计发生的成本（包括退回商品的价值减损）后的余额，确认一项资产，按照所转让商品转让时的账面价值，扣除上述资产成本的净额结转成本。每一资产负债表日，企业应当重新估计未来销售退回情况，并对上述资产和负债进行重新计量。如有变化，应当作为会计估计变更进行会计处理。

（二）附有质量保证条款的销售

企业在向客户销售商品时，可能会为所销售的商品提供质量保证。对于客户能够选择单独购买质量保证的，该质量保证构成单项履约义务；对于客户虽然不能选择单独购买质量保证，但该质量保证在向客户保证所销售的商品符合既定标准之外提供了一项单独服务的，也应当作为单项履约义务。作为单项履约义务的质量保证应当将部分交易价格分摊至该项履约义务确认收入。对于不能作为单项履约义务的质量保证，其相关会计处理，参照本手册“或有事项”章节。

（三）主要责任人和代理人

当企业向客户销售商品涉及其他方参与其中时，企业应当确定其自身在该交易中的身份是主要责任人还是代理人。主要责任人应当按照已收或应收对价总额确认收入；代理人应当按照预期有权收取的佣金或手续费的金额确认收入。

企业在判断其是主要责任人还是代理人时，应当根据其承诺的性质确定企业在交易中的身份。企业承诺自行向客户提供特定商品的，其身份是主要责任人；企业承诺安排他人提供特定商品的，即为他人提供协助的，其身份是代理人。

当存在第三方参与企业向客户提供商品时，企业向客户转让特定商品之前能够控制该商品的，应当作为主要责任人。企业作为主要责任人的情形包括：

（1）企业自第三方取得商品或其他资产控制权后，再转让给客户。

（2）企业能够主导第三方代表本企业向客户提供服务。

（3）企业自第三方取得商品控制权后，通过提供重大的服务将该商品与其他商品整合成合同约定的某组合产出转让给客户。

（四）售后回购

售后回购，是指企业销售商品的同时承诺或有权选择日后再将该商品购回的销售方式。售后回购通常有三种形式：一是企业有义务回购，即存在远期安排。二是企业有权回购，即企业拥有回购选择权。三是客户要求时，企业有义务回购，即客户拥有回售选择权。企业应当区分下列两种情形分别进行会计处理：

1. 企业因存在远期安排而负有回购义务或享有回购权利的处理

企业因存在与客户的远期安排而负有回购义务或享有回购权利的，尽管客户可能已经持有了该商品的实物，但客户主导该商品的使用并从中获取几乎全部经济利益的能力受到限制，因此在销售时点，客户并没有取得该商品的控制权。也应根据下列情况进行相应的会计处理：一是回购价格低于原售价的，应当视为租赁交易，其相关会计处理，参照本手册“租赁”。二是回购价格不低于原售价的，应当视为融资交易，在收到客户款项时确认金融负债，并将该款项和回购价格的差额在回购期间内确认为利息费用等。

2. 客户拥有回售选择权的处理

企业负有应客户要求回购商品义务的，应当在合同开始日评估客户是否具有行使该要求权的重大经济动因。客户具有行使该要求权的重大经济动因的，企业应当将回购价格与原售价进行比较，并按照上述第1种情形下的原则将该售后回购作为租赁交易或融资交易进行相应的会计处理。客户不具有行使该要求权的重大经济动因的，企业应当将该售后回购作为附有销售退回条款的销售交易进行相应的会计处理。

对于上述两种情形，企业在比较回购价格和原销售价格时，应当考虑货币的时间价值。在企业有权要求回购或者客户有权要求企业回购的情况下，企业或者客户到期未行使权利的，应在该权利到期时终止确认相关负债，同时确认收入。

第三节　会计科目设置及主要账务处理

一、会计科目设置

企业应当正确记录和反映与客户之间的合同产生的收入，设置“主营业务收入”

“其他业务收入”“合同资产”“合同资产减值准备”“合同负债”等科目核算相关经济事项。

（一）“主营业务收入”科目核算企业确认的销售商品、提供服务等主营业务的收入，应按主营业务的种类进行明细核算。期末，应将本科目的余额转入“本年利润”科目，结转后本科目无余额。

主营业务收入应根据法人单位的主要经营业务活动进行判断。

（二）“其他业务收入”科目核算企业确认的除主营业务活动以外的其他经营活动实现的收入，应按其他业务的种类进行明细核算。期末，应将本科目的余额转入“本年利润”科目，结转后本科目无余额。

法人单位非主要经营业务活动产生的收入在“其他业务收入”科目核算。

（三）“合同资产”科目核算企业已向客户转让商品而有权收取对价的权利，其中仅取决于时间流逝因素的权利在“应收账款”科目核算的，不在本科目核算。本科目应按合同进行辅助核算，下设“收入结转”和“价款结算”明细科目，“收入结转”科目核算企业按履约进度确认的收入金额，“价款结算”科目核算企业与客户的结算金额。合同完工后，“合同资产—收入结转”科目与“合同资产—价款结算”科目应对冲。

（四）“合同资产减值准备”科目核算合同资产的减值准备，应按合同进行辅助核算。本科目期末贷方余额，反映企业已计提但尚未转销的合同资产减值准备。

（五）“合同负债”科目核算企业已收客户对价而应向客户转让商品的义务，应按合同进行辅助核算。本科目期末贷方余额，反映企业在向客户转让商品之前，已经收到的合同对价。

二、主要账务处理

（一）企业收到合同约定的预收款，按实际收到的金额，借记“银行存款”等科目，按未来应转让商品的义务，贷记“合同负债”等科目，涉及增值税的，还应进行相应处理。

（二）企业销售商品或提供服务实现收入，按实际收到或应收的金额，借记“银行存款”“合同资产—收入结转”“应收账款”“合同负债”等科目，按确认的收入，贷记“主营业务收入”“其他业务收入”等科目，涉及增值税的，还应进行相应处理。

（三）企业与客户办理结算时，按验工计价单上载明的本次计价金额，借记“应收账款”等科目，按不含税金额，贷记“合同资产—价款结算”科目，涉及增值税的，还应进行相应处理。

（四）合同资产发生减值的，按应减记的金额，借记“资产减值损失”科目，贷记“合同资产减值准备”科目。本期应计提的减值准备大于其账面余额的，应按其差额计提；应计提的减值准备小于其账面余额的差额，做相反的会计分录。

第十六章　成本费用及利润

第一节　成本归集

一、成本归集

成本是指企业日常经营活动中发生的与生产产品、提供劳务而发生的各种耗费，如原材料费用、生产车间的人工费等。费用是指企业为储售商品、提供劳务等日常活动所发生的会导致所有者权益减少的、与向所有者分配经济利益无关的流出。

二、确认与计量

（一）成本核算的基本原则

企业应当根据自身生产经营特点和管理要求，确定适合的成本核算对象、成本项目、归集口径和成本计算方法。成本核算对象、成本项目、归集口径和成本计算方法一经确定，不得随意变更。如需变更，应当根据管理权限，经股东大会或董事会，或总经理办公会等类似机构批准，并在会计报表附注中予以说明。

1.合法性原则

企业成本核算应遵循合法性原则，计入成本的支出必须符合法律、法规、制度等的规定。

2.权责发生制原则

企业成本核算应遵循权责发生制原则，应当分清当期发生和当期负担的成本费用的界限，保证成本计算的准确性。凡是当期已经发生或应当负担的费用，无论款项是否支付，都应当作为当期的费用；凡是不属于当期的费用，即使款项已在当期收付，也不应当作为当期的费用。

3.配比原则

企业成本核算应遵循收入成本配比原则，为生产产品、提供劳务等发生的可归属于产品成本、劳务成本等的费用，应当在确认产品销售收入、劳务收入等时，将已销售产品、已提供劳务的成本计入当期损益。

4. 重要性原则

企业成本核算应遵循重要性原则，对成本中的重要内容、主要成本项目应单独设立项目反映，对于次要的内容可简化核算或与其他内容合并反映。

5. 一致性原则

企业成本核算应遵循一致性原则，应当统一明确成本的归集口径，合理划分各项成本项目界限，进行相应的会计核算：

（1）合理划分资本性支出和收益性支出。购置固定资产、无形资产和其他资产的支出满足资本化条件的，应计入资产，不得计入成本费用；相关支出带来的经济效益仅与当前年度相关，属于收益性支出，应计入成本或费用。

（2）合理划分期间费用和成本。期间费用应当直接计入当期损益；成本应当计入所生产的产品、提供劳务的成本。

（3）合理划分经营成本和营业外支出。经营成本是与企业生产经营活动有关发生的支出；营业外支出是与企业日常生产经营活动无直接关系的支出。

（4）合理划分直接费用和间接费用。企业应以项目为对象核算成本，为单个项目发生的支出应直接计入项目成本；为多个项目发生的相关支出，应归集后根据“谁受益、谁负担”的原则，通过一定的分配标准计入各受益项目的成本，且前后保持一致。

（二）成本的确认与计量

1. 合同履约成本

合同履约成本，指企业为履行当前或预期取得的合同所发生的，不属于存货、固定资产、无形资产等规范范围内的，按照本章规定确认为一项资产的成本。

合同履约成本确认应满足三个条件：一是该成本与一份当前或预期取得的合同直接相关。其中预期取得的合同应当是企业能明确识别的合同，如现有合同续约后的合同、尚未获得批准的特定合同等。与合同直接相关的成本包括直接人工、直接材料、制造费用或类似费用、明确由客户承担的成本以及仅因该合同而发生的其他成本。二是该成本增加了企业未来用于履行（包括持续履行）履约义务的资源。三是该成本预期能够收回。

企业应当在下列支出发生时，将其计入当期损益：

（1）管理费用，除非相关费用明确由客户承担。

（2）非正常消耗的直接材料、直接人工和间接费用（或类似费用）。

（3）与履约义务中已履行部分相关的支出，即与企业过去履约活动相关的支出。

（4）无法在尚未履行与已履行（或部分履行）的履约义务间区分的相关支出。

2. 合同取得成本

合同取得成本，指企业为取得合同发生的、预计能够收回的增量成本。其中增量成本指不取得合同就不会发生的成本，如销售佣金等。对于摊销期限不超过一年的合同取得成本，在发生时直接计入当期损益。

企业为取得合同发生的、除预期能够收回的增量成本之外的其他支出，如无论是否取得合同均会发生的差旅费、投标费、为准备投标资料发生的相关费用等，应当在发生时计入当期损益，除非支出明确由客户承担。

3. 应收退货成本

应收退货成本，指销售商品时预期将退回商品的账面价值，扣除收回该商品预计发生的成本（包括退回商品的价值减损）后的余额。销售退回指客户行使享有的退货权（包括合同约定、企业在销售过程中向客户做出声明或承诺以及法律法规的要求或企业以往的习惯做法等）而退回商品的情形。企业在允许客户退货的期间内随时准备接受退货的承诺，不构成单项履约义务，企业应当遵循可变对价（包括将可变对价计入交易价格的限制要求）的处理原则来确定其预期有权收取的对价金额，即交易价格不应包含预期将会被退回的商品的对价金额。

企业应当在客户取得相关商品控制权时，按照因向客户转让商品而预期有收取的对价金额（不包含预期因销售退回将退还的金额）确认收入，按照预期的因销售退回将退还的金额确认预计负债；同时按照预期将退回商品转让时的账面价值，扣除收回该商品预计发生的成本（包括退回商品的价值减损）后的余额确认为一项资产，按照所转让商品转让时的账面价值，扣除上述资产成本的净额结转成本。每一资产负债表日，企业应当重新估计未来销售退回情况，并对上述资产和负债进行重新计量，如有变化，作为会计估计变更进行会计处理。

4. 合同成本的摊销

指与合同成本（合同履约成本和合同取得成本）有关的企业资产，应当采用与该资产相关的商品收入确认相同的基础（在履约义务履行的时点或按照履约义务的履约进度）进行摊销，计入当期损益。

企业将为取得某份合同发生的增量成本确认为一项资产，但合同包含多项履约义务，且履约义务在不同时点或时段履行的，企业可以基于各项履约义务分摊交易价格的相对比例，将该项资产分摊至各项履约义务后，再按各履约义务与收入确认相同的基础进行摊销。

企业应当根据向客户转让与相关资产相关的商品的预期时间变化，对合同成本的摊销情况进行复核并更新，以反映该预期时间的重大变化，并作为会计估计变更进行会计处理。

5. 合同成本的减值

合同成本的减值，指与合同成本有关的资产，其账面价值高于下列两项差额的，超出部分应当计提减值准备，并确认为资产减值损失：

（1）企业因转让与该资产相关的商品预期能够取得的剩余对价；

（2）为转让该相关商品估计将要发生的成本。主要包括直接人工、直接材料、间接费用（或类似费用）、明确由客户承担的成本以及仅因该合同而发生的其他成本等。

以前期间减值因素发生变化，企业上述两项差额高于该资产账面价值的，应当转回原已计提的资产减值准备，并计入当期损益，但转回后的资产账面价值不应超过假定不计提减值准备情况下该资产在转回日的账面价值。

6. 成本分配

成本分配，指将应由多个成本对象共同承担的成本归集后，期末按照一定的标准分配至各成本对象。企业应根据成本的相关性，选择合理的分配方法，且前后各期保持一致。

三、成本核算科目设置及主要账务处理

（一）会计科目设置

企业应设置“合同履约成本”“合同履约成本减值准备”“合同取得成本”“合同取得成本减值准备”“应收退货成本”“生产成本”“开发成本”“制造费用”等科目用于企业成本核算。

1.“合同履约成本”科目下设“工程施工”“咨询服务”“工程监理”等明细科目，可按合同进行明细核算。“合同履约成本”科目期末借方余额，反映企业尚未结转的合同履约成本。

2.“合同履约成本减值准备”科目核算与合同履约成本有关的资产的减值准备，可按合同进行明细核算。“合同履约成本减值准备”科目期末贷方余额，反映企业已计提但尚未转销的合同履约成本减值准备。

3.“合同取得成本”科目核算企业取得合同发生的、预计能够收回的增量成本，可按支出项目设置明细科目，按合同进行明细核算。企业发生合同取得成本时，如摊销期限不超过一年，不通过本科目核算，直接计入当期损益。“合同取得成本”科目期末借方余额，反映企业尚未结转的合同取得成本。

4.“合同取得成本减值准备”科目核算与合同取得成本有关的资产的减值准备，可按合同进行明细核算。“合同取得成本减值准备”科目期末贷方余额，反映企业已计提但尚未转销的合同取得成本减值准备。

5.“应收退货成本”科目核算销售商品时预期将退回商品的账面价值，扣除收回该商品预计发生的成本（包括退回商品的价值减损）后的余额，可按合同进行明细核算。

6.“生产成本”科目核算工业制造企业进行工业生产发生的各项生产成本，下设“直接材料”“直接人工”“辅助生产成本”进行明细核算。按照产品品种项目归类核算。“生产成本”科目期末借方余额，反映企业尚未加工完成的在产品成本。

7.“开发成本”科目核算房地产开发发生的各项成本，按开发成本的类别进行明细核算。“开发成本”科目期末借方余额，反映企业尚未完工的房地产开发成本。

8.“制造费用”科目核算企业为多种产品共同消耗、不能直接计入各种产品成本的费用。下设“职工薪酬”“机物料消耗”“差旅费”“劳保费”等进行明细核算。

每月末按照企业自身产品成本分配方法将余额结转至生产成本科目。

（二）主要成本核算账务处理

1. 工业制造业务成本归集

工业制造业务在生产过程中所发生的实际成本一般包括生产成本、合同取得成本及应收退货成本。企业应设置“生产成本—基本生产成本”“生产成本—辅助生产成本”“间接费用”“合同取得成本”“合同取得成本减值准备”“应收退货成本”等科目进行成本归集核算。

企业发生的各项生产成本，借记“生产成本—基本生产成本”“生产成本—辅助生产成本”科目，按可抵扣的增值税进项税额，借记“应交税费—应交增值税—进项税额”科目，贷记“原材料”“银行存款”“应付职工薪酬”“应付账款”等科目。

企业的间接费用具体包括生产车间管理人员工资、管理人员其他薪酬、生产车间的固定资产折旧费用、生产车间办公费、水电费、物料消耗、劳动保护费、租赁费、取暖费、差旅费、生产用工具费、专用工卡模具费、季节性停工损失等，发生时，借记“间接费用”科目，按可抵扣的增值税进项税额，借记“应交税费—应交增值税—进项税额”科目，贷记“银行存款”“应付职工薪酬”“累计折旧”“应付账款”等科目。期末，应将归集的间接费用按一定分配原则分配到生产成本，实际分配时，借记“生产成本—基本生产成本”“生产成本—辅助生产成本”科目，贷记“间接费用”科目。

辅助生产成本指辅助生产车间为基本生产车间、企业管理部门和其他部门提供的劳务和产品而发生的成本。期末按照一定的分配标准分配给各受益对象，借记“生产成本—基本生产成本”“管理费用”“销售费用”“在建工程”等科目，贷记“生产成本—辅助生产成本”科目。

企业生产完成并已验收入库的产成品以及入库的自制半成品，应于期末，借记“库存商品—半成品”“库存商品—产成品”等科目，贷记“生产成本—基本生产成本”等科目。

企业发生附有销售退回条款的销售时，应当按照预期因销售退回将退还的金额确认为预计负债，并将退货产品对应的成本计入应收退货成本，借记“应收退货成本”“主营业务成本”科目，贷记“库存商品”科目。期末企业对退货率重新评估，预计退货率下降时，冲回相应的预计负债，并冲减应收退货成本，借记“主营业务成本”

科目，贷记“应收退货成本”科目。预计退货率提高时，做相反分录。企业发生实际销售退回时，借记“库存商品”“预计负债”等科目，贷记“应收退货成本”“银行存款”等科目，贷记“应交税费—应交增值税—销项税额”（红字）科目。

2. 房地产业务成本归集

房地产业务成本主要包括土地征用及拆迁补偿费、前期工程费、基础设施建设费、建筑安装工程费、公共配套设施费、开发间接费用等。企业设置“开发成本”“间接费用”“合同取得成本”等科目进行成本归集核算。

土地征用及拆迁补偿费指房地产项目的土地征用费用、拆迁补偿费、大市政配套费及其他与取得土地相关的支出等。企业发生土地征用及拆迁补偿费支出，借记“开发成本—土地征用及拆迁补偿费”科目，贷记“银行存款”等科目。

前期工程费指房地产项目的规划设计费、项目整体性报批报建费、“五通一平”费、临时设施费、预算编审费等。企业发生前期工程费支出时，借记“开发成本—前期工程费”科目，按可抵扣的增值税进项税额，借记“应交税费—应交增值税—进项税额”科目，贷记“银行存款”“应付账款”等科目。

基础设施建设费指房地产项目开发过程中小区内、建筑安装工程施工预算项目之外的道路、供电、供水、供气、供热、排污、排洪、通信、照明、绿化等基础设施工程费用，红线外两米与大市政接口的费用，以及向水、电、热、气、通信等大市政缴纳的费用等。企业发生基础设施建设费支出时，借记“开发成本—基础设施建设费”科目，按可抵扣的增值税进项税额，借记“应交税费—应交增值税—进项税额”科目，贷记“银行存款”“应付账款”等科目。

建筑安装工程费指房地产项目开发过程中发生的列入建筑安装工程施工图预算项目内的各项费用。具体包括土建工程费、设备安装工程费、装修工程费、工程建设监理费等。企业发生建筑安装工程费支出时，借记“开发成本—建筑安装工程费”科目，按可抵扣的增值税进项税额，借记“应交税费—应交增值税—进项税额”科目，贷记“银行存款”“应付账款”等科目。

公共配套设施费指房地产项目开发过程中，根据有关法规，产权及收益权不属于开发商，开发商不能有偿转让也不能转作自留固定资产的公共配套设施支出。企业发生公共配套设施费支出时，借记“开发成本—公共配套设施费”科目，按可抵扣的增值税进项税额，借记“应交税费—应交增值税—进项税额”科目，贷记“银行存款”

“应付账款”等科目。

开发间接费用指与项目开发直接相关，但不能明确属于特定成本核算对象的费用性支出。具体包括项目人员薪酬、办公费、办公用水电费、会议费、差旅费、通信费、交通费、固定资产折旧、低值易耗品摊销、资本化借款费用、咨询顾问费等。企业发生该类支出时，借记“间接费用”科目，按可抵扣的增值税进项税额，借记“应交税费—应交增值税—进项税额”科目，贷记“银行存款”“应付职工薪酬”“应付账款”等科目。期末，按照各成本核算对象应负担的间接费进行分摊，借记“开发成本—开发间接费用”，贷记“间接费用”科目。

房地产企业的预提成本指按照受益原则应承担的已发生但尚未结算或将要发生的房地产成本费用预先计提，企业实际预提成本时，借记“开发成本”科目，贷记“应付账款”科目。后续应依据实际结算的成本相应调整已预提的成本，补提成本时，借记“开发成本”科目，贷记“应付账款”科目，冲减成本时，借记“开发成本”科目（红字），贷记“应付账款”科目（红字）。

房地产企业开发产品完成，结转开发产品时，借记“开发产品”科目，贷记“开发成本—结转”科目。

房地产企业合同取得成本主要为销售佣金等。企业发生合同取得成本时，如摊销期限不超过一年的，直接计入当期损益，借记“销售费用”等科目，按可抵扣的增值税进项税额，借记“应交税费—应交增值税—进项税额”科目，贷记“银行存款”“应付账款”等科目；对于摊销期限超过一年的，借记“合同取得成本”科目，按可抵扣的增值税进项税额，借记“应交税费—应交增值税—进项税额”科目，贷记“银行存款”“应付账款”等科目。

对合同取得成本进行摊销时，按照其相关性借记“销售费用”等科目，贷记“合同取得成本”科目。

与合同取得成本有关的资产发生减值时，借记“资产减值损失”科目，贷记“合同取得成本减值准备”科目；转回已计提的资产减值准备时，做相反的会计分录。

第二节　营业成本

一、概述

营业成本是指企业确认销售商品、提供劳务等营业收入时应结转至当期损益的成本，包括主营业务成本和其他业务成本。

二、主营业务成本

（一）会计科目设置

1. 企业应设置“主营业务成本”科目，核算企业确认销售商品、提供服务等主营业务收入时应结转的成本。本科目借方反映从“合同履约成本”“库存商品”“开发产品”“运营及服务成本”等科目结转的实际成本，贷方反映结转到“本年利润”科目的成本，期末结转后无余额。

2. 本科目可按主营业务的种类进行明细核算，设置“工程施工”“勘察、设计及监理”“工业制造”“房地产”等明细科目，按照不同产品品种、工程项目等设置核算项目。

（二）主要账务处理

1. 月末，企业应根据本月销售各种商品、提供各种服务等实际成本，计算应确认的主营业务成本，借记“主营业务成本”科目，贷记“合同履约成本”“库存商品”“开发产品”“运营及服务成本”等科目。

2. 月末，企业应将本科目余额转入“本年利润”科目，借记“本年利润”科目，贷记“主营业务成本”科目。

三、其他业务成本

会计科目设置

1. 企业应设置“其他业务成本”科目，核算企业确认的除主营业务活动以外的其他经营活动所发生的支出，包括销售材料的成本、出租固定资产的折旧额、出租无形资产的摊销额、出租包装物的成本或摊销额等。本科目借方反映确认的其他业务成本金额，贷方反映结转到“本年利润”科目的成本，期末结转后无余额。

2. 本科目可按其他业务成本的种类进行明细核算，设置“销售材料”“出租固定资产”“出租无形资产”“提供机械作业”“投资性房地产”“服务业成本”等明细科目。

其他经营活动发生的相关税费，在“税金及附加”科目核算，不在本科目核算。

1. 企业发生的其他业务成本，借记“其他业务成本”科目，贷记“原材料”“周转材料—周转材料摊销”“累计折旧”“应付职工薪酬”“银行存款”等科目。

2. 期末，企业应将本科目余额转入“本年利润”科目，借记“本年利润”科目，贷记“其他业务成本”科目。

第三节 税金及附加

一、概述

税金及附加是指企业经营活动应负担的相关税费，包括消费税、资源税、土地增值税、城市维护建设税、教育费附加、地方教育费附加、房产税、城镇土地使用税、印花税、车船税等。

二、会计科目设置

企业应设置“税金及附加”科目，核算企业与经营活动相关的税金及附加，借方反映计提的应缴纳的各项税费，贷方反映结转到“本年利润”科目的金额，期末结转后该科目应无余额。

本科目按照税金种类设置“消费税”“资源税”“土地增值税”“城市维护建设税”“教育费附加”“地方教育费附加”“房产税”“土地使用税”“印花税”“车船税”“环境保护税”等明细科目。

三、主要账务处理

（一）企业按照规定计算出应负担的税金及附加，借记“税金及附加”科目，贷记“应交税费”等科目。

（二）月末，企业应将本科目余额转入“本年利润”科目，借记“本年利润”科目，贷记“税金及附加”科目。

第四节　期间费用

一、概述

期间费用是指本期发生的、不能直接或间接归入某种产品成本的、直接计入损益的各项费用，包括销售费用、管理费用、研发费用和财务费用。

二、销售费用

销售费用是企业销售商品和材料、提供劳务的过程中发生的各种费用，包括保险费、包装费、展览费和广告费、商品维修费、预计产品质量保证损失、运输费、装卸费等以及为销售本企业商品而专设的销售机构（含销售网点、售后服务网点等）的职工薪酬、业务费、折旧费等经营费用。

（一）会计科目设置

1. 企业应设置“销售费用”科目，借方反映实际发生的销售费用，贷方反映结转到“本年利润”科目的销售费用，期末结转后无余额。

2. 本科目可按费用项目进行明细核算，设置“职工薪酬”“保险费”“广告及宣传费”“运输费”“装卸费”“折旧费”明细科目。

（二）主要账务处理

1. 企业在销售商品过程中发生的包装费、保险费、展览费和广告费、运输费、装卸费等费用，借记“销售费用”科目，贷记“银行存款”等科目。

2. 发生的为销售本企业商品而专设的销售机构、投标机构的职工薪酬、业务费等经营费用，借记“销售费用”科目，贷记“银行存款”“累计折旧”“应付职工薪酬”等科目。

3. 由产品质量保证、工程质量保证产生的预计负债，应按确定的金额，借记“销售费用”科目，贷记“预计负债”科目。

4. 对合同取得成本进行摊销时，借记“销售费用”科目，贷记“合同取得成本”科目。

5. 月末，应将本科目余额转入“本年利润”科目，借记“本年利润”科目，贷记“销售费用”科目。

三、管理费用

管理费用是指企业为组织和管理企业生产经营所发生的管理费用，包括企业在筹建期间内发生的开办费、董事会和行政管理部门在企业的经营管理中发生的或者应由企业统一负担的公司经费（包括行政管理部门职工工资及福利费、物料消耗、低值易耗品摊销、办公费和差旅费等）、工会经费、董事会费（包括董事会成员津贴、会议费和差旅费等）、聘请中介机构费、咨询费（含顾问费）、诉讼费、招待费、技术转让费、党组织工作经费等费用。

（一）会计科目设置

1. 企业应设置“管理费用”科目，借方反映实际发生的管理费用，贷方反映结转到“本年利润”科目的管理费用，期末结转后无余额。

2. 本科目可按费用项目进行明细核算，设置“职工薪酬”“办公费”“差旅费”“董事会费”“咨询费（顾问费）”“诉讼费”“招待费”“技术转让费”“党建费用”等明细科目。

（二）主要账务处理

1. 企业在筹建期间发生的开办费，包括人员工资、办公费、培训费、差旅费、印刷费、注册登记费以及不计入固定资产成本的借款费用等。在实际发生时，借记“管理费用”科目，贷记“银行存款”等科目。

2. 行政管理部门人员的职工薪酬，借记“管理费用”科目，贷记“应付职工薪酬”科目；计提的固定资产折旧，借记“管理费用”科目，贷记“累计折旧”科目；发生的办公费、水电费、聘请中介机构费、咨询费、诉讼费、技术转让费，借记“管理费用”科目，贷记“银行存款”等科目。

3. 企业发生的业务招待费，借记“管理费用—业务招待费”科目，贷记“银行存款”等科目。

4. 各级机关或项目部发生党组织工作经费开支时直接列支，借记“管理费用—党建费用”科目，贷记“银行存款”等科目。

5. 月末，应将本科目的余额转入“本年利润”科目，借记“本年利润”科目，贷记“管理费用”科目。

四、研发费用

研发费用是指企业在产品、技术、材料、工艺、标准的研究过程中发生的费用支出。

（一）会计科目设置

企业应设置“研发费用”科目用于企业研发费用核算，借方反映从“研发支出”科目转入的金额，贷方反映结转到“本年利润”科目的研发费用，期末结转后无余额。

（二）主要账务处理

1. 月末，应将“研发支出”科目归集的费用化支出金额（包括确认无法形成无形资产的资本化支出）转入“研发费用”科目，借记“研发费用”科目，贷记“研发支出—费用化支出”。

2. 月末，应将本科目的余额转入“本年利润”科目，借记“本年利润”科目，贷记“研发费用”科目。

五、财务费用

财务费用是指企业为筹集生产经营所需资金等而发生的费用，包括应当作为期间费用的利息支出（减利息收入）、汇兑损失（减汇兑收益）以及相关的手续费等。

（一）会计科目设置

1. 企业应设置“财务费用”科目，借方反映实际发生的财务费用，贷方反映结转到“本年利润”科目的财务费用，期末结转后无余额。

2. 本科目应按费用项目进行明细核算，设置“利息支出”“利息收入”“汇兑损益”“金融机构手续费”等明细科目。

（二）主要账务处理

1. 发生的财务费用，借记“财务费用”科目，贷记“应付利息”“银行存款”等科目。发生的应冲减财务费用的利息收入，借记“银行存款”等科目，借记“财务费用”科目（红字）。

2. 月末，应将本科目的余额转入“本年利润”科目，借记“本年利润”科目，贷记“财务费用”科目。

第五节 资产减值损失

一、概述

资产减值损失是指企业计提除金融资产之外的其他各项资产减值准备所形成的损失。

二、会计科目设置

（一）企业应设置“资产减值损失”科目，核算企业计提相应资产减值准备所形成的损失，借方反映计提或转回的资产减值损失金额，月末，应将本科目的余额转入“本年利润”科目，期末结转后无余额。

（二）本科目可按资产减值损失的项目进行明细核算，设置“存货跌价损失”“长期股权投资减值损失”“投资性房地产减值损失”“固定资产减值损失”“在建工程减值损失”“无形资产减值损失”“商誉减值损失”“合同履约成本减值损失”“合同取得成本减值损失”等明细科目。

三、主要账务处理

（一）企业的合同取得成本、存货、长期股权投资、固定资产、无形资产等资产发生减值的，按应减记的金额，借记“资产减值损失”科目的相关明细科目，贷记“存货跌价准备”“长期股权投资减值准备”“固定资产减值准备”“无形资产减值准备”“合同取得成本减值准备”“在建工程减值准备”“工程物资减值准备”“商誉减值准备”“投资性房地产减值准备”等科目。

（二）企业计提存货跌价准备，相关资产的价值又得以恢复的，应在原已计提的减值准备金额内，按恢复增加的金额，借记“存货跌价准备”科目，借记“资产减值损失”科目（红字）。

（三）月末，应将本科目余额转入“本年利润”科目，借记“本年利润”科目，贷记“资产减值损失”科目。

第六节　信用减值损失

一、概述

信用值损失，反映企业计提的各项金融工具减值准备等所形成的预期信用损失。

二、会计科目设置

企业应设置“信用减值损失”科目，核算企业计提各项金融工具减值准备所形成的预期信用损失。

本科目应设置“坏账损失”“债权投资减值损失”“其他债权投资减值损失”等明细科目。借方反映计提或转回的信用减值损失金额，贷方反映结转到“本年利润”科目的信用减值损失，期末结转后无余额。

三、主要账务处理

（一）企业应当在资产负债表日计算金融工具（或金融工具组合）预期信用损失。如果该预期信用损失大于该工具（或组合）当前减值准备的账面金额，企业应当将其差额确认为减值损失，借记“信用减值损失”科目，贷记“债权投资减值准备”“坏账准备”“其他综合收益”等科目；如果资产负债表日计算的预期信用损失小于该工具（或组合）当前减值准备的账面金额，则应当将差额确认为减值利得，做相反的会计分录。

（二）企业实际发生信用损失，认定相关金融资产无法收回，经批准予以核销的，应当根据批准的核销金额，借记“坏账准备”“债权投资减值准备”等科目，贷记“应收账款”“债权投资”等科目。若核销金额大于已计提的损失准备，还应按其差额借记“信用减值损失”科目。

（三）月末，应将本科目余额转入“本年利润”科目，借记“本年利润”科目，贷记“信用减值损失”科目。

第七节　其他收益

一、概述

其他收益核算总额法下与日常活动相关的政府补助以及其他与日常活动相关且应直接计入本科目的项目。

通常情况下，若政府补助补偿的成本费用是营业利润之中的项目，或该补助与日常销售等经营行为密切相关（如增值税即征即退等），则认为该政府补助与日常活动相关。

二、会计科目设置

（一）企业应设置“其他收益”科目，用于核算总额法下与日常活动相关的政府补助等，贷方反映实际发生的其他收益金额，借方反映结转到“本年利润”科目的金额，期末结转后无余额。

（二）本科目可设置“政府补助”“其他”等明细科目进行明细核算。

三、主要账务处理

（一）对于与日常活动相关且与收益相关的政府补助，企业在实际收到或应收政府补助时，或者将已经确认为“递延收益”的政府补助分摊计入收益时，借记“银行存款”“其他应收款”“递延收益”等科目，贷记“其他收益”科目。

（二）在债务重组中，债务人以非金融资产清偿债务时，将转让资产的账面价值与所清偿债务账面价值之间的差额，记入“其他收益-债务重组收益”科目，详细处理见“债务重组”章节。

（三）月末，应将本科目余额转入“本年利润”科目，借记“其他收益”科目，贷记“本年利润”科目。

第八节 投资收益

一、概述

投资收益，是指企业对外投资所取得的收益或发生的损失。

二、会计科目设置

企业应设置“投资收益”科目，核算企业对外投资所取得的收益或发生的损失。贷方反映实际发生的投资收益金额，借方反映结转到“本年利润”科目的金额，期末结转后无余额。

本科目应设置“成本法股权投资收益”“权益法长期股权投资收益”“长期股权投资处置收益”“其他债权投资处置收益”等明细科目进行明细核算。

三、主要账务处理

（一）长期股权投资采用成本法核算的，确认投资收益时，借记“应收股利”科目，贷记“投资收益”科目。长期股权投资采用权益法核算的，确认投资收益时，借记“长期股权投资—损益调整”科目，贷记“投资收益”科目。

（二）处置长期股权投资实现的投资收益的账务处理，参照“长期股权投资”章节。

（三）企业持有交易性金融资产、债权投资、其他权益工具投资等取得的投资收益以及处置交易性金融资产、交易性金融负债等实现的投资收益的账务处理，参照本手册“金融资产”章节。

（四）月末，应将本科目余额转入“本年利润”科目，借记“投资收益”科目，贷记“本年利润”科目。

第九节 公允价值变动损益

一、概述

公允价值变动损益是指企业因资产或负债公允价值变动所形成应当计入当期损益

的利得或损失，主要包括交易性金融资产、交易性金融负债以及采用公允价值模式计量的投资性房地产等。

二、会计科目设置

企业应设置“公允价值变动损益”科目，贷方反映实际发生的公允价值变动损益金额，借方反映结转到“本年利润”科目的金额，期末结转后无余额。

本科目应设置“交易性金融资产”“交易性金融负债”“投资性房地产”等明细科目进行明细核算。

三、主要账务处理

（一）资产负债表日，企业应按交易性金融资产的公允价值高于其账面余额的差额，借记“交易性金融资产—公允价值变动”科目，贷记“公允价值变动损益”科目；公允价值低于其账面余额的差额，借记“公允价值变动损益”科目,贷记“交易性金融资产—公允价值变动”科目。

出售交易性金融资产时，应按实际收到的金额，借记“银行存款”等科目，按该金融资产的账面余额，贷记“交易性金融资产”科目，差额计入“投资收益”科目。

（二）资产负债日，交易性金融负债的公允价值高于其账面余额的差额，借计“公允价值变动损益”科目，贷记“交易性金融负债—公允价值变动”科目；公允价值低于其账面余额的差额，借记“交易性金融负债—公允价值变动”科目，贷记“公允价值变动损益”科目。

处置交易性金融负债，应按该金融负债的账面余额，借记“交易性金融负债”科目，按实际支付的金额，贷记“银行存款”等科目，差额计入“投资收益”科目。

（三）采用公允价值模式计量的投资性房地产、衍生工具、套期工具、被套期项目等形成的公允价值变动，按照本手册相关章节进行处理。

（四）月末，应将本科目余额转入“本年利润”科目，借记“公允价值变动损益”科目，贷记“本年利润”科目。

第十节　资产处置收益

一、概述

资产处置收益反映企业出售划分为持有待售的非流动资产（金融工具、长期股权投资和投资性房地产除外）或处置组（子公司和业务除外）时确认的处置利得或损失，以及处置未划分为持有待售的固定资产、在建工程及无形资产而产生的处置利得或损失。债务重组中因处置非流动资产产生的利得或损失和非货币性资产交换中换出非流动资产产生的利得或损失也包括在本项目内。

二、会计科目设置

企业应设置“资产处置损益”科目，贷方反映实际发生的资产处置损益金额，借方反映结转到“本年利润”科目的金额，期末结转后无余额。

本科目按照处置的资产类别或处置组进行明细核算，设置“固定资产处置损益”“在建工程处置损益”“无形资产处置损益”等明细科目。

三、主要账务处理

（一）企业处置持有待售的非流动资产或处置组时，按处置过程中收到的价款，借记“银行存款”等科目，按相关负债的账面余额，借记“持有待售负债”科目，按相关资产的账面余额，贷记“持有待售资产”科目，按其差额借记或贷记“资产处置损益”科目，已计提减值准备的，还应同时结转已计提的减值准备；按处置过程中发生的相关税费，借记“资产处置损益”科目，贷记“银行存款”“应交税费”等科目。

（二）月末，应将本科目余额转入“本年利润”科目，借记“资产处置损益”科目，贷记“本年利润”科目。

第十一节　营业外收支

一、概述

营业外收支是指企业发生的与其生产经营活动无直接关系的各项收入和各项支出，包括营业外收入和营业外支出。

二、营业外收入

营业外收入反映企业发生的除营业利润以外的收益，主要包括债务重组利得、与企业日常活动无关的政府补助、盘盈利得、捐赠利得（企业接受股东或股东的子公司直接或间接的捐赠，经济实质属于股东对企业的资本性投入的除外）等。

（一）会计科目设置

1. 企业应设置“营业外收入”科目，贷方反映实际发生的营业外收入金额，借方反映结转到“本年利润”科目的金额，期末结转后无余额。

2. 本科目应按收入项目设置明细账，进行明细核算。设置“非货币性资产交换利得”“政府补助”“盘盈利得”“捐赠利得”“无法支付的款项”“违约赔偿收入”等明细科目。

（二）主要账务处理

1. 企业确认盘盈利得、捐赠利得、无法支付的款项、违约赔偿收入等，借记“原材料”“银行存款”“库存现金”“应付账款”“其他应付款”等科目，贷记“营业外收入”科目。

2. 确认的与企业日常活动无关的政府补助利得，借记“银行存款”“递延收益”等科目，贷记“营业外收入”科目。

3. 月末，应将本科目余额转入“本年利润”科目，借记“营业外收入”科目，贷记“本年利润”科目。

三、营业外支出

营业外支出反映企业发生的除营业利润以外的支出，主要包括公益性捐赠支出、非常损失、盘亏损失、非流动资产毁损报废损失等。

。

（一）会计科目设置

1. 企业应设置“营业外支出”科目，借方反映实际发生的营业外支出金额，贷方反映结转到“本年利润”科目的金额，期末结转后无余额。

2. 本科目应按支出项目进行明细核算，设置“非货币性资产交换损失”“非常损失”“盘亏损失”“赔偿金、违约金及各种罚款支出”“捐赠支出”“非流动资产毁损报废损失”等明细科目。

（二）主要账务处理

1. 企业发生的固定资产、在建工程或无形资产的毁损报废损失，借记“营业外支出—非流动资产毁损报废损失”科目，贷记“固定资产清理”“在建工程”“无形资产”等科目。

2. 企业发生的罚款支出、捐赠支出、违约金、赔偿金，借记“营业外支出”科目，贷记“银行存款”等科目。

3. 月末，应将本科目余额转入“本年利润”科目，借记“本年利润”科目，贷记“营业外支出”科目。

第十二节 所得税费用

一、概述

所得税费用，是指企业确认的应从当期利润总额中扣除的所得税费用，等于当期所得税费用与递延所得税费用之和。

二、会计科目设置

（一）企业应设置“所得税费用”科目，核算企业按规定从本期损益中减去的所得税费用，借方反映实际发生的所得税费用金额，贷方反映结转到“本年利润”科目的金额，期末结转后无余额。

（二）本科目应设置“当期所得税费用”“递延所得税费用”明细科目进行明细核算。

三、主要账务处理

（一）期末，企业按照税法规定计算确定的当期应交所得税，借记“所得税费用—当期所得税费用”科目，贷记“应交税费—应交企业所得税”科目。

（二）期末，根据递延所得税费用计算金额，借记“所得税费用—递延所得税费用”或借记“所得税费用—递延所得税费用”（红字），贷记或借记“递延所得税负债”“递延所得税资产”科目。

（三）按照规定实行所得税先征后返的企业，应按实际收到的所得税返还，借记“银行存款”科目，借记“所得税费用—当期所得税费用”（红字）科目。

（四）期末，应将本科目余额转入“本年利润”科目，借记“本年利润”科目，贷记“所得税费用”科目。

第十三节　本年利润

一、概述

本年利润，是指企业在本会计年度内实现的经营成果，包括企业实现的收入减去各项费用后的净额、直接计入当期利润的利得和损失等。按照构成项目和计算环节的不同，分为营业利润、利润总额和净利润。

营业利润=营业收入－营业成本－税金及附加－销售费用－管理费用－研发费用－财务费用－资产减值损失－信用减值损失＋其他收益＋投资收益＋净敞口套期收益＋公允价值变动收益＋资产处置收益。

利润总额=营业利润＋营业外收入－营业外支出。

净利润=利润总额－所得税费用。

二、会计科目设置

企业应设置“本年利润”科目，核算企业实现的净利润或发生的净亏损，借方反映结转的成本、费用、损失项目，贷方反映结转的收益项目，年度终了结转后本科目应无余额。

三、主要账务处理

（一）期末结转利润时，应将损益类科目的期末余额，分别转入“本年利润”科目，借记“主营业务收入”“其他业务收入”“公允价值变动损益”“其他收益”“投资收益”“资产处置损益”“营业外收入”等科目，贷记“本年利润”科目；借记“本年利润”科目，贷记“主营业务成本”“税金及附加”“其他业务成本”“销售费用”“管理费用”“研发费用”“财务费用”“资产减值损失”“信用减值损失”“营业外支出”“所得税费用”等科目。

（二）年度终了，应将本年实现的净利润，转入“利润分配”科目，借记“本年利润”科目，贷记“利润分配—未分配利润”科目；如为净亏损，作相反会计分录。

第十七章　非货币性资产交换

第一节　概述

一、基本概念

非货币性资产交换，是指交易双方主要以固定资产、无形资产、投资性房地产和长期股权投资等非货币性资产进行的交换。该交换不涉及或只涉及少量的货币性资产即补价。

二、非货币性资产交换的认定

认定涉及少量货币性资产的交换为非货币性资产交换，通常以补价占整个资产交换金额的比例是否低于25%作为参考比例。

从收到补价的企业来看，收到的补价的公允价值占换出资产公允价值（或占换入资产公允价值和收到的货币性资产之和）的比例低于25%的，视为非货币性资产交换；从支付补价的企业来看，支付的货币性资产占换出资产公允价值与支付的补价的公允价值之和（或占换入资产公允价值）的比例低于25%的，视为非货币性资产交换。

第二节　确认和计量

一、商业实质的判断

企业应当遵循实质重于形式的原则，判断非货币性资产交换是否具有商业实质，符合下列条件之一的非货币性资产交换，视为具有商业实质。

1. 换入资产的未来现金流量在风险、时间分布或金额方面与换出资产显著不同。

2. 使用换入资产所产生的预计未来现金流量现值与继续使用换出资产所产生的预计未来现金流量现值不同，且其差额与换入资产和换出资产的公允价值相比是重大的。

二、公允价值计量

非货币性资产交换同时满足下列两个条件的，应当以公允价值和应支付的相关税费作为换入资产的成本，公允价值与换出资产账面价值的差额计入当期损益：

1. 该项交换具有商业实质；

2. 换入资产或换出资产的公允价值能够可靠地计量。

非货币性资产交换具有商业实质且公允价值能够可靠计量的，应当以换出资产的公允价值和应支付的相关税费作为换入资产的成本，除非有确凿证据表明换入资产的公允价值比换出资产公允价值更加可靠。

三、账面价值计量

不具有商业实质或交换涉及资产的公允价值均不能可靠计量的非货币性资产交换，应当按照换出资产的账面价值和应支付的相关税费，作为换入资产的成本，无论是否支付补价，均不确认损益；收到或支付的补价作为确定换入资产成本的调整因素。

第三节　主要账务处理

一、以公允价值为基础计量的会计处理

（一）换出资产为存货的，应当作销售处理，按照公允价值确认销售收入；借记“原材料”“库存商品”“固定资产”“无形资产”等换入资产相关科目，借记“应交税费—应交增值税—进项税额”“银行存款”（收到补价）等科目，贷记“主营业务收入”“应交税费—应交增值税—销项税额”“银行存款”（支付补价）等科目；同时按照换出资产的账面价值结转销售成本，借记“主营业务成本”等科目，贷记“库存商品”等科目。

（二）换出资产为固定资产、无形资产、在建工程、生产性生物资产的，换出资产公允价值和账面价值的差额计入当期损益，借记“原材料”“库存商品”“固定资产”“无形资产”等换入资产相关科目，借记“应交税费—应交增值税—进项税额”“银行存款”（收到补价）“累计摊销”等科目，贷记“固定资产清理”“无形资产”“在建工程”“应交税费—应交增值税—销项税额”“银行存款”（支付补价）“资产处置损益”等科目。

（三）换出资产为长期股权投资的，换出资产公允价值和换出资产账面价值的差额，计入投资收益，借记“原材料”“库存商品”“固定资产”“无形资产”等换入资产相关科目，借记“应交税费—应交增值税—进项税额”“银行存款”（收到补价）等科目，贷记“长期股权投资”“银行存款”（支付补价）“投资收益”等科目。

二、以账面价值为基础计量的会计处理

非货币性资产交换不具有商业实质，或者虽然具有商业实质但换入资产和换出资产的公允价值均不能可靠计量的，应当以换出资产账面价值为基础确定换入资产成本，无论是否支付补价，均不确认损益。

第十八章　债务重组

第一节　概述

一、债务重组的定义

债务重组，是指在不改变交易对手方的情况下，经债权人和债务人协定或法院裁定，就清偿债务的时间、金额或方式等重新达成协议的交易。

二、债务重组的方式

债务重组的方式主要包括：债务人以资产清偿债务、将债务转为权益工具、修改其他条款，以及前述一种以上方式的组合。这些债务重组方式都是通过债权人和债务人重新协定或者法院裁定达成的，与原来约定的偿债方式不同。

（一）债务人以资产清偿债务

债务人以资产清偿债务，是债务人转让其资产给债权人以清偿债务的债务重组方式。债务人用于偿债的资产通常是已经在资产负债表中确认的资产，例如，现金、应收账款、长期股权投资、投资性房地产、固定资产、在建工程、生物资产、无形资产等。债务人以日常活动产出的商品或服务清偿债务的，用于偿债的资产可能体现为存货等资产。

（二）债务人将债务转为权益工具

债务人将债务转为权益工具，这里的权益工具，是指根据《企业会计准则第37号——金融工具列报》分类为“权益工具”的金融工具，会计处理上体现为股本、实收资本、资本公积等科目。

（三）修改其他条款

修改债权和债务的其他条款，是债务人不以资产清偿债务，也不将债务转为权益工具，而是改变债权和债务的其他条款的债务重组方式，如调整债务本金、改变债务利息、变更还款期限等。经修改其他条款的债权和债务分别形成重组债权和重组债务。

（四）组合方式

组合方式，是采用债务人以资产清偿债务、债务人将债务转为权益工具、修改其他条款三种方式中一种以上方式的组合清偿债务的债务重组方式。

第二节　确认和计量

债权人在收取债权现金流量的合同权利终止时终止确认债权，债务人在债务的现时义务解除时终止确认债务。对于在报告期间已经开始协商，但在报告期资产负债表日后的债务重组，不属于资产负债表日后调整事项。

一、债权人的会计处理

（一）以资产清偿债务或将债务转为权益工具

债务重组采用以资产清偿债务或者将债务转为权益工具方式进行的，债权人应当在受让的相关资产符合其定义和确认条件时予以确认。

1. 债权人受让金融资产

债权人受让包括现金在内的单项或多项金融资产的，应当按照《企业会计准则第22号——金融工具确认和计量》的规定进行确认和计量。金融资产初始确认时应当以其公允价值计量，金融资产确认金额与债权终止确认日账面价值之间的差额，计入“投资收益”科目。

2. 债权人受让非金融资产

债权人初始确认受让的金融资产以外的资产时，应当按照下列原则以成本计量：

存货的成本，包括放弃债权的公允价值，以及使该资产达到当前位置和状态所发生的可直接归属于该资产的税金、运输费、装卸费、保险费等其他成本。

对联营企业或合营企业投资的成本，包括放弃债权的公允价值，以及可直接归属于该资产的税金等其他成本。

投资性房地产的成本，包括放弃债权的公允价值，以及可直接归属于该资产的税金等其他成本。

固定资产的成本，包括放弃债权的公允价值，以及使该资产达到预定可使用状态前所发生的可直接归属于该资产的税金、运输费、装卸费、安装费、专业人员服务费等其他成本。确定固定资产成本时，应当考虑预计弃置费用因素。

生物资产的成本，包括放弃债权的公允价值，以及可直接归属于该资产的税金、运输费、保险费等其他成本。

无形资产的成本，包括放弃债权的公允价值，以及可直接归属于使该资产达到预定用途所发生的税金等其他成本。

放弃债权的公允价值与账面价值之间的差额，计入“投资收益”科目。

3. 债权人受让多项资产

债权人受让多项非金融资产，或者包括金融资产、非金融资产在内的多项资产的，应当按照《企业会计准则第22号——金融工具确认和计量》的规定确认和计量受让的金融资产；按照受让的金融资产以外的各项资产在债务重组合同生效日的公允价值比例，对放弃债权在合同生效日的公允价值扣除受让金融资产当日公允价值后的净额进行分配，并以此为基础分别确定各项资产的成本。放弃债权的公允价值与账面价值之间的差额，计入“投资收益”科目。

4. 债权人受让处置组

债务人以处置组清偿债务的，债权人应当分别按照《企业会计准则第22号——金融工具确认和计量》和其他相关准则的规定，对处置组中的金融资产和负债进行初始计量，然后按照金融资产以外的各项资产在债务重组合同生效日的公允价值比例，对放弃债权在合同生效日的公允价值以及承担的处置组中负债的确认金额之和，扣除受让金融资产当日公允价值后的净额进行分配，并以此为基础分别确定各项资产的成本。放弃债权的公允价值与账面价值之间的差额，计入“投资收益”科目。

5. 债权人将受让的资产或处置组划分为持有待售类别

债务人以资产或处置组清偿债务，且债权人在取得日未将受让的相关资产或处置组作为非流动资产和非流动负债核算，而是将其划分为持有待售类别的，债权人应当在初始计量时，比较假定其不划分为持有待售类别情况下的初始计量金额和公允价值减去出售费用后的净额，以两者孰低计量。

（二）修改其他条款

债务重组采用以修改其他条款方式进行的，如果修改其他条款导致全部债权终止确认，债权人应当按照修改后的条款以公允价值初始计量新的金融资产，新金融资产的确认金额与债权终止确认日账面价值之间的差额，计入“投资收益”科目。

如果修改其他条款未导致债权终止确认，债权人应当根据其分类，继续以摊余成本、以公允价值计量且其变动计入其他综合收益，或者以公允价值计量且其变动计入当期损益进行后续计量。对于以摊余成本计量的债权，债权人应当根据重新议定合同的现金流量变化情况，重新计算该重组债权的账面余额，并将相关利得或损失计入“投资收益”科目。重新计算的该重组债权的账面余额，应当根据将重新议定或修改的合同现金流量按债权原实际利率折现的现值确定，购买或源生的已发生信用减值的重组债权，应按经信用调整的实际利率折现。对于修改或重新议定合同所产生的成本或费用，债权人应当调整修改后的重组债权的账面价值，并在修改后重组债权的剩余期限内摊销。

（三）组合方式

债务重组采用组合方式进行的，一般可以认为对全部债权的合同条款做出了实质性修改，债权人应当按照修改后的条款，以公允价值初始计量新的金融资产和受让的新金融资产，按照受让的金融资产以外的各项资产在债务重组合同生效日的公允价值比例，对放弃债权在合同生效日的公允价值扣除受让金融资产和重组债权当日公允价值后的净额进行分配，并以此为基础分别确定各项资产的成本。放弃债权的公允价值与账面价值之间的差额，计入“投资收益”科目。

二、债务人的会计处理

（一）债务人以资产清偿债务

债务重组采用以资产清偿债务方式进行的，债务人应当将所清偿债务账面价值与转让资产账面价值之间的差额计入当期损益。

1. 债务人以金融资产清偿债务

债务人以单项或多项金融资产清偿债务的，债务的账面价值与偿债金融资产账面价值的差额，记入“投资收益”科目。偿债金融资产已计提减值准备的，应结转已计提的减值准备。对于以分类为以公允价值计量且其变动计入其他综合收益的债务工具投资清偿债务的，之前计入其他综合收益的累计利得或损失应当从其他综合收益中转出，记入“投资收益”科目。对于以指定为以公允价值计量且其变动计入其他综合收益的非交易性权益工具投资清偿债务的，之前计入其他综合收益的累计利得或损失应当从其他综合收益中转出，记入“盈余公积”“利润分配—未分配利润”等科目。

2. 债务人以非金融资产清偿债务

债务人以单项或多项非金融资产清偿债务，或者以包括金融资产和非金融资产在内的多项资产清偿债务的，应将所清偿债务账面价值与转让资产账面价值之间的差额，记入“其他收益—债务重组收益”科目。偿债资产已计提减值准备的，应结转已计提的减值准备。

债务人以包含非金融资产的处置组清偿债务的，应当将所清偿债务和处置组中负债的账面价值之和，与处置组中资产的账面价值之间的差额，记入“其他收益—债务重组收益”科目。处置组所属的资产组或资产组合按照《企业会计准则第8号——资产减值》分摊了企业合并中取得的商誉的，该处置组应当包含分摊至处置组的商誉。处置组中的资产已计提减值准备的，应结转已计提的减值准备。

债务人以日常活动产出的商品或服务清偿债务的，应当将所清偿债务账面价值与存货等相关资产账面价值之间的差额，记入“其他收益—债务重组收益”科目。

（二）债务人将债务转为权益工具

债务重组采用将债务转为权益工具方式进行的，债务人初始确认权益工具时，应当按照权益工具的公允价值计量，权益工具的公允价值不能可靠计量的，应当按照所清偿债务的公允价值计量。所清偿债务账面价值与权益工具确认金额之间的差额，记入“投资收益”科目。债务人因发行权益工具而支出的相关税费等，应当依次冲减“资本溢价”“盈余公积”“未分配利润”等。

（三）修改其他条款

债务重组采用修改其他条款方式进行的，如果修改其他条款导致债务终止确认，债务人应当按照公允价值计量重组债务，终止确认的债务账面价值与重组债务确认金额之间的差额，记入“投资收益”科目。

如果修改其他条款未导致债务终止确认，或者仅导致部分债务终止确认，对于未终止确认的部分债务，债务人应当根据其分类，继续以摊余成本、以公允价值计量且其变动计入当期损益或其他适当方法进行后续计量。对于以摊余成本计量的债务，债务人应当根据重新议定合同的现金流量变化情况，重新计算该重组债务的账面价值，并将相关利得或损失记入“投资收益”科目。重新计算的该重组债务的账面价值，应当根据将重新议定或修改的合同现金流量按债务的原实际利率或按《企业会计准则第24号——套期会计》第二十三条规定的重新计算的实际利率（如适用）折现的现值确定。对于修改或重新议定合同所产生的成本或费用，债务人应当调整修改后的重组债务的账面价值，并在修改后重组债务的剩余期限内摊销。

（四）组合方式

债务重组采用以资产清偿债务、将债务转为权益工具、修改其他条款等方式的组合进行的，对于权益工具，债务人应当在初始确认时按照权益工具的公允价值计量，权益工具的公允价值不能可靠计量的，应当按照所清偿债务的公允价值计量。对于修改其他条款形成的重组债务，债务人应当参照上节“（三）修改其他条款”部分的内容，确认和计量重组债务。所清偿债务的账面价值与转让资产的账面价值以及权益工具和重组债务的确认金额之和的差额，记入“其他收益—债务重组收益”或“投资收益”（仅涉及金融工具时）科目。

值得注意的是，对于企业因破产重整而进行的债务重组交易，由于涉及破产重整的债务重组协议执行过程及结果存在重大不确定性，因此企业通常应在破产重整协议履行完毕后确认债务重组收益，除非有确凿证据表明上述重大不确定性已经消除。

第三节　会计科目设置及主要账务处理

一、会计科目设置

企业应设置“其他收益—债务重组收益”科目。

二、主要账务处理

（一）债权人的会计处理

1. 债权人受让金融资产

（1）取得的股权投资为交易性金融资产，应按照受让的交易性金融资产公允价值，借记“交易性金融资产”科目，按已计提的重组债权的坏账准备，借记“坏账准备”科目，按重组债权的账面余额，贷记“应收账款”等科目，按支付的相关交易费用，贷记“银行存款”等科目，差额记入“投资收益”科目。

（2）取得的股权投资为其他权益工具投资，应按照受让的其他权益工具投资公允价值，加上应支付的交易费用，借记“其他权益工具投资”科目，按已计提的重组债权的坏账准备，借记“坏账准备”科目，按重组债权的账面余额，贷记“应收账款”等科目，按支付的相关交易费用，贷记“银行存款”等科目，差额记入“投资收益”科目。

（3）取得的股权投资为长期股权投资，应按照放弃债权的公允价值，借记“长期股权投资”科目，按已计提的重组债权的坏账准备，借记“坏账准备”科目，按重组债权的账面余额，贷记“应收账款”等科目，按照放弃债权公允价值与账面价值的差额计入“投资收益”科目。

2. 债权人受让非金融资产

接受债务人以存货等清偿债务的，应按照放弃债权的公允价值和相关税费的金额，借记“库存商品”等科目，按已计提的重组债权的坏账准备，借记“坏账准备”科目，按重组债权的账面余额，贷记“应收账款”等科目，按支付的相关交易费用，贷记“银行存款”等科目，按照放弃债权公允价值与账面价值的差额计入“投资收益”科目。

（二）债务人会计处理

1. 债务人以金融资产清偿债务

（1）债务人以分类为公允价值计量且其变动计入其他综合收益的债务工具投资清偿债务的，按照债务的账面价值，借记“应付账款”等，按照偿债金融资产账面价值，贷记“其他债权投资”，债务的账面价值与金融资产的账面价值的差额，计入“投资收益”科目，将之前计提的其他综合收益转出，借记或贷记“投资收益”。

（2）债务人以分类为公允价值计量且其变动计入其他综合收益的非交易性权益工具投资清偿债务的，按照债务的账面价值，借记“应付账款”等，按照偿债金融资产账面价值，贷记“其他权益工具投资”，债务的账面价值与金融资产的账面价值的差额，计入“投资收益”科目，将之前计提的其他综合收益转出，借记或贷记“盈余公积”“利润分配—未分配利润”。

2. 债务人以非金融资产清偿债务

债务人以日常活动产出的商品或服务清偿债务的，按照债务的账面价值，借记“应付账款”等科目，按照存货等账面价值，贷记“库存商品”“固定资产清理”等科目，债务的账面价值与存货等资产的账面价值的差额，计入“其他收益—债务重组收益”科目。

3. 债务人将债务转为权益工具

债务人将债务转为权益工具的，按照债务的账面价值，借记“应付账款”等科目，债务人初始确认权益工具时，应当按照权益工具的公允价值计量，权益工具的公允价值不能可靠计量的，应当按照所清偿债务的公允价值计量，贷记“实收资本”或“股本”，清偿债务的账面价值与权益工具确认金额的差额，计入“投资收益”科目。债务人因发行权益工具而支付的相关税费等，贷记“资本公积—股本溢价（或资本溢价）”等。

第十九章 租 赁

第一节 概述

一、租赁的概念

租赁是指在一定期间内，出租人将资产的使用权让与承租人以获取对价的合同。

二、租赁的识别

（一）租赁识别的基本原则

在合同开始日，企业应评估合同是否为租赁或者包含租赁。如果合同中一方让渡了在一定期间内控制一项或多项已识别资产使用的权利以换取对价，则该合同为租赁或者包含租赁。

（二）识别租赁的具体要求

确定合同是否让渡了在一定期间内控制已识别资产使用的权利时，企业应当评估合同中的客户是否有权获得在使用期间内因使用已识别资产所产生的几乎全部经济利益，并有权在该使用期间主导已识别资产的使用。

1. 已识别资产

已识别资产通常由合同明确指定，也可以在资产可供客户使用时隐性指定。但是，即使合同已对资产进行指定，如果资产的供应方在整个使用期间拥有对该资产的实质性替换权，则该资产不属于已识别资产。

同时符合下列条件时，表明供应方拥有资产的实质性替换权：

（1）资产供应方拥有在整个使用期间替换资产的实际能力；

（2）资产供应方通过行使替换资产的权利将获得经济利益。

企业难以确定供应方是否拥有对该资产的实质性替换权的，应当视为供应方没有对该资产的实质性替换权。

如果资产的某部分产能或其他部分在物理上不可区分，则该部分不属于已识别资产，除非其实质上代表该资产的全部产能，从而使客户获得因使用该资产所产生的几乎全部经济利益。

2. 在评估是否有权获得因使用已识别资产所产生的几乎全部经济利益时，企业应当在约定的客户可使用资产的权利范围内考虑其所产生的经济利益。

3. 存在下列情况之一的，可视为客户有权主导对已识别资产在整个使用期间内的使用：

（1）客户有权在整个使用期间主导已识别资产的使用目的和使用方式。

（2）已识别资产的使用目的和使用方式在使用期开始前已预先确定，并且客户有权在整个使用期间自行或主导他人按照其确定的方式运营该资产，或者客户设计了已识别资产并在设计时已预先确定了该资产在整个使用期间的使用目的的使用方式。

三、租赁的分拆

（一）基本规定

1. 合同中同时包含多项单独租赁的，企业应当将合同予以分拆，并分别各项单独租赁进行会计处理。

2. 合同中同时包含租赁和非租赁部分的，企业应当将租赁和非租赁部分进行分拆，分别按规定进行会计处理。

（二）单独租赁的认定

同时符合下列条件的，使用已识别资产的权利构成合同中的一项单独租赁：

1.承租人可从单独使用该资产或将其与易于获得的其他资源一起使用中获利；

2.该资产与合同中的其他资产不存在高度依赖或高度关联关系。

（三）特殊情形有关规定

1. 在分拆合同包含的租赁和非租赁部分时，承租人应当按照各租赁部分单独价格及非租赁部分的单独价格之和的相对比例分摊合同对价；出租人应当根据本手册“收入”章节关于交易价格分摊的规定分摊合同对价。

2. 为简化处理，承租人可以按照租赁资产的类别选择是否分拆合同包含的租赁和非租赁部分。承租人选择不分拆的，应当将各租赁部分及与其相关的非租赁部分分别合并为租赁，按照本章有关规定进行会计处理。

四、租赁的合并

企业与同一交易方或其关联方在同一时间或相近时间订立的两份或多份包含租赁的合同，在符合下列条件之一时，应当合并为一份合同进行会计处理：

（一）该两份或多份合同基于总体商业目的而订立并构成一揽子交易，若不作为整体考虑则无法理解其总体商业目的。

（二）该两份或多份合同中的某份合同的对价金额取决于其他合同的定价或履行情况。

（三）该两份或多份合同让渡的资产使用权合起来构成一项单独租赁。

第二节　确认和计量

一、承租人的会计处理

（一）确认

在租赁期开始日，承租人应当确认使用权资产和租赁负债。选择简化处理的短期租赁和低价值资产租赁除外。

使用权资产，是指承租人可在租赁期内使用租赁资产的权利。

租赁期开始日，是指出租人提供租赁资产使其可供承租人使用的起始日期。

租赁期，是指承租人有权使用租赁资产且不可撤销的期间。承租人有续租选择权，即有权选择续租该资产，且合理确定将行使该选择权的，租赁期还应当包含续租选择权涵盖的期间；承租人有终止租赁选择权，即有权选择终止租赁该资产，但合理确定将不会行使该选择权的，租赁期应当包含终止租赁选择权涵盖的期间。

（二）初始计量

1. 使用权资产应当按照成本进行初始计量。该成本包括：

（1）租赁负债的初始计量金额。

（2）在租赁期开始日或之前支付的租赁付款额；存在租赁激励的，扣除租赁激励相关金额。租赁激励，是指出租人为达成租赁向承租人提供的优惠，包括出租人向承租人支付的与租赁有关的款项、出租人为承租人偿付或承担的成本等。

（3）承租人发生的初始直接费用。初始直接费用，是指为达成租赁所发生的增量成本。

（4）承租人为拆卸及移除租赁资产、复原租赁资产所在场地或将租赁资产恢复至租赁条款约定状态预计将发生的成本。前述成本属于为生产存货而发生的，参照本手册“存货”有关规定执行，承租人相应成本支付义务的确认和计量，参照本手册“或有事项”有关规定。

2. 租赁负债应当按照租赁期开始日尚未支付的租赁付款额的现值进行初始计量。

（1）在计算租赁付款额的现值时，承租人应当采用租赁内含利率作为折现率；无法确定租赁内含利率的，应当采用承租人增量借款利率作为折现率。

租赁内含利率，是指使出租人的租赁收款额的现值与未担保余值的现值之和等于租赁资产公允价值与出租人的初始直接费用之和的利率。

承租人增量借款利率，是指承租人在类似经济环境下为获得与使用权资产价值接近的资产，在类似期间以类似抵押条件借入资金须支付的利率。

（2）租赁付款额，是指承租人向出租人支付的与在租赁期内使用租赁资产的权利相关的款项，包括：

1）固定付款额及实质固定付款额，存在租赁激励的，扣除租赁激励相关金额。实质固定付款额，是指在形式上可能包含变量但实质上无法避免的付款额。

2）取决于指数或比率的可变租赁付款额，该款项在初始计量时根据租赁期开始日的指数或比率确定。可变租赁付款额，是指承租人为取得在租赁期内使用租赁资产的权利，向出租人支付的因租赁期开始日后的事实或情况发生变化（而非时间推移）而变动的款项。取决于指数或比率的可变租赁付款额包括与消费者价格指数挂钩的款项、与基准利率挂钩的款项和为反映市场租金费率变化而变动的款项等。

3）购买选择权的行权价格，前提是承租人合理确定将行使该选择权。

4）行使终止租赁选择权需支付的款项，前提是租赁期反映出承租人将行使终止租赁选择权。

5）根据承租人提供的担保余值预计应支付的款项。

（3）担保余值，是指与出租人无关的一方向出租人提供担保，保证在租赁结束时租赁资产的价值至少为某指定的金额。

未担保余值，是指租赁资产余值中，出租人无法保证能够实现或仅由与出租人有关的一方予以担保的部分。

（三）后续计量

1. 在租赁期开始日后，承租人通常应当采用成本模式对使用权资产进行后续计量。

（1）承租人应当参照本手册“固定资产”章节有关折旧规定，对使用权资产计提折旧。

承租人能够合理确定租赁期届满时取得租赁资产所有权的，应当在租赁资产使用寿命内计提折旧。无法合理确定租赁期届满时能够取得租赁资产所有权的，应当在租赁期与租赁资产使用寿命两者孰短的期间内计提折旧。

（2）承租人对使用权资产的减值测试及相关会计处理，参照本手册“资产减值”有关规定。

2. 承租人应当按照固定的周期性利率计算租赁负债在租赁期内各期间的利息费用，并计入当期损益。参照本手册“借款费用”等有关规定应当计入相关资产成本的，从其规定。

该周期性利率，应当与计算租赁付款额的现值时采用的折现率一致。

3. 未纳入租赁负债计量的可变租赁付款额应当在实际发生时计入当期损益。参照本手册“存货”有关规定应当计入相关资产成本的，从其规定。

4. 后续变动及重新计量

（1）在租赁期开始日后，发生下列情形的，承租人应当重新确定租赁付款额，并按变动后租赁付款额和修订后的折现率计算的现值重新计量租赁负债：

1）因续租选择权或终止租赁选择权的评估结果发生变化，或者前述选择权的实际行使情况与原评估结果不一致等导致租赁期变化的，应当根据新的租赁期重新确定租赁付款额；

2）因购买选择权的评估结果发生变化的，应当根据新的评估结果重新确定租赁付款额。

在计算变动后租赁付款额的现值时，承租人应当采用剩余租赁期间的租赁内含利率作为修订后的折现率；无法确定剩余租赁期间为租赁内含利率的，应当采用重估日的承租人增量借款利率作为修订后的折现率。

（2）在租赁期开始日后，根据担保余值预计的应付金额发生变动，或者因用于确定租赁付款额的指数或比率变动而导致未来租赁付款额发生变动的，承租人应当按照变动后租赁付款额的现值重新计量租赁负债。

计算上述变动后租赁付款额的现值时，承租人采用的折现率不变；但是，租赁付款额的变动源自浮动利率变动的，使用修订后的折现率。

（3）承租人根据上述（1）（2）的规定或因实质固定付款额变动重新计量租赁负债时，应当相应调整使用权资产的账面价值。使用权资产的账面价值已调减至零，但租赁负债仍需进一步调减的，承租人应当将剩余金额计入当期损益。

5. 租赁变更的处理

（1）租赁变更，是指原合同条款之外的租赁范围、租赁对价、租赁期限的变更，包括增加或终止一项或多项租赁资产的使用权，延长或缩短合同规定的租赁期等。

（2）租赁发生变更且同时符合下列条件的，承租人应当将该租赁变更作为一项单独租赁进行会计处理：

1）该租赁变更通过增加一项或多项租赁资产的使用权而扩大了租赁范围；

2）增加的对价与租赁范围扩大部分的单独价格按该合同情况调整后的金额相当。

（3）租赁变更未作为一项单独租赁进行会计处理的，在租赁变更生效日，承租人应当分摊变更后合同的对价，重新确定租赁期，并按照变更后租赁付款额和修订后的折现率计算的现值重新计量租赁负债。

在计算变更后租赁付款额的现值时，承租人应当采用剩余租赁期间的租赁内含利率作为修订后的折现率；无法确定剩余租赁期间的租赁内含利率的，应当采用租赁变更生效日的承租人增量借款利率作为修订后的折现率。租赁变更生效日，是指双方就租赁变更达成一致的日期。

租赁变更导致租赁范围缩小或租赁期缩短的，承租人应当相应调减使用权资产的账面价值，并将部分终止或完全终止租赁的相关利得或损失计入当期损益。其他租赁变更导致租赁负债重新计量的，承租人应当相应调整使用权资产的账面价值。

（四）短期租赁和低价值资产租赁

1. 短期租赁和低价值资产租赁的定义

（1）短期租赁，是指在租赁期开始日，租赁期不超过12个月的租赁。包含购买选择权的租赁不属于短期租赁。

（2）低价值资产租赁，是指单项租赁资产为全新资产时价值较低的租赁。承租人转租或预期转租租赁资产的，原租赁不属于低价值资产租赁。

2. 确认与计量

（1）对于短期租赁和低价值资产租赁，承租人不确认使用权资产和租赁负债。

（2）承租人应当将短期租赁和低价值资产租赁的租赁付款额，在租赁期内各个期间按照直线法或其他系统合理的方法计入相关资产成本或当期损益。其他系统合理的方法能够更好地反映承租人的受益模式的，承租人应当采用该方法。

（3）短期租赁发生租赁变更或者因租赁变更之外的原因导致租赁期发生变化的，承租人应当将其视为一项新租赁进行会计处理。

二、出租人的会计处理

（一）出租人的租赁分类

1. 出租人应当在租赁开始日将租赁分为融资租赁和经营租赁。

融资租赁，是指实质上转移了与租赁资产所有权有关的几乎全部风险和报酬的租赁。其所有权最终可能转移，也可能不转移。经营租赁，是指除融资租赁外的其他租赁。

2. 租赁属于融资租赁还是经营租赁取决于交易的实质，而不是合同的形式。如果一项租赁实质上转移了与租赁资产所有权有关的几乎全部风险和报酬，出租人应当将该项租赁分类为融资租赁。

3. 转租出租人应当基于原租赁产生的使用权资产，而不是原租赁的标的资产，对转租赁进行分类。但是，原租赁为短期租赁，转租出租人应当将该转租赁分类为经营租赁。

（二）出租人对融资租赁的会计处理

1. 初始确认和计量

在租赁期开始日，出租人应当将租赁投资净额作为应收融资租赁款的入账价值，并终止确认融资租赁资产。

租赁投资净额为未担保余值和租赁开始日尚未收到的租赁收款额按照租赁内含利率折现的现值之和。

在转租的情况下，若转租的租赁内含利率无法确定，转租出租人可采用原租赁的折现率（根据与转租有关的初始直接费用进行调整）计量转租投资净额。

2. 后续计量

出租人应当按照固定的周期性利率计算并确认租赁期内各个期间的利息收入。该周期性利率，应与计算租赁收款额的现值时采用的折现率一致。

出租人应当按照本手册“金融资产”相关章节的规定，对应收融资租赁款的终止确认和减值进行会计处理。

出租人取得的未纳入租赁投资净额计量的可变租赁付款额应当在实际发生时计入

当期损益。

生产商或经销商作为出租人的融资租赁，在租赁期开始日，该出租人应当按照租赁资产公允价值与租赁收款额按市场利率折现的现值两者孰低确认收入，并按照租赁资产账面价值扣除未担保余值的现值后的余额结转销售成本。生产商或经销商出租人为取得融资租赁发生的成本，应当在租赁期开始日计入当期损益。

3. 变更的处理

融资租赁发生变更且同时符合下列条件的，出租人应当将该变更作为一项单独租赁进行会计处理：一是该变更通过增加一项或多项租赁资产的使用权而扩大了租赁范围；二是增加的对价与租赁范围扩大部分的单独价格按该合同情况调整后的金额相当。

融资租赁的变更未作为一项单独租赁进行会计处理的，出租人应当分别下列情形对变更后的租赁进行处理：

（1）假如变更在租赁开始日生效，该租赁会被分类为经营租赁的，出租人应当自租赁变更生效日开始将其作为一项新租赁进行会计处理，并以租赁变更生效日前的租赁投资净额作为租赁资产的账面价值。

（2）假如变更在租赁开始日生效，该租赁会被分类为融资租赁的，出租人应当按照本手册“金融资产”章节关于修改或重新议定合同的规定进行会计处理。

（三）出租人对经营租赁的会计处理

1. 在租赁期内各个期间，出租人应当采用直线法或其他系统合理的方法，将经营租赁的租赁收款额确认为租金收入。其他系统合理的方法能够更好地反映因使用租赁资产所产生经济利益的消耗模式的，出租人应当采用该方法。

2. 出租人发生的与经营租赁有关的初始直接费用应当资本化至租赁标的资产的成本，在租赁期内按照与租金收入相同的确认基础分期计入当期损益。

3. 对于经营租赁资产中的固定资产，出租人应当采用类似资产的折旧政策计提折旧；对于其他经营租赁资产，应当根据该资产适用的相关规定，采用系统合理的方法进行摊销。

出租人对经营租赁资产的减值测试及相关会计处理，参照本手册“资产减值”章节的相关规定。

4. 出租人取得的与经营租赁有关的可变租赁付款额，如果是与指数或比率挂钩的，应在租赁期开始日计入租赁收款额；除此之外的，应当在实际发生时计入当期损益。

5. 经营租赁发生变更的，出租人应当自变更生效日起将其作为一项新租赁进行会计处理，与变更前租赁有关的预收或应收租赁收款额应当视为新租赁的收款额。

三、售后租回的会计处理

（一）承租人和出租人应当按照本手册“收入”章节的规定，评估确定售后租回交易中的资产转让是否属于销售。

（二）售后租回交易中的资产转让属于销售的，承租人应当按原资产账面价值中与租回获得的使用权有关的部分，计量售后租回所形成的使用权资产，并仅就转让至出租人的权利确认相关利得或损失；出租人应当对资产购买进行会计处理，并根据本章规定对资产出租进行会计处理。

如果销售对价的公允价值与资产的公允价值不同，或者出租人未按市场价格收取租金，则企业应当将销售对价低于市场价格的款项作为预付租金进行会计处理，将高于市场价格的款项作为出租人向承租人提供的额外融资进行会计处理；同时，承租人按照公允价值调整相关销售利得或损失，出租人按市场价格调整租金收入。

（三）售后租回交易中的资产转让不属于销售的，承租人应当继续确认被转让资产，同时确认一项与转让收入等额的金融负债；出租人不确认被转让资产，但应当确认一项与转让收入等额的金融资产。

第三节　会计科目设置及主要账务处理

一、会计科目设置

企业应当设置“使用权资产”“使用权资产累计折旧”“使用权资产减值准备”“租赁负债”“融资租赁资产”“应收融资租赁款”“应收融资租赁款减值准备”“租赁收入”等科目。

二、主要账务处理

（一）承租人账务处理

1. 在租赁期开始日，承租人应当按成本借记“使用权资产”科目，按尚未支付的租赁付款额，贷记“租赁负债—租赁付款额”科目，差额借记“租赁负债—未确认融资费用”科目。

对于租赁期开始日之前支付租赁付款额的（扣除已享受的租赁激励），贷记“预付款项”等科目；按发生的初始直接费用，贷记“银行存款”等科目；按预计将发生的为拆卸及移除租赁资产、复原租赁资产所在场地或将租赁资产恢复至租赁条款约定状态等成本的现值，贷记“预计负债”科目。

2. 在租赁期开始日后，承租人按变动后的租赁付款额的现值重新计量租赁负债的，当租赁负债增加时，应当按增加额借记“使用权资产”，贷记“租赁负债”科目；除下述3中的情形外，当租赁负债减少时，应当按减少额借记“租赁负债”科目，贷记“使用权资产”；若使用权资产的账面价值已调减至零，应当按仍需进一步调减的租赁负债金额，借记“租赁负债”科目，贷记“开发间接费”“销售费用”“管理费用”“研发支出”等科目。

3. 租赁变更导致租赁范围缩小或租赁期缩短的，承租人应当按缩小或缩短的相应比例，借记“租赁负债”“使用权资产累计折旧”“使用权资产减值准备”科目，贷记“使用权资产”，差额借记或贷记“资产处置损益”科目。

4. 企业转租使用权资产形成融资租赁的，应当借记“应收融资租赁款”“使用权资产累计折旧”“使用权资产减值准备”科目，贷记本科目，差额借记或贷记“资产处置损益”科目。

5. 按期支付租金，借记“租赁负债—租赁付款额”科目，贷记“银行存款”等科目，同时分摊未确认融资费用，借记“财务费用”等科目，贷记“租赁负债—未确认融资费用”科目。

（二）出租人账务处理

1. 融资租赁

（1）出租人购入和以其他方式取得融资租赁资产的，借记“融资租赁资产”科目，贷记“银行存款”等科目。

（2）在租赁期开始日，出租人应当按尚未收到的租赁收款额，借记“应收融资租赁款—租赁收款额”科目，按预计租赁期结束的未担保余值，借记“应收融资租赁款—未担保余值”科目，按已经收取的租赁款，借记“银行存款”等科目；按融资租赁方式租出资产的账面价值，贷记“融资租赁资产”科目；融资租赁方式租出资产的公允价值与账面价值的差额，借记或贷记“资产处置损益”科目；按发生的初始直接费用，贷记“银行存款”等科目；差额贷记“应收融资租赁款—未实现融资收益”科目。

（3）出租人按照合同收取每期租金时，借记“银行存款”等科目，贷记“应收融资租赁款—租赁收款额”科目；按照租赁投资净额余额与租赁内含利率等确定的利息收入金额，借记“应收融资租赁款—未实现融资收益”科目，贷记“租赁收入”科目。

2. 经营租赁

（1）在租赁期内各个期间，出租人应采用直线法或者其他系统合理的方法将经营租赁的租赁收款额确认为租金收入，借记“银行存款”“应收账款”等科目，贷记“租赁收入”“其他业务收入”等科目；如果出租人承担了承租人某些费用的，出租人应将该费用自租金收入总额中扣除，按扣除后的租金收入余额在租赁期内进行分配。

（2）出租人发生的与经营租赁有关的初始直接费用应当资本化至租赁标的资产的成本，在租赁期内按照与租金收入相同的确认基础分期计入当期损益。按照支付的初始费用金额，借记“主营业务成本”“其他业务成本”等科目，贷记“银行存款”等科目。

（3）出租人按照出租资产的账面价值在合理期限内进行折旧摊销，借记“主营业务成本”“其他业务成本”科目，贷记“累计折旧”等科目。

第二十章　借款费用

第一节　概述

一、借款费用的概念

借款费用是企业因借入资金所付出的代价，包括借款利息、借款折价或者溢价的摊销、相关辅助费用，以及因外币借款而发生的汇兑差额等。对于企业发生的权益性融资费用，不应包括在借款费用中。承租人根据租赁相关规定所确认的融资租赁发生的融资费用属于借款费用。

（一）因借款发生的利息

因借款而发生的利息，包括企业向银行或者其他金融机构等借入资金发生的利息、发行公司债券发生的利息以及为购建或者生产符合资本化条件的资产而发生的带息债务所承担的利息等。

（二）因借款而发生的折价或溢价的摊销

因借款而发生的折价或者溢价主要是指发行债券等所发生的折价或者溢价，发行债券中的折价或者溢价，其实质是对债券票面利息的调整（将债券票面利率调整为实际利率）。

（三）因外币借款而发生的汇兑差额

因外币借款而发生的汇兑差额，是指由于汇率变动导致市场汇率与账面汇率出现差异，从而对外币借款本金及其利息的记账本位币金额所产生的影响金额。

（四）因借款而发生的辅助费用

因借款而发生的辅助费用，是指企业在借款过程中发生的诸如手续费、佣金、印刷费等费用。

二、借款分类

借款包括专门借款和一般借款。专门借款是指为购建或者生产符合资本化条件的资产而专门借入的款项。一般借款是指除专门借款之外的借款，其用途通常没有特指用于符合资本化条件的资产的购建或者生产。

符合资本化条件的资产是指需要经过相当长时间的购建或者生产活动才能达到预定可使用或者可销售状态的固定资产、投资性房地产和存货等资产。工程建造成本、确认为无形资产的开发支出等在符合条件的情况下，也可以认定为符合资本化条件的资产。

符合资本化条件的存货，主要包括房地产开发企业开发的用于对外出售的房地产开发产品、房地产开发产品、企业制造的用于对外出售的大型机械设备等，该类存货通常需要经过相当长时间的建造或者生产过程，才能达到预定可销售状态。

第二节 确认和计量

借款费用确认的基本原则是：企业发生的借款费用，可直接归属于符合资本化条件的资产的购建或者生产的，应当予以资本化，计入相关资产成本；其他借款费用，应当在发生时根据其发生额确认为费用，计入当期损益。

一、借款费用的确认

企业只有发生在资本化期间内的有关借款费用，才允许资本化。借款费用资本化期间，是指从借款费用开始资本化时点到停止资本化时点的期间，但不包括借款费用暂停资本化的期间。

（一）借款费用资本化开始时点

借款费用必须同时满足下列三个条件，才能开始资本化：

1. 资产支出已经发生。资产支出包括为购建或者生产符合资本化条件的资产而以支付现金、转移非现金资产或者承担带息债务形式发生的支出；

2. 借款费用已经发生；

3. 为使资产达到预定可使用或者可销售状态所必要的购建或者生产活动已经开始。

（二）借款费用暂停资本化的时间

符合资本化条件的资产在购建或者生产过程中发生非正常中断且中断时间连续超过3个月的，应当暂停借款费用的资本化。在中断期间所发生的借款费用，应当计入当期损益，直至购建或者生产活动重新开始。属于正常中断的，相关借款费用仍可资本化。

（三）借款费用停止资本化的时点

购建或者生产符合资本化条件的资产达到预定可使用或者可销售状态时，借款费用应当停止资本化。停止资本化之后所发生的借款费用，应当在发生时根据其发生额确认为财务费用，计入当期损益。

购建或者生产符合资本化条件的资产达到预定可使用或者可销售状态，可从下列几个方面进行判断：

1. 符合资本化条件的资产的实体建造（包括安装）或者生产活动已经全部完成或者实质上已经完成；

2. 所购建或者生产的符合资本化条件的资产与设计要求、合同规定或者生产要求相符或者基本相符，即使有极个别与设计、合同或者生产要求不相符的地方，也不影响其正常使用或者销售；

3. 继续发生在所购建或生产的符合资本化条件的资产上的支出金额很少或者几乎不再发生。

购建或者生产符合资本化条件的资产需要试生产或者试运行的，在试生产结果表明资产能够正常生产出合格产品或者试运行结果表明资产能够正常运转或者营业时，应当认为该资产已经达到预定可使用或者可销售状态。

购建或者生产的符合资本化条件的资产的各部分分别完工，且每部分在其他部分继续建造或者生产过程中可供使用或者可对外销售，且为使该部分资产达到预定可使用或可销售状态所必要的购建或者生产活动实质上已经完成的，应当停止与该部分资产相关的借款费用的资本化。

购建或者生产的资产的各部分分别完工，但必须等到整体完工后才可使用或者可对外销售的，应当在该资产整体完工时停止借款费用的资本化。

二、借款费用的计量

（一）借款利息资本化金额的确定

在借款费用资本化期间内，每一会计期间的利息（包括折价或溢价的摊销）资本化金额，应当按照下列规定确定：

1. 为购建或者生产符合资本化条件的资产而借入专门借款。

为购建或者生产符合资本化条件的资产而借入专门借款的，应当以专门借款当期实际发生的利息费用，减去将尚未动用的借款资金存入银行取得的利息收入或进行暂时性投资取得的投资收益后的金额，确定专门借款应予资本化的利息金额。

2. 为购建或者生产符合资本化条件的资产而占用的一般借款。

为购建或者生产符合资本化条件的资产而占用了一般借款的，应当根据累计资产支出超过专门借款部分的资产支出加权平均数乘以所占用一般借款的资本化率，计算确定一般借款应予资本化的利息金额。符合资本化条件的资产的购建或者生产没有借入专门借款，则应以累计资产支出加权平均数为基础计算所占用的一般借款利息资本化金额。

一般借款应予资本化的利息金额应当按照下列公式计算：

一般借款利息费用资本化金额=累计资产支出超过专门借款部分的资产支出加权平均数×所占用一般借款的资本化率

所占用一般借款的资本化率=所占用一般借款加权平均利率=所占用一般借款当期实际发生的利息之和÷所占用一般借款本金加权平均数

所占用一般借款本金加权平均数=Σ（所占用每笔一般借款本金×每笔一般借款在当期所占用的天数／当期天数）

借款存在折价或者溢价的，应当按照实际利率法确定每一会计期间应摊销的折价或者溢价金额，调整每期利息金额。

3.每一会计期间的利息资本化金额，不应当超过当期相关借款实际发生的利息金额。

（二）借款辅助费用资本化金额的确定

专门借款发生的辅助费用，在所购建或生产的符合资本化条件的资产达到预定可使用或者可销售状态之前发生的，应当在发生时根据其发生额予以资本化，计入符合资本化条件的资产的成本；在所购建或者生产的符合资本化条件的资产达到预定可使用或者可销售状态之后发生的，应当在发生时根据其发生额确认为费用，计入当期损益。

一般借款发生的辅助费用，应当在发生时根据其发生额确认为费用，计入当期损益。

（三）外币专门借款而发生的汇兑差额资本化金额的确定

企业外币专门借款在资本化期间内产生的汇兑差额，应当予以资本化，计入符合资本化条件的资产的成本。除外币专门借款之外的其他外币借款本金及其利息所产生的汇兑差额应当作为财务费用，计入当期损益。

第三节　主要账务处理

一、资本化条件的专门借款利息费用及辅助费用

借款计息日，符合资本化条件的专门借款利息费用及辅助费用，在发生时根据其发生额借记“在建工程”“开发成本”“无形资产”“合同履约成本”等科目，按计提的利息费用金额贷记“应付利息”科目，按支付的辅助费用金额贷记“银行存款”等科目。

二、符合资本化条件的一般借款利息费用

借款计息日，符合资本化条件的一般借款利息费用，在发生时根据其发生额，将利息费用可以资本化的部分借记“在建工程”“开发成本”“无形资产”“合同履约成本”等科目，贷记“应付利息”科目；对利息费用不能资本化的部分借记“财务费用”科目，贷记“应付利息”科目。一般借款辅助费用在发生时根据其发生额借记“财务费用”科目，贷记“银行存款”等科目。

三、符合资本化条件的债券利息费用

借款计息日，符合资本化条件的债券利息费用，按摊余成本和实际利率计算确定的债券利息费用，借记“在建工程”“开发成本”“无形资产”“合同履约成本”等科目，按票面利率计算确定的应付未付利息，贷记“应付利息”等科目，按其差额，借记或贷记“应付债券—利息调整”科目。

四、符合资本化条件的外币专门借款汇兑差额

符合资本化条件的外币专门借款汇兑差额，在期末确认外币借款本金及利息汇兑差额后，借记或贷记“在建工程”“开发成本”“无形资产”“合同履约成本”等科目，贷记或借记“应付债券”“长期借款”等科目。

第二十一章　政府补助

第一节　概述

一、政府补助定义

政府补助，是指企业从政府无偿取得货币性资产或非货币性资产。其主要形式包括政府对企业的无偿拨款、税收返还、财政贴息，以及无偿给予非货币性资产等。通常情况下，直接减征、免征、增加计税抵扣额、抵免部分税额等不涉及资产直接转移的经济资源，不属于政府补助。

二、政府补助的特征

（一）政府补助是来源于政府的经济资源。对企业收到的来源于其他方的补助，如有确凿证据表明政府是补助的实际拨付者，其他方只是起到代收代付的作用，则该项补助也属于来源于政府的经济资源。

（二）政府补助是无偿的。即企业取得来源于政府的经济资源，不需要向政府交付商品或服务等对价。

三、政府补助的分类

政府补助可以划分为与资产相关的政府补助和与收益相关的政府补助。与资产相关的政府补助，是指企业取得的、用于购建或以其他方式形成长期资产的政府补助。与收益相关的政府补助，是指除与资产相关的政府补助之外的政府补助。

第二节　确认和计量

一、政府补助的确认

政府补助同时满足下列条件的，才能予以确认：

（一）企业能够满足政府补助所附条件；

（二）企业能够收到政府补助。

二、政府补助的计量

政府补助为货币性资产的，应当按照收到或应收的金额计量。如果企业已经实际收到补助资金，应当按照实际收到的金额计量；如果资产负债表日企业尚未收到补助资金，但企业在符合了相关政策规定后就相应获得了收款权，且与之相关的经济利益很可能流入企业，企业应当在这项补助成为应收款时按照应收的金额计量。

政府补助为非货币性资产的，应当按照公允价值计量；公允价值不能可靠取得的，按照名义金额计量。

三、政府补助具体计量方法

政府补助有两种会计处理方法：总额法和净额法。总额法在确认政府补助时将政府补助金额确认为收益，而不是作为相关资产账面价值或者费用的扣减。净额法是将政府补助作为相关资产账面价值或所补偿费用的扣减。

第三节　会计科目设置及主要账务处理

一、会计科目设置

企业应当设置“递延收益”“其他收益”“营业外收入”等科目。其中：

“递延收益”，核算企业应当确认的应在以后期间冲减资产账面价值或计入当期损益的政府补助，按照政府补助的项目进行辅助核算。

“其他收益”科目，核算与日常活动相关的政府补助，按照政府补助的项目进行辅助核算。

“营业外收入”科目，核算与企业日常活动无关的政府补助。

二、主要账务处理

（一）与资产相关的政府补助

1. 企业先收到补助资金，再按照政府要求将补助资金用于购建固定资产或无形资产等长期资产。企业在收到补助资金时，借记“银行存款”等科目，贷记“递延收益”科目。总额法：在开始对相关资产计提折旧或摊销时将递延收益分期计入损益，借记“递延收益”科目，贷记“其他收益”“营业外收入”科目；净额法：将政府补助冲减相关资产账面价值，借记“递延收益”科目，贷记“固定资产”“无形资产”等科目。

2. 相关长期资产投入使用后企业再取得与资产相关的政府补助，企业在收到补助资金时，借记“银行存款”等科目，贷记“递延收益”科目。总额法：在相关资产剩余使用寿命期内按照合理、系统的方法将递延收益分期计入损益，借记“递延收益”科目，贷记“其他收益”“营业外收入”科目；净额法：应当在取得时冲减相关资产的账面价值，借记“银行存款”科目，贷记“固定资产”“无形资产”等科目。

3. 企业在收到非货币性资产的政府补助时，应当按照公允价值借记有关资产科目，贷记“递延收益”科目，在相关资产使用寿命内按合理、系统的方法分期计入损益，借记“递延收益”科目，贷记“其他收益”或“营业外收入”科目。对以名义金额（1元）计量的政府补助，在取得时计入当期损益。

（二）与收益相关的政府补助

1. 用于补偿企业以后期间的相关成本费用或损失的，企业应当将补助确认为递延收益，借记“银行存款”等科目，贷记“递延收益”科目；在确认相关费用或损失的期间，计入当期损益或冲减相关成本。总额法：借记“递延收益”科目，贷记“其他收益”“营业外收入”科目；净额法：借记“递延收益”科目，贷记“管理费用”“营业外支出”等科目。

2. 用于补偿企业已发生的相关成本费用或损失的，直接计入当期损益或冲减相关成本。总额法：借记“银行存款”等科目，贷记“其他收益”“营业外收入”科目；净额法：借记“银行存款”等科目，贷记“管理费用”“营业外支出”等科目。

三、政府补助的退回

已计入损益的政府补助需要退回的，应当在需要退回的当期分情况按照以下规定进行会计处理：①初始确认时冲减相关资产账面价值的，调整资产账面价值；②存在相关递延收益的，冲减相关递延收益账面余额，超出部分计入当期损益；③属于其他情况的，直接计入当期损益。此外，对于属于前期差错的政府补助退回，应当按照前期差错更正进行追溯调整。

四、特定业务的会计处理

（一）综合性项目政府补助

综合性项目政府补助同时包含与资产相关的政府补助和与收益相关的政府补助，企业需要将其进行分解并分别进行会计处理；难以区分的，企业应当将其整体归类为与收益相关的政府补助进行处理。

（二）政策性优惠贷款贴息

政策性优惠贷款贴息是政府为支持特定领域或区域发展，根据国家宏观经济形势和政策目标，对承贷企业的银行借款利息给予的补贴。企业取得政策性优惠贷款贴息的，应当区分财政将贴息资金拨付给贷款银行和财政将贴息资金直接拨付给受益企业两种情况，分别进行会计处理。

（三）财政将贴息资金拨付给贷款银行

在财政将贴息资金拨付给贷款银行的情况下，由贷款银行以政策性优惠利率向企业提供贷款。这种方式下，受益企业按照优惠利率向贷款银行支付利息，没有直接从政府取得利息补助，企业可以选择下列方法之一进行会计处理：一是以实际收到的金额作为借款的入账价值，按照借款本金和该政策性优惠利率计算借款费用。通常情况下，实际收到的金额即为借款本金。二是以借款的公允价值作为借款的入账价值并按照实际利率法计算借款费用，实际收到的金额与借款公允价值之间的差额确认为递延收益，递延收益在借款存续期内采用实际利率法摊销，冲减相关借款费用。企业选择了上述两种方法之一后，应当一致地运用，不得随意变更。

（四）财政将贴息资金直接拨付给受益企业

财政将贴息资金直接拨付给受益企业，企业先按照同类贷款市场利率向银行支付利息，财政部门定期与企业结算贴息。在这种方式下，由于企业先按照同类贷款市场利率向银行支付利息，所以实际收到的借款金额通常就是借款的公允价值，企业应当将对应的贴息冲减相关借款费用。

第二十二章　或有事项

第一节　概述

一、基本概念

或有事项，是指过去的交易或者事项形成的，其结果须由某些未来事项的发生或不发生才能决定的不确定事项。

或有事项具有以下特征：

（一）由过去交易或事项形成，是指或有事项的现存状况是过去交易或事项引起的客观存在。

（二）结果具有不确定性，是指或有事项的结果是否发生具有不确定性，或者或有事项的结果预计将会发生，但发生的具体时间或金额具有不确定性。

（三）由未来事项决定，是指或有事项的结果只能由未来不确定事项的发生或不发生才能决定。

常见的或有事项有：未决诉讼或仲裁、债务担保、产品质量保证（含产品安全保证）、环境污染整治、承诺、亏损合同、重组义务等。

二、或有负债及或有资产

（一）或有负债，是指过去的交易或事项形成的潜在义务，其存在须通过未来不确定事项的发生或不发生予以证实；或过去的交易或事项形成的现时义务，履行该义务不是很可能导致经济利益流出企业或该义务的金额不能可靠地计量。

（二）或有资产，是指过去的交易或事项形成的潜在资产，其存在须通过未来不确定事项的发生或不发生予以证实。

（三）或有负债和或有资产不符合负债或资产的定义和确认条件，一般情况下企业不应当确认或有负债和或有资产，而应当按照规定进行相应的披露。

第二节　预计负债的确认和计量

一、预计负债的确认条件

与或有事项相关的义务，同时满足下列条件的，应当确认为预计负债：

（一）该义务是企业承担的现时义务。

（二）履行该义务很可能导致经济利益流出企业。即履行与或有事项相关的现时义务时，导致经济利益流出企业的可能性超过50%但小于或等于95%。

（三）该义务的金额能够可靠地计量。

二、预计负债的计量

预计负债应当按照履行相关现时义务所需支出的最佳估计数进行初始计量。

（一）最佳估计数的确定

预计负债应当按照履行相关现时义务所需支出的最佳估计数进行初始计量。主要有以下两种情况：

1. 所需支出存在一个连续范围，且该范围内各种结果发生的可能性相同的，最佳估计数应当按照该范围内的中间值确定。

2. 所需支出不存在一个连续范围，或者虽然存在一个连续范围，但该范围内各种结果发生的可能性不相同的，如果或有事项涉及单个项目，最佳估计数按照最可能发生金额确定；如果或有事项涉及多个项目，按照各种可能结果及相关概率计算确定。

企业在确定最佳估计数时，应当综合考虑与或有事项有关的风险、不确定性、货币时间价值和未来事项等因素。

货币时间价值影响重大的，应通过对相关未来现金流出进行折现后确定最佳估计数。

（二）预期可获得补偿的处理

企业清偿预计负债所需支出全部或部分预期由第三方补偿的，补偿金额只有在基本确定能够收到时才能作为资产单独确认，确认的补偿金额不应当超过所确认负债的账面价值。“基本确定”的判断标准，一般是指事项发生的可能性大于95%。

（三）对预计负债账面价值的复核

企业应当在资产负债表日对预计负债的账面价值进行复核。有确凿证据表明该账面价值不能真实反映当前最佳估计数的，应当按照当前最佳估计数对该账面价值进行调整。

三、亏损合同与重组义务

（一）亏损合同

待执行合同变为亏损合同，同时该亏损合同产生的义务满足预计负债的确认条件，应当确认为预计负债。其中，待执行合同，是指合同各方未履行任何合同义务，或部分履行了同等义务的合同；亏损合同，是指履行合同义务不可避免会发生的成本超过预期经济利益的合同。

企业对亏损合同进行会计处理，需要遵循以下两点原则：

1. 如果与亏损合同相关的义务不需支付任何补偿即可撤销，企业不应确认预计负债；如果与亏损合同相关的义务不可撤销，同时该义务很可能导致经济利益流出企业，并且金额能够可靠计量，通常应当确认预计负债。

2. 亏损合同存在标的资产的，应当对标的资产进行减值测试并按规定确认减值损失，如果预计亏损超过该减值损失，应将超过部分确认为预计负债；合同不存在标的资产的，亏损合同相关义务满足预计负债确认条件时，应当确认为预计负债。

企业不应就未来经营亏损确认预计负债。

（二）重组义务

1. 重组义务的确认

重组是指企业制定和控制的，将显著改变企业组织形式、经营范围或经营方式的计划实施行为。企业应当将重组与企业合并、债务重组区别开。属于重组的事项主要包括：

（1）出售或终止企业的部分业务；

（2）对企业的组织结构进行较大调整；

（3）关闭企业的部分营业场所，或将营业活动由一个国家或地区迁移到其他国家或地区。

企业因重组而承担了重组义务，并且同时满足预计负债的三个确认条件的，才能确认为预计负债。

同时存在下列情况的，表明企业承担了重组义务：

（1）有详细、正式的重组计划，包括重组涉及的业务、主要地点、需要补偿的职工人数及其岗位性质、预计重组支出、计划实施时间等；

（2）该重组计划已对外公告。

2. 重组义务的计量

企业应当按照与重组有关的直接支出确定该预计负债金额，计入当期损益。直接支出是指企业重组必须承担的直接支出，不包括留用职工岗前培训、市场推广、新系统和营销网络投入等支出。

第三节 会计科目设置及主要账务处理

一、会计科目设置

企业应设置“预计负债”科目，核算企业确认的对外提供担保、未决诉讼、产品质量保证、重组义务、亏损性合同等预计负债，按形成预计负债的交易或事项进行明细核算。期末贷方余额，反映企业已确认尚未支付的预计负债。

二、主要账务处理

（一）确认预计负债

1. 企业由对外提供担保、未决诉讼、重组义务产生的预计负债，应按确定的金额，借记“营业外支出”等科目，贷记“预计负债”科目。

2. 由产品质量保证产生的预计负债，应按确定的金额，借记“销售费用”等科目，贷记“预计负债”科目。

3. 企业发生附有销售退回条款的销售的，应在客户取得相关商品控制权时，按照已收或应收合同价款，借记“银行存款”“应收账款”等科目，按照因向客户转让商品而预期有权收取的对价金额（不包含预期因销售退回将退还的金额），贷记“主营业务收入”等科目，按照预期因销售退回将退还的金额，贷记“预计负债”等科目，按应确认的税额，贷记“应交税费—应交增值税—销项税额”等科目。

4. 对于特殊行业的特定固定资产，企业应当按照弃置费用的现值计入相关固定资产成本，并同时确认预计负债，借记“固定资产”科目，贷记“预计负债”科目。在该项固定资产的使用寿命内，计算确定各期应负担的利息费用，借记“财务费用”科目，贷记“预计负债”科目。

5. 企业对外投资中，因投资合同或协议约定导致企业需要承担额外义务的，对于符合预计负债条件的义务，企业应在“长期股权投资”科目以及其他实质上构成投资的长期权益账面价值均减记至零的情况下，对于按照投资合同或协议规定仍然需要承担的损失金额，借记“投资收益”科目，贷记“预计负债”科目。

（二）实际清偿或冲减预计负债

实际清偿或冲减的预计负债，借记“预计负债”科目，贷记“银行存款”“应付账款”等科目。

（三）预计负债账面价值调整

资产负债表日，根据确凿证据需要对已确认的预计负债进行调整的，调整增加的预计负债，借记“营业外支出”“主营业务收入”等科目，贷记“预计负债”等科目；调整减少的预计负债做相反的会计分录。

第二十三章　企业合并

第一节　概述

一、企业合并定义

企业合并是将两个或两个以上单独企业合并形成一个报告主体的交易或事项。

（一）同一控制下企业合并

同一控制下的企业合并，是指参与合并的企业在合并前后均受同一方或相同的多方最终控制且该控制并非暂时性的。

（二）非同一控制下企业合并

非同一控制下的企业合并，是指参与合并各方在合并前后不受同一方或相同的多方最终控制的合并交易。

（三）合并日（购买日）确定

对子公司投资应当在企业合并的合并日（购买日）进行账面确认。同时满足下列条件的，通常可认为实现控制权转移：

1. 企业合并合同或协议已获股东大会等通过。

2. 企业合并事项需要经过国家有关主管部门审批的，已获得批准。

3. 参与合并各方已办理了必要的财产权转移手续。

4. 合并方（购买方）已支付了合并价款的大部分（一般应超过50%），并且有能力、有计划支付剩余款项。

5. 合并方（购买方）实际上已经控制了被合并方（被购买方）的财务和经营政策，并享有相应的利益、承担相应的风险。

二、企业合并的方式

（一）控股合并。合并方（购买方）通过企业合并交易取得对被合并方（被购买方）的控制权，合并后企业能主导被合并方的生产经营决策，并从其生产经营活动中获益，被合并方在合并后仍维持其独立法人资格继续经营的，为控股合并。

（二）吸收合并。合并方取得被合并方的全部净资产，并将有关资产、负债并入合并方自身生产经营活动中。合并完成后，注销被合并方的法人资格，由合并方持有取得的被合并方的资产、负债，在新的基础上继续经营，该类合并为吸收合并。

（三）新设合并。参与合并的各方在企业合并后法人资格均被注销，重新注册成立一家新的企业，由新注册成立的企业持有参与合并各企业的资产、负债在新的基础上经营，为新设合并。

第二节　确认与计量

一、同一控制下企业合并

（一）初始确认原则

1. 同一控制下的企业合并，形成母子公司关系的，母公司应当编制合并日的合并资产负债表、合并利润表和合并现金流量表。

2. 长期股权投资的初始投资成本是在合并日按照取得被合并方所有者权益在最终控制方合并财务报表中的账面价值的份额。初始投资成本与支付的合并对价账面价值（或发行权益性证券的面值）之间的差额，调整资本公积（资本溢价或股本溢价）；资本公积（资本溢价或股本溢价）的余额不足冲减的，调整留存收益。

3. 如果子公司按照改制时确定的资产、负债经评估确认的价值调整资产、负债账面价值的，合并方应当按照取得子公司经评估确认的净资产的份额，作为长期股权投资的初始投资成本。

4. 通过多次交换交易，分步取得股权最终形成同一控制下控股合并的，在个别财务报表中，应当以持股比例计算的合并日应享有被合并方所有者权益在最终控制方合并财务报表中的账面价值份额，作为该项投资的初始投资成本。初始投资成本与其原长期股权投资账面价值加上合并日为取得新的股份所支付对价的现金、转让的非现金资产及所承担债务账面价值之和的差额，调整资本公积(资本溢价或股本溢价)，资本公积不足冲减的，冲减留存收益。

5. 在合并日应统一母公司和子公司的会计政策，子公司所采用的会计政策要调整至与母公司保持一致。

（二）合并产生的费用处理

1. 在合并中，合并方发生的审计、法律服务、评估咨询等中介费用以及其他相关管理费用，应当于发生时计入管理费用。

2. 为企业合并发行的债券或承担其他债务支付的手续费、佣金等，应当计入所发行债券及其他债务的初始计量金额。企业合并中发行权益性证券发生的手续费、佣金等费用，应当抵减权益性证券溢价收入，溢价收入不足冲减的，冲减留存收益。

二、非同一控制下企业合并

非同一控制下的企业合并，形成母子公司关系的，母公司应当编制合并日的合并资产负债表、合并利润表和合并现金流量表。

（一）初始投资成本的确认

购买方应当按照确定的企业合并成本作为长期股权投资的初始投资成本。

1. 一次交换交易实现的企业合并：企业合并成本包括购买方付出的资产、发生或承担的负债、发行的权益性证券的公允价值之和。

2. 通过多次交换交易实现的企业合并：分步取得股权最终形成非同一控制下控股合并的，购买方在个别财务报表中，应当以购买日之前所持被购买方的股权投资的账面价值与购买日新增投资成本之和，作为该项投资的初始投资成本。

取得投资时，对于投资成本中包含的被投资单位已经宣告但尚未发放的现金股利或利润，应作为应收项目单独核算，不构成取得长期股权投资的初始投资成本。

（二）初始投资成本的调整

投资企业取得对联营企业或合营企业的投资以后，对于取得投资时投资成本与应享有被投资单位可辨认净资产公允价值份额之间的差额，应区别情况分别处理。

1. 初始投资成本大于取得投资时应享有被投资单位可辨认净资产公允价值份额：差额在合并报表中应确认为商誉。在投资方的个别财务报表中商誉不单独反映。

2. 初始投资成本小于取得投资时应享有被投资单位可辨认净资产公允价值份额：

计入取得投资当期的营业外收入，同时调增长期股权投资的账面价值。

（三）合并产生的费用处理

1. 企业发生的直接相关费用，应借记“管理费用”科目，贷记“银行存款”等科目。

2. 为企业合并发行的债券或承担其他债务支付的手续费、佣金等，应当计入所发行债券及其他债务的初始计量金额。企业合并中发行权益性证券发生的手续费、佣金等费用，应当抵减权益性证券溢价收入，溢价收入不足冲减的，冲减留存收益。

第二十四章 企业所得税

第一节 概述

一、基本概念

企业所得税是对我国境内的企业和其他取得收入的组织的生产经营所得和其他所得征收的一种所得税。在采用资产负债表债务法核算所得税的情况下，企业一般应于每一资产负债表日进行企业所得税的核算。

二、一般规定

企业应当采用资产负债表债务法核算企业的所得税。企业进行所得税核算一般应遵循以下程序：

（一）按照企业会计准则规定，确定资产负债表中除递延所得税资产和负债以外其他资产和负债项目的账面价值。

（二）以适用的税收法规为基础，确定资产负债表中有关资产、负债项目的计税基础。

（三）比较资产、负债的账面价值与其计税基础，根据差异确定资产负债表日递延所得税负债和递延所得税资产的应有金额，与期初对比计算当期数，作为递延所得税。

（四）按照税法规定计算确定当期应纳税所得额，并确认当期应交所得税，作为当期所得税。

（五）根据当期所得税和递延所得税确定利润表中的所得税费用。

三、资产和负债的计税基础

（一）资产的计税基础

资产的计税基础是指企业收回资产账面价值过程中，计算应纳税所得额时按照税法规定可以自应税经济利益中抵扣的金额，即某一项资产在未来期间计税时按照税法规定可以税前扣除的总金额。在初始确认时，计税基础一般为取得成本，即企业为取得某项资产支付的成本在未来期间准予税前扣除。

（二）负债的计税基础

负债的计税基础，是指负债的账面价值减去未来期间计算应纳税所得额时按照税法规定可予抵扣的金额。

四、暂时性差异

暂时性差异是指资产、负债的账面价值与其计税基础不同产生的差额。根据暂时性差异对未来期间应纳税所得额的影响，分为应纳税暂时性差异和可抵扣暂时性差异。

（一）应纳税暂时性差异

应纳税暂时性差异是指在确定未来收回资产或清偿负债期间的应纳税所得额时，将导致产生应纳税金额的暂时性差异，即在未来期间不考虑该事项影响的应纳税所得额的基础上，由于该暂时性差异的转回，会进一步增加转回期间的应纳税所得额和应交所得税金额，在其产生当期应当确认相关的递延所得税负债。

应纳税暂时性差异通常产生于以下情况：

1. 资产的账面价值大于其计税基础；

2. 负债的账面价值小于其计税基础。

（二）可抵扣暂时性差异

可抵扣暂时性差异是指在确定未来收回资产或清偿负债期间的应纳税所得额时，将导致产生可抵扣金额的暂时性差异。该差异在未来期间转回时会减少转回期间的应纳税所得额，减少未来期间的应交所得税。

在可抵扣暂时性差异产生当期，符合确认条件时，应当确认相关的递延所得税资产。

可抵扣暂时性差异一般产生于以下情况：

1. 资产的账面价值小于其计税基础；

2. 负债的账面价值大于其计税基础。

（三）特殊项目产生的暂时性差异

1. 未作为资产、负债确认的项目产生的暂时性差异

企业发生的符合条件的广告费和业务宣传费等非资产负债项目支出，除另有规定外，不超过一定比例部分当年度准予扣除；超过部分准予在以后纳税年度结转扣除。该类费用在发生时按照会计准则规定即计入当期损益，按照税法规定可以确定其计税基础的，两者之间的差异也形成暂时性差异。

2. 可抵扣亏损及税款抵减产生的暂时性差异

按照税法规定可以结转以后年度的未弥补亏损及税款抵减，虽不是因资产、负债的账面价值与计税基础不同产生的，但与可抵扣暂时性差异具有同样的作用，均能够减少未来期间的应纳税所得额，进而减少未来期间的应交所得税，会计处理上视同可抵扣暂时性差异，符合条件的情况下，应确认与其相关的递延所得税资产。

第二节　递延所得税资产确认和计量

在计算确定了可抵扣暂时性差异后，应按照所得税会计准则规定的原则确认相关的递延所得税资产。

一、确认的一般原则

企业在确认因可抵扣暂时性差异产生的递延所得税资产时，应遵循以下原则：

（一）确认因可抵扣暂时性差异产生的递延所得税资产应以未来期间可能取得的应纳税所得额为限。在可抵扣暂时性差异预期转回的未来期间内，企业无法产生足够的应纳税所得额用以利用可抵扣暂时性差异的影响，使得与可抵扣暂时性差异相关的经济利益无法实现的，不应确认递延所得税资产。

（二）企业有明确的证据表明其于可抵扣暂时性差异转回的未来期间能够产生足够的应纳税所得额，进而利用可抵扣暂时性差异的，则应以可能取得的应纳税所得额

为限，确认相关的递延所得税资产。

（三）与子公司、联营企业、合营企业投资等相关的可抵扣暂时性差异，同时满足以下两个条件的，应确认相应的递延所得税资产：

1. 投资企业能够控制暂时性差异转回的时间；

2. 该暂时性差异在可预见的未来很可能不会转回。

二、不确认递延所得税资产的特殊情况

有些情况下，虽然资产的账面价值与其计税基础不同，产生了可抵扣暂时性差异，但出于各方面考虑，所得税准则中规定不确认相应的递延所得税资产。

除企业合并以外的其他交易或事项中，如果该项交易或事项发生时既不影响会计利润也不影响应纳税所得额（或可抵扣亏损），则所产生的资产、负债的初始确认金额与其计税基础不同形成可抵扣暂时性差异的，不确认相应的递延所得税资产。如非企业合并产生的无形资产。

三、递延所得税资产的计量

（一）适用税率的确定

1. 应当以预期收回该资产期间的适用所得税税率为基础计算确定。

2. 因适用税收法规的变化，导致企业在某一会计期间适用的所得税税率发生变化的，企业应对已确认的递延所得税资产按照新的税率进行重新计量。

（二）递延所得税资产账面价值的复核

企业在确认递延所得税资产后，应当在资产负债表日对递延所得税资产的账面价值进行复核。复核要进行相应的职业判断：

1. 递延所得税如果未来期间很可能无法取得足够的应纳税所得额用以利用可抵扣暂时性差异带来的利益，应当减记递延所得税资产的账面价值。

2. 减记的递延所得税资产，原确认时计入所有者权益的，其减记金额亦应计入所有者权益，其他的情况应增加当期的所得税费用。

3. 因无法取得足够的应纳税所得额利用可抵扣暂时性差异减记递延所得税资产账面价值的，以后期间根据新的环境和情况判断能够产生足够的应纳税所得额利用可抵扣

暂时性差异，使得递延所得税资产包含的经济利益能够实现的，应相应恢复递延所得税资产的账面价值。

第三节　递延所得税负债的确认和计量

在计算确定了应纳税暂时性差异后，应按照所得税会计准则规定的原则确认相关的递延所得税负债。

一、确认的一般原则

企业在确认因应纳税暂时性差异产生的递延所得税负债时，应遵循以下原则：

（一）除所得税准则中明确规定可不确认递延所得税负债的情况以外，对于所有的应纳税暂时性差异均应确认相关的递延所得税负债。

（二）除与直接计入所有者权益的交易或者事项以及企业合并中取得资产、负债相关的以外，在确认递延所得税负债的同时，应增加利润表中的所得税费用。

二、不确认递延所得税负债的特殊情况

（一）商誉的初始确认。商誉的计税基础为0，其账面价值与计税基础形成应纳税暂时性差异，准则中规定不确认与其相关的递延所得税负债。

（二）除企业合并以外的其他交易或事项中，如果该项交易或事项发生时既不影响会计利润，也不影响应纳税所得额，则所产生的资产、负债的初始确认金额与其计税基础不同，形成应纳税暂时性差异的，交易或事项发生时不确认相应的递延所得税负债。

（三）与子公司、联营企业、合营企业投资等相关的应纳税暂时性差异，同时满足以下两个条件的，不确认相应的递延所得税负债。

1. 投资企业能控制暂时性差异转回的时间；

2. 暂时性差异在可预见的未来很可能不会转回。

三、递延所得税负债的计量

（一）企业应当在资产负债表日根据税法规定，按照预期收回该资产或清偿该负债期间的适用税率计量递延所得税负债。

（二）因国家税收法规变化，导致企业在某一会计期间适用的所得税税率发生变化的，企业应对原已确认的递延所得税负债的金额进行调整。

第四节　特殊交易或事项中涉及递延所得税的确认和计量

一、与直接计入所有者权益的交易或事项相关的所得税

与当期及以前期间直接计入所有者权益的交易或事项相关的当期所得税及递延所得税应当计入所有者权益。主要有：

（一）会计政策变更采用追溯调整法或对前期差错更正采用追溯重述法调整期初留存收益；

（二）以公允价值计量且其变动计入其他综合收益的金融资产公允价值的变动金额；

（三）同时包含负债及权益成分的金融工具在初始确认时计入所有者权益；

（四）自用房地产转为采用公允价值模式计量的投资性房地产时公允价值大于原账面价值的差额计入其他综合收益的。

二、与企业合并相关的递延所得税

在企业合并中，购买方取得的可抵扣暂时性差异。主要有：

（一）购买日取得的被购买方在以前期间发生的未弥补亏损等可抵扣暂时性差异；

（二）按照税法规定可以用于抵减以后年度应纳税所得额，但在购买日不符合递延所得税资产确认条件而不予以确认。购买日后12个月内，如取得新的或进一步的信息表明购买日的相关情况已经存在，预期被购买方在购买日可抵扣暂时性差异带来的

经济利益能够实现的，应当确认相关的递延所得税资产,同时减少商誉，商誉不足冲减的，差额部分确认为当期损益。

除上述情况以外，确认与企业合并相关的递延所得税资产，应当计入当期损益。

三、与股份支付相关的当期及递延所得税

如果税法规定与股份支付相关的支出不允许税前扣除,则不形成暂时性差异;

如果税法规定与股份支付相关的支出允许税前扣除，在按照会计准则规定确认成本费用的期间内，企业应当根据会计期末取得的信息估计可税前扣除的金额计算确定其计税基础及由此产生的暂时性差异，符合确认条件的情况下，应当确认相关的递延所得税。

第五节 所得税费用的确认和计量

在按照资产负债表债务法核算所得税的情况下，利润表中的所得税费用包括当期所得税和递延所得税两个部分。

一、当期所得税

（一）基本概念

当期所得税是指企业按照税法规定计算确定的针对当期发生的交易和事项，应交纳给税务部门的所得税金额，即当期应交所得税。

（二）计算公式

在确定当期应交所得税时，对于当期发生的交易或事项，会计处理与税法处理不同，应在会计利润的基础上，按照适用税收法规的规定进行调整，计算出当期应纳税所得额，按照应纳税所得额与适用所得税税率计算确定当期应交所得税。公式为:

应纳税所得额=会计利润＋按照会计准则规定计入利润表但计税时不允许税前扣除的费用 ± 计入利润表的费用与按照税法规定可于税前抵扣的金额之间的差额 ± 计入利润表的收入与按照税法规定应计入应纳税所得额的收入之间的差额－税法规定的不征

税收入±其他需要调整的因素

二、递延所得税

（一）基本概念

递延所得税是指按照所得税准则规定当期应予确认的递延所得税资产和递延所得税负债金额，即递延所得税资产及递延所得税负债当期发生额的综合结果，但不包括计入所有者权益的交易或事项的所得税影响。

（二）计算公式

递延所得税=（递延所得税负债的期末余额—递延所得税负债的期初余额）—（递延所得税资产的期末余额—递延所得税资产的期初余额）

三、所得税费用

所得税费用=当期所得税＋递延所得税

第六节　会计科目及主要账务处理

一、会计科目及主要账务处理

企业应当设置"递延所得税资产""递延所得税负债""所得税费用"科目核算企业所得税相关业务，其中：

（一）"递延所得税资产"科目

核算企业确认的可抵扣暂时性差异产生的递延所得税资产。

1. 资产负债表日，递延所得税资产的应有余额大于其账面余额的，应按其差额确认，借记本科目，贷记"所得税费用—递延所得税费用"科目。

2. 资产负债表日递延所得税资产的应有余额小于其账面余额的差额做相反的会计分录。

3. 与直接计入所有者权益的交易或事项相关的递延所得税资产，借记本科目，贷记“资本公积—其他资本公积”科目。

4. 资产负债表日，预计未来期间很可能无法获得足够的应纳税所得额用以抵扣可抵扣暂时性差异的，按原已确认的递延所得税资产中应减记的金额，借记“所得税费用—递延所得税费用”“资本公积—其他资本公积”等科目，贷记本科目。

5. 该科目可按产生可抵扣暂时性差异的具体项目进行明细核算。

6. 科目期末借方余额，反映企业已确认尚未转回的递延所得税资产。

（二）“递延所得税负债”科目

核算企业确认的应纳税暂时性差异产生的递延所得税负债。

1. 资产负债表日，企业确认的递延所得税负债，借记“所得税费用—递延所得税费用”科目，贷记本科目。

2. 资产负债表日递延所得税负债的应有余额大于其账面余额的，应按其差额确认，借记“所得税费用—递延所得税费用”科目，贷记本科目。

3. 资产负债表日递延所得税负债的应有余额小于其账面余额的，做相反的会计分录。

4. 与直接计入所有者权益的交易或事项相关的递延所得税负债，借记“资本公积—其他资本公积”科目，贷记本科目。

5. 该科目可按产生应纳税暂时性差异的具体项目进行明细核算。科目期末贷方余额，反映企业已确认尚未转回的递延所得税负债。

（三）“所得税费用”科目

核算企业按规定从本期损益中减去的所得税费用。

1. 期末，企业按照税法规定计算确定的当期应交所得税，借记“所得税费用”科目，贷记“应交税费—应交企业所得税”科目。

2. 期末，根据递延所得税费用计算金额，借记“所得税费用—递延所得税费用”或借记“所得税费用—递延所得税费用”（红字），贷记或借记“递延所得税负债”“递延所得税资产”科目。

3. 期末，应将“所得税费用”科目余额转入“本年利润”科目，结转后本科目无余额。

二、所得税核算流程图

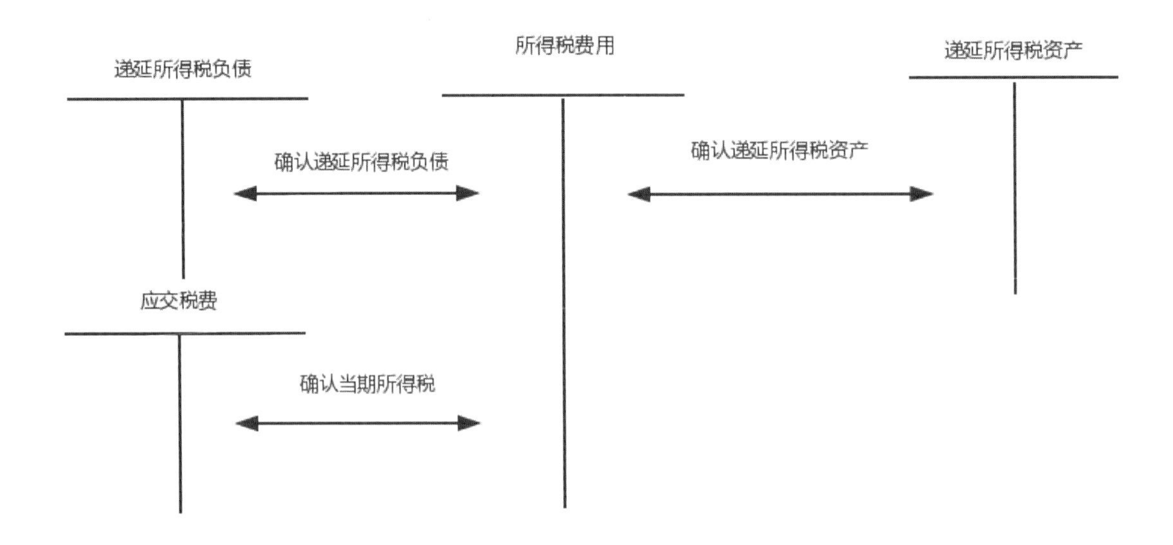

第二十五章　会计调整

第一节　概述

一、基本概念

会计调整，是指企业因按照国家法律、行政法规和会计准则的要求，或者因特定情况下按照会计准则规定对企业原采用的会计政策、会计估计，以及发现的会计差错、发生的资产负债表日后事项等所做的调整。主要包括会计政策变更、会计估计变更、会计差错更正和资产负债表日后事项。

二、会计调整方法

企业的会计政策和会计估计一经确定，不得随意变更。会计调整主要有追溯调整法、未来适用法和追溯重述法三种，分别适用于不同情况：

（一）追溯调整法，是指对某项交易或事项变更会计政策，视同该项交易或事项初次发生时即采用变更后的会计政策，并以此对财务报表相关项目进行调整的方法。

（二）未来适用法，是指将变更后的会计政策应用于变更日及以后发生的交易或者事项，或者在会计估计变更当期和未来期间确认会计估计变更影响数的方法。

（三）追溯重述法，是指在发现前期差错时，视同该项前期差错从未发生过，从而对财务报表相关项目进行更正的方法。

第二节　会计政策变更

一、基本概念

会计政策，是指企业在会计确认、计量和报告中所采用的原则、基础和会计处理方法。

会计政策变更，是指企业对相同的交易或事项由原来采用的会计政策改用另一会计政策的行为。

二、一般规定

（一）企业采用的会计政策，在每一会计期间和前后各期应当保持一致，不得随意变更。但是，满足下列条件之一的，可以变更会计政策：

1. 法律、行政法规或者国家统一的会计制度等要求变更。

2. 会计政策变更能够提供更可靠、更相关的会计信息。

（二）下列各项不属于会计政策变更：

1. 本期发生的交易或者事项与以前相比具有本质差别而采用新的会计政策。

2. 对初次发生的或不重要的交易或者事项采用新的会计政策。

（三）会计政策变更根据具体情况，分别按照以下规定处理：

1. 法律、行政法规或者国家统一的会计制度等要求变更的情况下，企业应分别按以下情况进行处理：

（1）国家发布相关的会计处理办法，则按照国家发布的相关会计处理规定进行处理。

（2）国家没有发布相关的会计处理办法，则采用追溯调整法进行会计处理。

2. 会计政策变更能够提供更可靠、更相关的会计信息的情况下，企业应当采用追溯调整法进行会计处理，将会计政策变更累积影响数调整列报前期最早期初留存收益，其他相关项目的期初余额和列报前期披露的其他比较数据也应当一并调整。

会计政策变更累积影响数，是指按照变更后的会计政策对以前各期追溯计算的列报前期最早期初留存收益应有金额与现有金额之间的差额。

会计政策变更的累积影响数可以分解为以下两个金额之间的差额：①在变更会计政策当期，按变更后的会计政策对以前各期追溯计算，所得到列报前期最早期初留存收益金额；②在变更会计政策当期，列报前期最早期初留存收益金额。

累积影响数通常可以通过以下各步计算获得：

第一步，根据新的会计政策重新计算受影响的前期交易或事项；

第二步，计算两种会计政策下的差异；

第三步，计算差异的所得税影响金额；

第四步，确定前期中的每一期的税后差异；

第五步，计算会计政策变更的累积影响数。

3. 确定会计政策变更对列报前期影响数不切实可行的，应当从可追溯调整的最早期间期初开始应用变更后的会计政策。

4. 在当期期初确定会计政策变更对以前各期累积影响数不切实可行的，应当采用未来适用法处理。

在未来适用法下，不需要计算会计政策变更产生的累积影响数，也无须重编以前年度的财务报表。企业会计账簿记录及财务报表上反映的金额，变更之日仍保留原有的金额，不因会计政策变更而改变以前年度的既定结果，并在现有金额的基础上再按新的会计政策进行核算。

（四）在编制比较会计报表时，对于比较会计报表期间的会计政策变更，应当调整各该期间的净损益和其他相关项目，视同该政策在比较会计报表期间一直采用。对于比较会计报表可比期间以前的会计政策变更的累积影响数，应当调整比较会计报表最早期间的期初留存收益，会计报表其他相关项目的数字也应一并调整。

（五）确定会计政策变更对列报前期影响数不切实可行的，应当从可追溯调整的最早期间期初开始应用变更后的会计政策。

三、账务处理

采用追溯调整法的会计政策变更，涉及损益调整的累计影响数，通过“以前年度损益调整”科目核算，同时调整对应会计科目。

第三节　会计估计变更

一、基本概念

会计估计变更，是指由于资产和负债的当前状况及预期经济利益和义务发生了变化，从而对资产或负债的账面价值或者资产的定期消耗金额进行调整。

二、一般规定

企业据以进行估计的基础发生了变化，或者由于取得新信息、积累更多经验以及后来的发展变化，可能需要对会计估计进行修订。会计估计变更的依据应当真实、可靠。

（一）企业对会计估计变更应当采用未来适用法处理，会计估计变更仅影响变更当期的，其影响数应当在变更当期予以确认；既影响变更当期又影响未来期间的，其影响数应当在变更当期和未来期间予以确认。

（二）企业通过判断会计政策变更和会计估计变更划分基础仍然难以对某项变更进行区分的，应当将其作为会计估计变更处理。

（三）企业以前期间的会计估计是错误的，属于会计差错，按会计差错更正的会计处理办法进行处理。

第四节　会计差错更正

一、基本概念

前期差错，是指由于没有运用或错误运用下列两种信息，而对前期财务报表造成省略或错报：

（一）编报前期财务报表时预期能够取得并加以考虑的可靠信息。

（二）前期财务报告批准报出时能够取得的可靠信息。

前期差错通常包括计算错误、应用会计政策错误、疏忽或曲解事实及舞弊产生的影响，以及存货、固定资产盘盈等。

重要的前期差错，是指足以影响财务报表使用者对企业财务状况、经营成果和现金流量做出正确判断的前期差错。不重要的前期差错，是指不足以影响财务报表使用者对企业财务状况、经营成果和现金流量做出正确判断的前期差错。

二、一般规定

（一）企业应当采用追溯重述法更正重要的前期差错，但确定前期差错累积影响数不切实可行的除外。

（二）确定前期差错影响数不切实可行的，可以从可追溯重述的最早期间开始调整留存收益的期初余额，财务报表其他相关项目的期初余额也应当一并调整，也可以采用未来适用法。

（三）企业应当在重要的前期差错发现当期的财务报表中，调整前期比较数据。

三、账务处理

（一）本期发现的属于本期的会计差错，应于发现时调整本期的相关项目。

（二）本期发现的属于与前期相关的非重大会计差错，不调整会计报表相关项目的期初数，但应调整发现当期与上期相同的相关项目。属于影响损益的，应直接计入本期与上期相同的净损益项目。

（三）本期发现的属于以前年度的重大会计差错事项，不影响损益的，应调整会计报表相关项目期初数。影响损益的，还应通过“以前年度损益调整”科目核算，同时调整对应会计科目。

（四）在资产负债表日至财务报告批准报出日之间，发现报告年度前的非重大会计差错，影响损益的，通过“以前年度损益调整”科目核算，同时调整对应会计科目。

第五节　资产负债表日后事项

一、基本概念

资产负债表日后事项，是指资产负债表日至财务报告批准报出日之间发生的有利或不利事项。财务报告批准报出日，是指董事会或类似机构批准财务报告报出的日期。

资产负债表日后事项包括资产负债表日后调整事项和资产负债表日后非调整事项。

资产负债表日后调整事项，是指对资产负债表日已经存在的情况提供了新的或进一步证据的事项。

资产负债表日后非调整事项，是指表明资产负债表日后发生的情况的事项。

二、一般规定

（一）资产负债表日后事项表明持续经营假设不再适用的，企业不应当在持续经营基础上编制财务报表。

（二）企业发生的资产负债表日后调整事项，应当调整资产负债表日的财务报表，通常包括下列各项：

1. 资产负债表日后诉讼案件结案，法院判决证实了企业在资产负债表日已经存在现时义务，需要调整原先确认的与该诉讼案件相关的预计负债，或确认一项新负债。

2. 资产负债表日后取得确凿证据，表明某项资产在资产负债表日发生了减值或者需要调整该项资产原先确认的减值金额。

3. 资产负债表日后进一步确定了资产负债表日前购入资产的成本或售出资产的收入。

4. 资产负债表日后发现了财务报表舞弊或差错。

（三）企业发生的资产负债表日后非调整事项，不应当调整资产负债表日的财务报表，通常包括下列各项：

1. 资产负债表日后发生重大诉讼、仲裁、承诺；

2. 资产负债表日后资产价格、税收政策、外汇汇率发生重大变化；

3. 资产负债表日后因自然灾害导致资产发生重大损失；

4. 资产负债表日后发行股票和债券以及其他巨额举债；

5. 资产负债表日后资本公积转增资本；

6. 资产负债表日后发生巨额亏损；

7. 资产负债表日后发生企业合并或处置子公司。

（四）资产负债表日后，企业利润分配方案中拟分配的以及经审议批准宣告发放的股利或利润，不确认为资产负债表日的负债，但应当在附注中单独披露。

三、账务处理

（一）涉及损益的事项，通过“以前年度损益调整”科目核算。

（二）涉及利润分配调整的事项，直接在“利润分配—未分配利润”科目核算。

（三）不涉及损益及利润分配的事项，调整相关科目。

（四）通过上述账务处理后，还应同时调整财务报表相关项目的数字，包括：

1. 资产负债表日编制的财务报表相关项目的期末数或当年发生数；

2. 当期编制的财务报表相关项目的期初数；

3. 经过上述调整后，如果涉及报表附注内容，还应做出相应调整。

第二十六章　财务报告

第一节　财务会计报告

财务会计报告是企业对外提供的反映企业某一特定日期的财务状况和某一会计期间的经营成果、现金流量等会计信息的文件。财务会计报告包括财务报表和其他应当在财务会计报告中披露的对个别会计信息有重大影响的相关信息和资料。

企业应当按照《中华人民共和国会计法》《企业财务会计报告条例》《企业会计准则》和企业的有关规定，编制和对外提供真实、完整的财务会计报告。

一、财务报表的组成和分类

财务报表至少应当包括资产负债表、利润表、现金流量表、所有者权益（或股东权益，下同）变动表和附注。财务报表各组成部分具有同等的重要程度。

会计报表按照编制的时间可分为中期报表和年报。年报是年度终了编制的全面反映企业财务状况、经营成果及其分配、现金流量等方面的报表。中期报表是指短于一年的会计期间编制的会计报表，如半年报、季报、月报。半年报是指每个会计年度的前六个月结束后对外提供的财务会计报告。季报是季度终了以后编制的报表，编报内容相对年报适当简化。月报是月终编制的会计报表，只包括一些主要报表，如资产负债表、利润表等。

二、关于财务报表列报的基本要求

（一）列报的基础

持续经营是会计的基本前提，也是会计确认、计量及编制财务报表的基础。根据实际发生的交易和事项，按照本手册的相关规定进行确认和计量，在此基础上编制财务报表。企业不应以附注披露代替确认和计量。

（二）财务报表编制的原则

除现金流量表按照收付实现制原则编制外，企业应当按照权责发生制原则编制财务报表。

（三）重要性项目列报

企业性质或功能类似的项目，其所属类别具有重要性的，应当按其类别在财务报表中单独列报。性质或功能不同的项目，应当在财务报表中单独列报，但不具有重要性的项目除外。

（四）列报的一致性

财务报表项目的列报应当在各个会计期间保持一致，不得随意变更，但下列情况除外：

1. 会计准则要求改变财务报表项目的列报；

2. 企业经营业务的性质发生重大变化或对企业经营影响较大的交易或事项发生后，变更财务报表项目的列报能够提供更可靠、更相关的会计信息。

（五）列报项目金额不得相互抵销

财务报表中的资产项目和负债项目的金额、收入项目和费用项目的金额、直接计入当期利润的利得项目和损失项目的金额不得相互抵销，但其他会计准则另有规定的除外。资产项目按扣除减值准备后的净额列示，不属于抵销。不重大的非日常活动产生的损益，以收入扣减费用后的净额列示，不属于抵销。

（六）列报前期比较信息

为反映企业财务状况、经营成果和现金流量的发展趋势，提高报表使用者的判断与决策能力，当期财务报表的列报至少应当提供所有列报项目上一个可比会计期间的比较数据，以及与理解当期财务报表相关的说明，但其他会计准则另有规定的除外。

（七）披露要求

1. 企业应当以重要性为原则对外披露相关信息。

2. 企业应当在财务报表的显著位置至少披露下列各项：编报企业的名称；资产负债表日或财务报表涵盖的会计期间；人民币金额单位；财务报表是合并财务报表的，应当予以标明。

3. 企业对外提供的会计报表应当依次编定页数，加具封面，装订成册，并由相关责任人签章和加盖企业公章。

三、财务报表列报

（一）资产负债表列报

1. 资产的列报

资产应当按照流动资产和非流动资产两大类别在资产负债表中列示。资产满足下列条件之一的，应当归类为流动资产：

（1）预计在一个正常营业周期中变现、出售或耗用；

（2）主要为交易目的而持有；

（3）预计在资产负债表日起一年内变现；

（4）自资产负债表日起一年内，交换其他资产或清偿负债的能力不受限制的现金或现金等价物。

流动资产以外的资产应当归类为非流动资产，并应按其性质分类列示。被划分为持有待售的非流动资产应当归类为流动资产。

2. 负债的列报

负债应当按照流动负债和非流动负债两大类别在资产负债表中列示。负债满足下列条件之一的，应当归类为流动负债：

（1）预计在一个正常营业周期中清偿；

（2）主要为交易目的而持有；

（3）自资产负债表日起一年内到期应予以清偿；

（4）企业无权自主地将清偿推迟至资产负债表日后一年以上。负债在其对手方选择的情况下可通过发行权益进行清偿的条款与负债的流动性划分无关。

流动负债以外的负债应当归类为非流动负债，并应当按其性质分类列示。被划分为持有待售的非流动负债应当归类为流动负债。

3. 所有者权益的列报

资产负债表中的所有者权益类至少应当单独列示反映下列信息的项目：实收资本（或股

本，下同）；其他权益工具；资本公积；库存股；其他综合收益；盈余公积；未分配利润。

在合并资产负债表中，应当在所有者权益类单独列示少数股东权益。

（二）利润表列报

利润表是反映企业在一定会计期间的经营成果的会计报表。利润表列示项目：营业收入；营业成本；税金及附加；销售费用；管理费用；研发费用；财务费用；资产减值损失；信用减值损失；其他收益；投资收益；净敞口套期收益；公允价值变动收益；资产处置收益；营业利润；营业外收入；营业外支出；利润总额；所得税费用；净利润；其他综合收益的税后净额；综合收益总额；每股收益。

（三）现金流量表列报

现金流量表是反映企业一定会计期间现金和现金等价物流入和流出的报表。现金，是指企业库存现金以及可以随时用于支付的存款。现金等价物，是指企业持有的期限短、流动性强、易于转换为已知金额现金、价值变动风险很小的投资。

1. 现金流量的分类

现金流量指企业现金和现金等价物的流入和流出。根据企业业务活动的性质和现金流量的来源，将企业一定期间产生的现金流量分为三类：经营活动现金流量、投资活动现金流量和筹资活动现金流量。

经营活动是指企业投资活动和筹资活动以外的所有交易和事项；投资活动是指企业长期资产的购建和不包括在现金等价物范围的投资及其处置活动；筹资活动是指导致企业资本及债务规模和构成发生变化的活动。

2. 现金流量表的列报

现金流量应当分别按照现金流入和现金流出总额列报，从而全面揭示企业现金流量的方向、规模和结构。但是，下列各项可以按照净额列报：代客户收取或支付的现金以及周转快、金额大、期限短项目的现金流入和现金流出；金融企业的有关项目，主要指期限较短、流动性强的项目。

外币现金流量及境外子公司的现金流量，应当采用现金流量发生日的即期汇率或即期汇率的近似汇率折算。汇率变动对现金的影响额应当作为调节项目，在现金流量表中“汇率变动对现金及现金等价物的影响”项目单独列报。

3. 现金流量信息的披露

（1）企业应当在附注中披露将净利润调节为经营活动现金流量的信息。至少应当单独披露对净利润进行调节的下列项目：资产减值准备；固定资产折旧；无形资产摊销；长期待摊费用摊销；处置固定资产、无形资产和其他长期资产的损失；固定资产报废损失；公允价值变动损失；财务费用；投资损失；递延所得税税款；存货；经营性应收项目；经营性应付项目；其他。

（2）企业应当在附注中以总额披露当期购买或处置子公司及其他营业单位的下列信息：购买或处置价格；购买或处置价格中以现金支付的部分；处置或购买子公司及其他营业单位取得的现金；购买或处置子公司及其他营业单位按照主要类别分类的非现金资产和负债。

（3）企业应当在附注中披露不涉及当期现金收支，但影响企业财务状况或在未来可能影响企业现金流量的重大投资和筹资活动。

（4）企业应当在附注中披露与现金和现金等价物的构成及其在资产负债表中的相应金额；企业持有但不能由母公司或集团内其他子公司使用的大额现金和现金等价物余额。

（四）所有者权益变动表列报

所有者权益变动表是反映构成所有者权益的各组成部分当期的增减变动情况的报表。所有者权益变动表列示项目：

1. 综合收益总额，在合并所有者权益变动表中还应单独列示归属于母公司所有者的综合收益总额和归属于少数股东的综合收益总额；

2. 会计政策变更和前期差错更正的累积影响金额；

3. 所有者投入资本和向所有者分配利润等；

4. 按照规定提取的盈余公积；

5. 所有者权益各组成部分的期初和期末余额及其调节情况。

（五）附注

附注是对在资产负债表、利润表、现金流量表和所有者权益变动表等报表中列示项目的文字描述或明细资料，以及对未能在这些报表中列示项目的说明等。

1. 附注披露的基本要求

（1）附注披露的信息应是定量、定性信息的结合，从而能从量和质两个角度对企业经济事项完整地进行反映，也才能满足信息使用者的决策需求。

（2）附注应当按照一定的结构进行系统合理的排列和分类，有顺序地披露信息。由于附注的内容繁多，因此更应按逻辑顺序排列，分类披露，条理清晰，具有一定的组织结构，以便于使用者理解和掌握，也更好地实现财务报表的可比性。

（3）附注相关信息应当与资产负债表、利润表、现金流量表和所有者权益变动表等报表中列示的项目相互参照，以有助于使用者联系相关联的信息，并由此从整体上更好地理解财务报表。

2. 附注披露的主要内容

企业在披露附注信息时，应当以定量、定性信息相结合，按照一定的结构对附注信息进行系统合理的排列和分类，以便于使用者理解和掌握，主要包括下列内容：

（1）企业的基本情况：企业注册地、组织形式和总部地址；企业的业务性质和主要经营活动；母公司以及集团最终母公司的名称；财务报告的批准报出者和财务报告批准报出日，或者以签字人及其签字日期为准；营业期限有限的企业，还应当披露有关其营业期限的信息。

（2）财务报表的编制基础。

（3）遵循企业会计准则的声明：企业应当声明编制的财务报表符合企业会计准则的要求，真实、完整地反映了企业的财务状况、经营成果和现金流量等有关信息。

（4）重要会计政策和会计估计。重要会计政策的说明，包括财务报表项目的计量基础和在运用会计政策过程中所做的重要判断等。重要会计估计的说明，包括可能导致下一个会计期间内资产、负债账面价值重大调整的会计估计的确定依据等。

（5）会计政策和会计估计变更以及差错更正的说明。企业应当按照本手册“会计调整”章节的相关规定，披露会计政策和会计估计变更以及差错更正的情况。

（6）报表重要项目的说明。企业应当按照资产负债表、利润表、现金流量表、所有者权益变动表及其项目列示的顺序，对报表重要项目的说明采用文字和数字描述相结合的方式进行披露。

（7）或有和承诺事项、资产负债表日后非调整事项、关联方关系及其交易等需要说明的事项。

（8）有助于财务报表使用者评价企业管理资本的目标、政策及程序的信息：其他综合收益各项目及其所得税影响；其他综合收益各项目原计入其他综合收益、当期转出计入当期损益的金额；其他综合收益各项目的期初和期末余额及其调节情况。

（9）企业应当在附注中披露终止经营的收入、费用、利润总额、所得税费用和净利润，以及归属于母公司所有者的终止经营利润。

（10）其他需要说明的重要事项。主要包括或有和承诺事项、资产负债表日后非调整事项、关联方关系及其交易等。

第二节 中期财务报告

一、定义

中期财务报告是指以短于一个完整会计年度的报告期间为基础编制的财务报告，包括月度财务报告、季度财务报告、半年度财务报告，也包括年初至本中期末的财务报告。

二、内容

中期财务报告至少应包括资产负债表、利润表、现金流量表、附注四部分内容；各级单位可以按照外部监管与内部管理需要，对中期财务报告的内容进行补充完善。

三、列报要求

（一）中期财务报告应遵循的原则

1. 一致性原则

遵循与年度财务报告相一致的会计政策，不得随意变更会计政策。

2. 重要性原则

中期财务报告的报告重要性程度的判断应当以中期财务数据为基础；重要性原则的运用应当保证中期财务报告包括了与理解财务状况、经营成果及其现金流量相关的信息；重要性程度的判断应当具体问题具体分析。

3. 及时性原则

遵循及时性原则，向会计信息使用者提供比年度财务报告更加及时的信息，提高会计信息的决策有用性。

（二）中期财务报告的确认与计量

1. 中期财务报告中各会计要素的确认和计量原则应当与年度财务报告所采用的原则相一致。

2. 中期会计计量应当以年初至本中期末为基础，财务报告的频率不应当影响年度结果的计量。

3. 中期进行的会计政策、会计估计变更应当符合规定。

4. 企业取得季节性、周期性或者偶然性收入，应当在发生时予以确认和计量，不应当在中期财务报表中预计或者递延。

5. 企业在会计年度中不均匀发生的费用，应当在发生时予以确认和计量，不应在中期财务报表中预提或者待摊。

（三）比较财务报表的编制

中期财务报告应当按照下列规定提供比较财务报表：

1. 本中期末的资产负债表、本年年初的资产负债表；

2. 本中期的利润表、年初至本中期末的利润表以及上年度可比期间的利润表；

3. 年初至本中期末的现金流量表和上年度年初至上年度可比中期末的现金流量表。

当年新实施的会计准则对财务报表格式和内容做了修改的，中期财务报表应当按照修改后的报表格式和内容编制，上年度比较财务报表的格式和内容也应当做相应调整。

第三节　具体项目列报

一、金融工具列报与披露

（一）概念

金融工具列报包括金融工具列示与金融工具披露。金融工具列示是指发行金融工具的企业应将其正确地在资产负债表中列示为一项金融资产、金融负债或者权益工具，并在利润表的相关项目中列示与金融工具有关的收入、费用、利得或损失。金融工具披露是指发行金融工具的企业应当在财务报表附注中披露与金融工具有关的性质、分类、风险及对企业财务报表产生的具体影响。

（二）适用范围

金融工具列报适用于企业发行或持有的各种类型的金融工具的列报。

（三）列报要求

1. 在对金融工具进行列报时，要根据金融工具的特点及相关信息的性质进行归类，充分披露相关信息，并注意财务报表项目与附注的一致性。

2. 应当根据自身实际情况，合理确定列报金融工具的详细程度。

3. 在确定列报类型时，应当至少按金融工具计量属性进行分类。

4. 应当披露编制财务报表时对金融工具所采用的重要会计政策、计量基础和其他相关信息。

（四）金融工具对财务状况和经营成果影响的列报

1. 资产负债表中的列示及相关披露

应当在资产负债表或相关附注中列报金融资产或金融负债的账面价值、摊余成本或公允价值、面临的最大信用风险敞口、因信用风险或自身信用风险引起的公允价值变动额、账面价值与按合同约定到期应支付债权人金额之间的差额、累计利得或损失本期从其他综合收益转入留存收益的金额和原因、相关估值方法和方法选择原因、指定或分类的情况说明、处置原因及终止确认时的公允价值等相关信息。

（1）在当期或以前报告期间将金融资产进行重分类的，对于每一项重分类，应当披露重分类日、对业务模式变更的具体说明及其对财务报表影响的定性描述，以及该金融资产重分类前后的金额。

在金融负债和权益工具之间重分类的，应当分别披露重分类前后的公允价值或账面价值，以及重分类的时间和原因。

（2）应当披露作为负债或有负债担保物的金融资产的账面价值，以及与该项担保有关的条款和条件，担保物再次担保或被转让的，应单独列报。取得担保，在担保物所有人未违约时可出售或再抵押的，应当披露涉及担保物的交易信息及相应担保合同信息。

（3）分类为权益工具的可回售工具，应当披露可回售工具的汇总定量信息、承担的回购或赎回义务、企业的相关管理政策、预期现金流出金额以及确定方法。

2. 利润表中的列示及相关披露

（1）应当披露与金融工具有关的收入、费用、利得或者损失。

（2）应当分别披露以摊余成本计量的金融资产终止确认时在利润表中确认的利得和损失金额及其相关分析，包括终止确认金融资产的原因。

3. 公允价值披露

除了账面价值与公允价值差异很小的金融资产或金融负债、包含相机分红特征且其公允价值无法可靠计量的合同、租赁负债等可以被豁免披露的金融工具外，企业应当披露每一类金融资产和金融负债的公允价值，并与账面价值进行比较，无论其是否按公允价值计量。并且应当披露相关市场信息、采用的会计政策、价值变动情况等信息。

二、金融资产转移披露

企业应当单独披露资产负债表日存在的所有未终止确认的已转移金融资产，以及对已转移金融资产的继续涉入。披露信息应当深刻反映未整体终止确认的已转移金融资产与相关负债之间的关系、企业继续涉入已终止确认金融资产的性质和相关风险。

三、关联方披露

企业财务报表中应当披露所有关联方关系及其交易的相关信息。对外提供合并财务报表的，对于已经包括在合并范围内各企业之间的交易不予披露，但应当披露与合并范围外各关联方的关系及其交易。

（一）关联方关系的认定

一方控制、共同控制另一方或对另一方施加重大影响，以及两方或两方以上同受一方控制、共同控制或重大影响的，构成关联方。

（二）关联方关系是指有关联的各方之间存在的内在联系。各方构成企业的关联方如下：

1. 该企业的母公司。

2. 该企业的子公司。

3. 与该企业受同一母公司控制的其他企业。

4. 对该企业实施共同控制的投资方。

5. 对该企业施加重大影响的投资方。

6. 该企业的合营企业。

7. 该企业的联营企业。

8. 该企业的主要投资者个人及与其关系密切的家庭成员。

9. 该企业或其母公司的关键管理人员及与其关系密切的家庭成员。

10.该企业主要投资者个人、关键管理人员或与其关系密切的家庭成员控制、共同控制或施加重大影响的其他企业。

（三）关联方交易

关联方交易，是指关联方之间转移资源、劳务或义务的行为，而不论是否收取价款。关联方交易的类型主要有：

1. 购买或销售商品。

2. 购买或销售除商品以外的其他资产。

3. 提供或接受劳务。

4. 担保。

5. 提供资金（贷款或股权投资）。

6. 租赁。

7. 代理。

8. 研究与开发项目的转移。

9. 许可协议。

10. 代表企业或由企业代表另一方进行债务结算。

11. 关键管理人员薪酬。

（四）关联方关系及其交易的披露

1. 企业无论是否发生关联方交易，均应当在附注中披露与母公司和子公司的名称、业务性质、注册地、注册资本（或实收资本、股本）及其变化、持股比例和表决权比例。母公司不是该企业最终控制方的，还应当披露企业集团内对该企业享有最终控制权的企业（或主体）的名称。

2. 企业与关联方发生关联方交易的，应当在附注中披露该关联方关系的性质、交易类型及交易要素。

3. 对外提供合并财务报表的，合并范围内各企业之间的交易不予披露。

四、其他主体中权益的披露

（一）概述

其他主体中的权益，指通过合同或其他形式能够使企业参与其他主体的相关活动并因此享有可变回报的权益。参与方式包括持有其他主体的股权、债权，或向其他主体提供资金、流动性支持、信用增级和担保等。企业通过这些参与方式实现对其他主体的控制、共同控制或重大影响。其他主体包括企业的子公司、合营安排（包括共同经营和合营企业）、联营企业以及未纳入合并财务报表范围的结构化主体等。

企业同时提供合并财务报表和母公司个别财务报表的，应当在合并财务报表附注中披露相关信息，不需要在母公司个别财务报表附注中重复披露相关信息。

（二）重大判断和假设的披露

1. 企业应当披露对其他主体实施控制、共同控制或重大影响的重大判断和假设，以及这些判断和假设变更的情况，包括但不限于下列各项：

（1）企业持有其他主体半数或以下的表决权但仍控制该主体的判断和假设，或者持有其他主体半数以上的表决权但并不控制该主体的判断和假设。

（2）企业持有其他主体20%以下的表决权但对该主体具有重大影响的判断和假设，或者持有其他主体20%或以上的表决权但对该主体不具有重大影响的判断和假设。

2. 企业通过单独主体达成合营安排的，确定该合营安排是共同经营还是合营企业的判断和假设。

3. 确定企业是代理人还是委托人的判断和假设。

（三）企业应当披露被确定为投资性主体的重大判断和假设，以及虽然不符合有关投资性主体的一项或多项特征但仍被确定为投资性主体的原因。

五、在子公司中权益的披露

（一）企业应当在合并财务报表附注中披露企业集团的构成，包括子公司的名称、主要经营地及注册地、业务性质、企业的持股比例（或类似权益比例，下同）等。

子公司少数股东持有的权益对企业集团重要的，企业还应当在合并财务报表附注中披露下列信息：

1. 子公司少数股东的持股比例。

2. 当期归属于子公司少数股东的损益以及向少数股东支付的股利。

3. 子公司在当期期末累计的少数股东权益余额。

4. 子公司的主要财务信息。

（二）使用企业集团资产和清偿企业集团债务存在重大限制的，企业应当在合并财务报表附注中披露下列信息：

1. 该限制的内容，包括对母公司或其子公司与企业集团内其他主体相互转移现金或其他资产的限制，以及对企业集团内主体之间发放股利或进行利润分配、发放或收回贷款或垫款等的限制。

2. 子公司少数股东享有保护性权利，并且该保护性权利对企业使用企业集团资产或清偿企业集团负债的能力存在重大限制的，该限制的性质和程度。

3. 该限制涉及的资产和负债在合并财务报表中的金额。

（三）企业存在纳入合并财务报表范围的结构化主体的，应当在合并财务报表附注中披露下列信息：

1. 合同约定企业或其子公司向该结构化主体提供财务支持的，应当披露提供财务支持的合同条款，包括可能导致企业承担损失的事项或情况。

2. 在没有合同约定的情况下，企业或其子公司当期向该结构化主体提供了财务支持或其他支持，应当披露所提供支持的类型、金额及原因，包括帮助该结构化主体获得财务支持的情况。

3. 企业存在向该结构化主体提供财务支持或其他支持的意图的，应当披露该意图，包括帮助该结构化主体获得财务支持的意图。

（四）企业在其子公司所有者权益份额发生变化且该变化未导致企业丧失对子公司控制权的，应当在合并财务报表附注中披露该变化对本企业所有者权益的影响。企业丧失对子公司控制权的，应当在合并财务报表附注中披露企业由于丧失控制权而产生的利得或损失以及相应的列报项目以及剩余股权在丧失控制权日按照公允价值重新计量而产生的利得或损失。

（五）企业是投资性主体且存在未纳入合并财务报表范围的子公司，并对该子公司权益按照公允价值计量且其变动计入当期损益的，应当在财务报表附注中对该情况予以说明。

（六）企业是投资性主体的，对其在未纳入合并财务报表范围的子公司中的权益，应当披露与该权益相关的风险信息：

1. 该未纳入合并财务报表范围的子公司以发放现金股利、归还贷款或垫款等形式向企业转移资金的能力存在重大限制的，企业应当披露该限制的性质和程度。

2. 企业存在向未纳入合并财务报表范围的子公司提供财务支持或其他支持的承诺

或意图的，企业应当披露该承诺或意图，包括帮助该子公司获得财务支持的承诺或意图。

3. 合同约定企业或其未纳入合并财务报表范围的子公司向未纳入合并财务报表范围、但受企业控制的结构化主体提供财务支持的，企业应当披露相关合同条款，以及可能导致企业承担损失的事项或情况。

第二十七章　合并财务报表

第一节　概述

一、基本概念

（一）合并财务报表概念

合并财务报表，是指反映母公司和其全部子公司形成的企业集团整体财务状况、经营成果和现金流量的财务报表。

母公司，是指控制一个或一个以上主体（含企业、被投资单位中可分割的部分，以及企业所控制的结构化主体等）的主体。

子公司，是指被母公司控制的主体。

（二）编制主体

母公司应当编制合并财务报表。如果母公司是投资性主体，且不存在为其投资活动提供相关服务的子公司，则不应编制合并财务报表。

二、合并财务报表的组成

合并财务报表至少应包括合并资产负债表、合并利润表、合并现金流量表、合并所有者权益（或股东权益，下同）变动表、附注等。

企业集团中期期末编制合并财务报表的，至少应当包括合并资产负债表、合并利润表、合并现金流量表和附注。

三、合并范围

合并财务报表的合并范围应当以控制为基础予以确定。

（一）控制的定义

控制，是指投资方拥有对被投资方的权力，通过参与被投资方的相关活动而享有可变回报，并且有能力运用对被投资方的权力影响其回报金额。相关活动，是指对被投资方的回报产生重大影响的活动。被投资方的相关活动应当根据具体情况进行判断，通常包括商品或劳务的销售和购买、金融资产的管理、资产的购买和处置、研究与开发活动以及融资活动等。

当且仅当投资方具备下列两项要素时，才能表明投资方能够控制被投资方：

1. 因参与被投资方的相关活动而享有可变回报；

2. 投资方拥有对被投资方的权力，并且有能力运用对被投资方的权力影响其回报金额。

投资方应当在综合考虑以下所有相关事实和情况的基础上对是否控制被投资方进行判断。主要包括：

1. 被投资方的设立目的。

2. 被投资方的相关活动以及如何对相关活动做出决策。

3. 投资方享有的权利是否使其目前有能力主导被投资方的相关活动。

4. 投资方是否通过参与被投资方的相关活动而享有可变回报。

5. 投资方是否有能力运用对被投资方的权力影响其回报金额。

6. 投资方与其他方的关系。

（二）合并报表范围

合并财务报表的合并范围应当以控制为基础予以确定。

母公司应当将其全部子公司（包括母公司所控制的单独主体）纳入合并财务报表的合并范围。如果母公司是投资性主体，则母公司应当仅将为其投资活动提供相关服务的子公司（如有）纳入合并范围并编制合并财务报表。

四、合并财务报表编制原则

合并财务报表的编制除了遵循财务报表编制的一般原则和要求外，还应遵循以下原则和要求：

（一）以个别财务报表为基础编制。

（二）一体性原则。即母公司编制合并财务报表，应当将整个企业集团视为一个会计主体，按照统一的会计政策，反映企业集团整体财务状况、经营成果和现金流量。对于母公司与子公司、子公司相互之间发生的经济业务，应当视同同一会计主体内部业务处理，视同同一会计主体之下的不同核算单位的内部业务。

（三）重要性原则。在编制合并财务报表时，特别强调重要性原则的运用：

1. 对一些项目在企业集团中的某一企业具有重要性，但对于整个企业集团则不一定具有重要性，在这种情况下根据重要性的要求对财务报表项目进行取舍。

2. 母公司与子公司、子公司相互之间发生的经济业务，对整个企业集团财务状况和经营成果影响不大时，为简化合并手续也应根据重要性原则进行取舍，可以不编制抵销分录而直接编制合并财务报表。

五、合并财务报表的构成

合并财务报表至少包括合并资产负债表、合并利润表、合并所有者权益变动表、合并现金流量表和附注，分别从不同的方面反映企业集团财务状况、经营成果及其现金流量情况，构成一个完整的合并财务报表体系。

六、编制前期准备事项

（一）统一母子公司的会计政策。在编制财务报表前，应当统一母公司和子公司的会计政策，统一要求子公司所采用的会计政策与母公司保持一致。

（二）统一母子公司的资产负债表日及会计期间。为了编制合并财务报表，必须统一企业集团内所有的子公司的资产负债表日和会计期间，使子公司与母公司的资产负债表日和会计期间保持一致。

（三）对子公司以外币表示的财务报表进行折算。在将境外企业的财务报表纳入合并时，必须将其折算为母公司所采用的记账本位币表示的财务报表。

（四）收集编制合并财务报表的相关资料：子公司相应期间的财务报表；与母公司及与其他子公司之间发生的内部购销交易、债权债务、投资及其产生的现金流量和未实现内部销售损益的期初、期末余额及变动情况等资料；子公司所有者权益变动和利润分配的有关资料；编制合并财务报表所需要的其他资料，如非同一控制下企业合并购买日的公允价值资料。

七、合并财务报表的编制过程

（一）合并母公司与子公司的资产、负债、所有者权益、收入、费用和现金流等项目。

（二）抵销母公司对子公司的长期股权投资与母公司在子公司所有者权益中所享有的份额。

（三）抵销母公司与子公司、子公司相互之间发生的内部交易的影响。内部交易表明相关资产发生减值损失的，应当全额确认该部分损失。

（四）站在企业集团角度对特殊交易事项予以调整。

第二节　合并财务报表编制程序

一、前期准备工作

（一）统一会计政策。母公司应当统一子公司所采用的会计政策，使子公司采用的会计政策与母公司保持一致。子公司所采用的会计政策与母公司不一致的，应当按照母公司的会计政策对子公司财务报表进行必要的调整，或者要求子公司按照母公司的会计政策另行编报财务报表。

（二）统一会计期间。母公司应当统一子公司的会计期间，使子公司的会计期间与母公司保持一致。子公司的会计期间与母公司不一致的，应当按照母公司的会计期间对子公司财务报表进行调整，或者要求子公司按照母公司的会计期间另行编报财务报表。

（三）对子公司以外币表示的财务报表进行折算。以外币进行核算的子公司，对资产负债表日的报表数据按母公司的记账本位币进行折算。

（四）收集编制合并财务报表的相关资料。母公司应当要求子公司及时提供下列有关资料：

1. 子公司相应期间的财务报表；

2. 采用的与母公司不一致的会计政策及其影响金额；

3. 与母公司不一致的会计期间的说明；

4. 与母公司及与其他子公司之间发生的所有内部交易的相关资料，包括但不限于内部购销交易、债权债务、投资及其产生的现金流量和未实现内部销售损益的期初、期末余额及变动情况等资料；

5. 子公司所有者权益变动和利润分配的有关资料；

6. 编制合并财务报表所需要的其他资料。

（五）对编制合并财务报表的数据进行审核。编制合并财务报表时，对合并范围和各合并节点抵销数据以及期初数据的完整性、准确性进行复核。

二、设置合并工作底稿

将母公司及纳入合并范围的子公司个别资产负债表、个别利润表、个别现金流量表及个别所有者权益变动表各项目的数据合并工作底稿，并在合并工作底稿中对母公司和子公司个别财务报表各项目的数据进行加总，计算得出各项目合计数额。

三、编制调整分录和抵销分录

（一）调整个别财务报表。对于非同一控制下企业合并中取得的子公司，调整子公司各项可辨认资产、负债及或有负债，使之反映为在购买日公允价值基础上确定的可辨认资产、负债及或有负债在本期资产负债表日的金额。将母公司记录的该子公司的各项可辨认资产、负债及或有负债等在购买日的公允价值与账面价值的差额，计入资本公积。

（二）权益法调整，母公司对子公司的长期股权投资采用成本法核算，在母公司编制合并财务报表时，应当进行权益法核算调整。母公司自取得子公司长期股权投资的年度起，逐年按照子公司当年实现的净利润中归属于母公司享有的份额，调整对子公司长期股权投资的金额，并调整当年投资收益；对于子公司当期分派的现金股利或宣告分派的股利中母公司享有的份额，则调减长期股权投资的账面价值，同时调减母公司按成本法确认的投资收益。子公司除净损益以外的所有者权益变动，按母公司享有的份额分别调整资本公积、其他综合收益。以后年度的调整比照上述方法进行持续调整。

（三）抵销子公司权益，按照权益法调整后的长期股权投资金额与母公司在子公司所有者权益中所享有的份额进行抵销，并确认非同一控制下取得的子公司的合并商誉。

（四）抵销投资收益，将母公司投资收益、少数股东损益和期初未分配利润与子公司当年利润分配以及未分配利润的金额相抵销，使合并财务报表反映母公司股东权益变动的情况。

（五）债权债务抵销、交易抵销以及现金流量抵销，包括内部总分包业务抵销、内部房建业务抵销、内部存货购销业务抵销、内部固定资产购销业务抵销、内部资产租赁业务抵销等。

（六）顺流交易抵销和逆流交易抵销，即企业与其外部联营、合营企业之间的顺流、逆流交易抵销。

四、完成合并报表

（一）计算合并财务报表各项目的合并金额。在母公司和纳入合并范围的子公司个别财务报表项目加总金额的基础上，分别计算合并财务报表中各资产项目、负债项目、所有者权益项目、收入项目和费用项目等的合并金额。

（二）检查合并数据，对合并财务报表表内、表间的数据勾稽关系进行复核，无误后，生成正式的合并财务报表。

第三节 长期股权投资与所有者权益的合并处理

一、同一控制下取得子公司合并报表的编制

（一）合并日合并财务报表的编制

同一控制下企业合并增加的子公司，合并方应当编制合并日的合并资产负债表、合并利润表和合并现金流量表等。在编制合并日的合并资产负债表时，应当将母公司长期股权投资与子公司所有者权益进行抵销。同时对被合并方在企业合并前实现的留存收益中归属于合并方的部分，应自合并方资本公积（资本溢价或股本溢价）转入留

存收益。相关合并抵销分录如下：

1. 抵销母公司长期股权投资与子公司所有者权益

借：股本（实收资本）

　　资本公积

　　其他综合收益

　　盈余公积

　　未分配利润

　贷：长期股权投资

　　　少数股东权益

2. 合并前实现的留存收益中归属于合并方的部分调整

借：资本公积（以母公司资本 / 股本溢价为限）

　贷：盈余公积

　　　未分配利润

（二）合并日后各期合并财务报表的编制

合并日后，合并方在编制合并报表时：

1. 将母公司对子公司长期股权投资由成本法核算的结果调整为权益法核算的结果，使母公司对子公司长期股权投资项目反映其在子公司所有者权益中所拥有权益的变动情况。

调整事项	当年调整分录（第一年）	连续编制合并报表（以后年度）
1.调整子公司实现净利润或发生净亏损	借：长期股权投资 贷：投资收益	调整期初数： 借：长期股权投资 贷：年初未分配利润 调整当期数： 借：长期股权投资 贷：投资收益

调整事项	当年调整分录（第一年）	连续编制合并报表（以后年度）
2.调整子公司宣告现金股利	借：投资收益 贷：长期股权投资	调整期初数： 借：年初未分配利润 贷：长期股权投资 调整当期数： 借：投资收益 贷：长期股权投资
3.子公司其他综合收益引起的变动	借：长期股权投资 贷：其他综合收益	调整期初数： 借：长期股权投资 贷：其他综合收益（年初） 调整当期数： 借：长期股权投资 贷：其他综合收益
4.子公司除净损益、利润分配、其他综合收益以外的所有者权益的其他变动	借：长期股权投资 贷：资本公积	调整期初数： 借：长期股权投资 贷：资本公积（年初） 调整当期数： 借：长期股权投资 贷：资本公积

2. 将母公司对子公司长期股权投资项目与子公司所有者权益项目等内部交易相关的项目进行抵销处理，将内部交易对合并财务报表的影响予以抵销。

借：股本（实收资本）

资本公积

其他综合收益

盈余公积

未分配利润

贷：长期股权投资

少数股东权益

3. 抵销投资收益与子公司利润分配等项目。

借：投资收益

少数股东损益

年初未分配利润

贷：提取盈余公积

对所有者（或股东）的分配

年末未分配利润

4. 留存收益调整

将被合并方在企业合并前实现的留存收益中归属于合并方的部分，自资本公积转入留存收益。

借：资本公积（以母公司资本/股本溢价为限）

贷：盈余公积

未分配利润

二、非同一控制下取得子公司合并报表的编制

（一）购买日合并财务报表的编制

非同一控制下取得子公司，购买方应当编制购买日的合并资产负债表。

首先，在合并工作底稿中编制调整分录，按照购买日子公司资产、负债的公允价值对于合并财务报表项目进行调整，使子公司各项可辨认资产、负债及或有负债以公允价值在合并财务报表中列示。

其次，将长期股权投资与在子公司所有者权益中所拥有的份额相抵销，长期股权投资大于子公司可辨认净资产公允价值份额的差额，作为合并商誉在合并资产负债表中列示；长期股权投资小于子公司可辨认净资产公允价值份额的差额，在合并资产负债表上，应调整盈余公积和未分配利润。

母公司应自购买日起设置备查簿，登记其在购买日取得的被购买方可辨认资产、负债的公允价值，为以后期间编制合并财务报表提供基础资料。合并当期期末以及以后期间，纳入合并财务报表中的被购买方资产、负债等，应以购买日确定的公允价值为基础持续计算。

1. 按公允价值对非同一控制下取得子公司的财务报表进行调整

（1）调整各项可辨认资产、负债

借：固定资产 / 存货 / 无形资产等

　贷：资本公积

借：资本公积

　贷：应收账款（应收账款一般为评估减值）

（2）递延所得税调整

借：资本公积

　贷：递延所得税负债

2. 母公司长期股权投资与子公司所有者权益抵销处理

借：股本（实收资本）

　　资本公积

　　其他综合收益

　　盈余公积

　　未分配利润

　　商誉

　贷：长期股权投资

　　　少数股东权益

（二）购买日后各期合并财务报表的编制

购买日后各期末编制合并财务报表时，在合并工作底稿中，首先，应当以购买日确定的各项可辨认资产、负债及或有负债的公允价值为基础对子公司的财务报表进行调整。

<table>
<tr><td>（1）调整至购买日确定的各项可辨认资产、负债及或有负债的公允价值（评估增减值）</td><td>借：固定资产（原值）/存货/无形资产
　贷：资本公积
借：资本公积
　贷：递延所得税负债
或者：
借：固定资产（原值）/存货/无形资产等
　贷：递延所得税负债
　　　资本公积</td><td>借：固定资产（原值）/存货/无形资产
　贷：资本公积（年初）
借：资本公积（年初）
　贷：递延所得税负债
或者：
借：固定资产/存货/无形资产/年初未分配利润等
　贷：递延所得税负债
　　　资本公积（年初）
如果存货已经销售，自销售后一年起期初调整分录替换为年初未分配利润</td></tr>
<tr><td rowspan="2">（2）以公允价值为基础调整子公司损益</td><td>借：管理费用等（当年补提折旧、摊销）
　贷：固定资产（累计折旧）/无形资产（累计摊销）
借：营业成本（如果评估增值的存货对外出售）
　贷：存货</td><td>调整期初数：
借：年初未分配利润
　贷：固定资产（累计折旧）/无形资产（累计摊销）
借：年初未分配利润
　贷：未分配利润（年初）（视同存货已销售）
调整期初数：
借：递延所得税负债
　贷：年初未分配利润</td></tr>
<tr><td>借：递延所得税负债
　贷：所得税费用
注意：已售出存货的金额、已计提折旧或已摊销的金额等为递延所得税计算的基数</td><td>调整当期数：
借：管理费用（当年补提折旧、摊销）
　贷：固定资产（累计折旧）/ 无形资产（累计摊销）
借：营业成本
　贷：存货
借：递延所得税负债
　贷:所得税费用
递延所得税基数为本年已售出存货的金额（评估增值部分）、已计提折旧或已摊销的金额等</td></tr>
</table>

其次，将母公司对子公司的长期股权投资采用成本法核算调整为权益法核算。

调整事项	当年调整分录（第一年）	连续编制合并报表（以后年度）
（1）调整子公司实现净利润或发生净亏损	借：长期股权投资 贷：投资收益	调整期初数： 借：长期股权投资 贷：年初未分配利润 调整当期数： 借：长期股权投资 贷：投资收益
（2）调整子公司宣告现金股利	借：投资收益 贷：长期股权投资	调整期初数： 借：年初未分配利润 贷：长期股权投资 调整当期数： 借：投资收益 贷：长期股权投资
（3）子公司其他综合收益引起的变动	借：长期股权投资 贷：其他综合收益	调整期初数： 借：长期股权投资 贷：其他综合收益（年初） 调整当期数： 借：长期股权投资 贷：其他综合收益（年初）
（4）子公司除净损益、利润分配、其他综合收益以外的所有者权益的其他变动	借：长期股权投资 贷：资本公积	调整期初数： 借：长期股权投资 贷：资本公积（年初） 调整当期数： 借：长期股权投资 贷：资本公积（年初）

再次，通过编制合并抵销分录，将母公司对子公司长期股权投资与子公司所有者权益等内部交易对合并财务报表的影响予以抵销。

借：股本（实收资本）

资本公积

其他综合收益

　　盈余公积
　　未分配利润
　　商誉
　贷：长期股权投资
　　　少数股东权益
借：投资收益
　　少数股东损益
　　年初未分配利润
　贷：提取盈余公积
　　　对所有者（或股东）的分配
　　　年末未分配利润

最后，则是在编制合并工作底稿的基础上，计算合并财务报表各项目的合并数，编制合并财务报表。

第四节　债权债务的合并处理

一、母公司在编制合并资产负债表时，需要将以下内部债权债务予以抵销：

（一）应收账款与应付账款；

（二）应收票据与应付票据；

（三）预付款项与合同负债；

（四）债权投资与应付债券；

（五）应收股利与应付股利；

（六）其他应收款与其他应付款。

二、母公司在编制合并财务报表时：

首先，将各内部应收款项与应付款项按照本期期末账面余额予以抵销；

其次，将上期资产减值损失中抵销的各内部应收款项计提的相应坏账准备对本期期初未分配利润的影响予以抵销，同时将本期各内部应收款项在个别财务报表中补提或者冲销的相应坏账准备的数额也应予以抵销；

最后考虑递延所得税影响金额。

三、母公司编制合并报表时抵销分录具体如下：

（一）按账面余额对应收款项与应付款项进行抵销：

借：应付款项

　贷：应收款项

（二）抵销由应收款项计提的坏账准备与信用减值损失：

借：应收款项（坏账准备）

　贷：信用减值损失

　　年初未分配利润（以前年度抵销减值部分）

（三）抵销因抵销坏账准备与资产减值损失产生的所得税影响：

借：年初未分配利润（转回以前年度确认的递延所得税资产）

　所得税费用—递延所得税费用

　贷：递延所得税资产

第五节　内部存货交易的合并处理

母公司在编制合并财务报表时，应将内部存货交易导致的内部销售收入与内部销售成本予以抵销。抵销处理方法如下：

1. 按照内部销售收入的金额，借记“营业收入”项目，贷记“营业成本”项目；

2.按照期末存货价值中包含的未实现内部销售损益的数额，借记“营业成本”项目，贷记“存货”项目。

母公司在连续编制合并财务报表的情况下，首先应将上期抵销的存货价值中包含的未实现内部销售损益对本期期初未分配利润的影响予以抵销，调整本期期初未分配利润的金额；然后再对本期内部购进存货进行合并处理。

交易当年	连续编制
1.抵销本年内部销售收入和内部销售成本 借：营业收入 　贷：营业成本	
2.抵销本年存货中未实现内部交易损益 借：营业成本 　贷：存货	1.抵销年初存货中未实现内部交易损益 借：年初未分配利润 　贷：存货
3.确认因抵销存货中未实现内部交易损益而产生的递延所得税资产 借：递延所得税资产 　贷：所得税费用	2.确认以前年度因抵销存货而产生的递延所得税资产 借：递延所得税资产 　贷：年初未分配利润
	3.抵销本年内部销售收入和内部销售成本 借：营业收入 　贷：营业成本
	4.抵销本年存货中未实现内部交易损益 借：营业成本 　贷：存货
	5.确认因本年抵销存货中未实现内部交易损益而产生的递延所得税资产 借：递延所得税资产 　贷：所得税费用

第六节 内部固定资产交易的合并处理

一、内部固定资产交易概述

母公司编制合并财务报表时应当对内部固定资产交易进行抵销处理。内部交易固定资产可以分为两种类型：一种是集团内部企业将自身生产的产品销售给集团内的其他企业作为固定资产使用；另一种是集团内部企业将自身的固定资产出售给集团内的其他企业作为固定资产使用。

二、内部采购固定资产

母公司编制合并财务报表抵销内部采购固定资产交易时：

首先，应当抵销内部采购固定资产交易产生的内部销售收入与内部销售成本和未实现内部销售损益，借记“营业收入”项目，贷记“营业成本”项目和“固定资产（原值）”项目。

其次，将因未实现内部销售损益而多计提的折旧费用和累计折旧予以抵销，借记“固定资产（累计折旧）”项目，贷记“营业成本”“管理费用”等项目。

交易当年	连续编制
1.抵销未实现的内部交易损益 借：营业收入 贷：营业成本 固定资产（原值）	1.抵销年初固定资产中未实现内部交易损益 借：年初未分配利润 贷：固定资产（原值）
2.抵销本年多计提的折旧 借：固定资产（累计折旧） 贷：营业成本/管理费用等	2.抵销以前年度多计提的折旧 借：固定资产（累计折旧） 贷：年初未分配利润
3.确认因抵销固定资产未实现内部交易损益而产生的递延所得税资产 借：递延所得税资产 贷：所得税费用	3.确认以前年度因抵销固定资产而产生的递延所得税资产 借：递延所得税资产 贷：年初未分配利润
	4.抵销本年多提的折旧 借：固定资产（累计折旧） 贷：营业成本/管理费用等
	5.转回原已确认的递延所得税资产 借：所得税费用 贷：递延所得税资产

三、内部固定资产处置

母公司在编制抵销分录时，应当按照该内部交易固定资产的转让价格与其原账面价值之间的差额，借记“资产处置收益”项目，贷记“固定资产（原值）”项目。如果该内部交易的固定资产转让价格低于其原账面价值，则按其差额，借记“固定资产（原值）”项目，贷记“资产处置收益”项目。

第七节　现金流量表的合并处理

合并现金流量表应当以母公司和子公司的现金流量表为基础，在抵销母公司与子公司、子公司相互之间发生内部交易对合并现金流量表的影响后，由母公司编制。也可以合并资产负债表和合并利润表为依据进行编制，以合并利润表有关项目的数据为基础，调整得出本期的现金流入和现金流出数量。本手册以个别报表为基础进行抵销处理的方法编制合并现金流量表。

一、当期销售商品所产生的现金流量的抵销处理

母公司向子公司当期销售商品（或子公司向母公司销售商品、子公司相互之间销售商品等，下同）所收到的现金，在母公司个别现金流量表中作为经营活动现金流入，即为“销售商品、提供劳务收到的现金”。子公司向母公司支付购货款，在子公司个别现金流量表中反映为经营活动现金流出或投资活动现金流出，即为“购买商品、接受劳务支付的现金”或“购建固定资产、无形资产和其他长期资产所支付的现金”。在母公司编制合并现金流量表时，将母公司与子公司当期销售商品所产生的现金流量予以抵销。

二、以现金结算债权与债务所产生的现金流量的抵销处理

母公司与子公司当期以现金结算应收账款或应付账款等债权与债务，表现为现金流入或现金流出，在母公司个别现金流量表中作为经营活动现金流入或流出，即为“收到其他与经营活动有关的现金”或“支付其他与经营活动有关的现金”，在子公司个别现金流量表中作为经营性现金流出或流入，即为“支付其他与经营活动有关的现金”或“收到其他与经营活动有关的现金”。在母公司编制合并现金流量表时，将

母公司与子公司当期以现金结算债权与债务所产生的现金流量予以抵销。

三、当期以现金投资所产生的现金流量的抵销处理

母公司直接以现金对子公司进行的长期股权投资，在母公司个别现金流量表中作为投资活动现金流出列示，即为“投资支付的现金”；子公司接受这一投资时，在其个别现金流量表中反映为筹资活动的现金流入，即为“吸收投资收到的现金”。母公司在编制合并现金流量表时，将母公司投资活动的现金流出与子公司筹资活动的现金流入抵销。

四、当期取得投资收益收到的现金与分配股利、利润或偿付利息支付的现金的抵销处理

母公司收到子公司分派的现金股利（利润）或债券利息，在母公司个别现金流量表中作为投资活动现金流入，即为“取得投资收益收到的现金”。子公司向母公司分派现金股利（利润）或支付债券利息，在子公司个别现金流量表中反映为投资活动现金流出，即为“分配股利、利润或偿付利息支付的现金”。母公司在编制合并现金流量表时，将母公司投资活动收到的现金与子公司筹资活动支付的现金予以抵销。

五、处置固定资产等收回的现金净额与购建固定资产等支付的现金的抵销处理

母公司向子公司处置固定资产等非流动资产，在母公司个别现金流量表中作为投资活动现金流入，即为“处置固定资产、无形资产和其他长期资产收回的现金净额”。子公司个别现金流量表中作为投资活动现金流出，即为“购建固定资产、无形资产和其他长期资产支付的现金”。母公司在编制合并现金流量表时，将母公司与子公司处置固定资产、无形资产和其他长期资产收回的现金净额与购建固定资产、无形资产和其他长期资产支付的现金相互抵销。

六、现金流量表编制注意事项

（一）总体注意事项

1. 注意连续编制，收到的现金、支付的现金项目中本年累计和本期累计不能出现负数；

2. 期末现金及现金等价物等于资产负债表中的货币资金项目减去期末受限资金，需标明期末受限资金金额；

3. 附报说明中完整说明内部资金往来事项和影响金额，特殊情况要一并说明。

（二）内部交易指定现金流量项目

1. 资金拆借项目

（1）债权人

1）合同约定不支付利息

支付借款时，计入支付其他与经营活动有关的现金；

收到归还借款时，计入收到其他与经营活动有关的现金。

2）合同约定利息

支付借款本金时，计入支付其他与投资活动有关的现金；

收到借款利息时，计入收到其他与经营活动有关的现金；

收到归还借款时，计入收到其他与投资活动有关的现金。

（2）债务人

1）合同约定不支付利息

收到借款时，计入收到其他与经营活动有关的现金；

归还借款时，计入支付其他与经营活动有关的现金。

2）合同约定利息

收到借款本金时，计入收到其他与筹资活动有关的现金；

支付借款利息时，计入支付其他与经营活动有关的现金；

归还借款本金时，计入支付其他与筹资活动有关的现金。

2. 担保项目

（1）担保人收到担保费，计入收到其他与经营活动有关的现金；

（2）被担保人支付担保费，计入支付其他与经营活动有关的现金。

3. 增加资本项目

（1）增资方支付增资款，计入投资支付的现金；

（2）被增资方收到增资款，计入吸收投资收到的现金。

4. 分配股利项目

（1）投资方收到现金股利，计入取得投资收益收到的现金；

（2）被投资方支付现金股利，计入分配股利、利润或偿付利息所支付的现金。

第八节　特殊交易的合并处理

一、追加投资的合并处理

（一）母公司购买子公司少数股东股权

母公司编制合并财务报表时，因购买少数股权新取得的长期股权投资与按照新增持股比例计算应享有子公司自购买日或合并日开始持续计算的净资产份额之间的差额，应当调整资本公积（资本溢价或股本溢价），资本公积不足冲减的，调整留存收益。

（二）追加投资等原因能够对非同一控制下的被投资方实施控制

企业因追加投资等原因能够对非同一控制下的被投资方实施控制的，在合并财务报表中，对于购买日之前持有的被购买方的股权，应当按照该股权在购买日的公允价值进行重新计量，公允价值与其账面价值的差额计入当期投资收益。

购买日之前持有的被购买方的股权涉及权益法核算下的其他综合收益以及除净损益、其他综合收益和利润分配外的其他所有者权益变动（以下简称“其他所有者权益变动”）的，与其相关的其他综合收益、其他所有者权益变动应当转为购买日所属当期收益，由于被投资方重新计量设定受益计划净负债或净资产变动以及非交易性权益工具投资指定为以公允价值计量且其变动计入其他综合收益的金融资产而产生的其他综合收益除外。

（三）报告期增加子公司如何编制合并财务报表

母公司在报告期内增加了子公司的，应在企业合并日、合并发生当期的期末和以后会计期间，编制合并财务报表。

1. 同一控制下企业合并增加的子公司或业务，视同合并后形成的企业集团报告主体自最终控制方开始实施控制时一直是一体化存续下来的。

（1）编制合并资产负债表时，应当调整合并资产负债表的期初数，合并资产负债表的留存收益项目应当反映母子公司视同一直作为一个整体运行至合并日应实现的盈余公积和未分配利润的情况，同时应当对比较报表的相关项目进行调整；

（2）编制合并利润表时，应当将该子公司或业务自合并当期期初至报告期末的收入、费用、利润纳入合并利润表，同时应当对比较报表的相关项目进行调整，并在合并利润表中单列“其中：被合并方在合并前实现的净利润”项目反映合并当期期初至合并日实现的净利润；

（3）在编制合并现金流量表时，应当将该子公司或业务自合并当期期初到报告期末的现金流量纳入合并现金流量表，同时应当对比较报表的相关项目进行调整。

2. 非同一控制下企业合并或其他方式增加的子公司或业务，应当从购买日开始编制合并财务报表。

（1）在编制合并资产负债表时，不调整合并资产负债表的期初数，企业以非货币性资产出资设立子公司或对子公司增资的，需要将该非货币性资产调整恢复至原账面价值，并在此基础上持续编制合并财务报表；

（2）在编制合并利润表时，应当将该子公司或业务自购买日至报告期末的收入、费用、利润纳入合并利润表；

（3）在编制合并现金流量表时，应当将该子公司购买日至报告期期末的现金流量纳入合并现金流量表。

二、处置对子公司的投资的合并处理

（一）不丧失控制权的情况下部分处置子公司投资

母公司在不丧失控制权的情况下部分处置对子公司的长期股权投资，在合并财务报表中，处置价款与处置长期股权投资相对应享有子公司自购买日或合并日开始持续计算的净资产份额之间的差额，应当调整资本公积（资本溢价或股本溢价），资本公积不足冲减的，调整留存收益。

（二）因处置部分股权投资等原因丧失了对被投资方的控制权

因处置部分股权投资等原因丧失了对被投资方的控制权的，原母公司在编制合并财务报表时，对于剩余股权，应当按照丧失控制权日的公允价值进行重新计量。

处置股权取得的对价和剩余股权公允价值之和，减去按原持股比例计算应享有原有子公司自购买日开始持续计算的净资产的份额与商誉之和的差额，计入丧失控制权当期的投资收益。

同时，与原有子公司的股权投资相关的其他综合收益、其他所有者权益变动，应当在丧失控制权时转入当期损益，由于被投资方重新计量设定受益计划净负债或净资产变动而产生的其他综合收益除外。

（三）报告期减少子公司如何编制合并财务报表

在报告期内，如果母公司处置子公司或业务，失去对子公司或业务的控制，被投资方从处置日开始不再是母公司的子公司，不应继续将其纳入合并财务报表的合并范围。

（1）在编制合并资产负债表时，不应当调整合并资产负债表的期初数；

（2）在编制合并利润表时，应当将该子公司或业务自当期期初至处置日的收入、费用、利润纳入合并利润表；

（3）在编制合并现金流量表时，应将该子公司或业务自当期期初至处置日的现金流量纳入合并现金流量表。

三、子公司少数股东增资导致母公司股权稀释的合并处理

如果子公司的少数股东对子公司进行增资，由此稀释了母公司对子公司的股权比例，在不丧失控制权的情况下，母公司编制合并财务报表时，应当按照增资前的股权比例计算其在增资前子公司账面净资产中的份额，该份额与增资后按母公司持股比例计算的在增资后子公司账面净资产份额之间的差额计入资本公积，资本公积不足冲减的，调整留存收益。

四、子公司发行优先股等其他权益工具的合并处理

子公司发行累积优先股等其他权益工具的，无论当期是否宣告发放其股利，在计算列报母公司合并利润表中的“归属于母公司股东的净利润”时，应扣除当期归属于除母公司之外的其他权益工具持有者的可累积分配股利，扣除金额应在“少数股东损益”项目中列示。

子公司发行不可累积优先股等其他权益工具的，在计算列报母公司合并利润表中

的“归属于母公司股东的净利润”时，应扣除当期宣告发放的归属于除母公司之外的其他权益工具持有者的不可累积分配股利，扣除金额应在“少数股东损益”项目中列示。

第二十八章　主要业务核算规范

第一节　产业投资运营业务

一、基金业务

（一）收到LP、GP出资

借：银行存款（募集户）

　贷：合伙人资本

（二）募集户资金划转托管户

借：银行存款（托管户）

　贷：银行存款（募集户）

（三）退回合伙人出资款（基金募集期间）

借：合伙人资本

　贷：银行存款（募集户）

借：财务费用—利息收入

　贷：其他应付款—其他应付款项

借：其他应付款—其他应付款项

　贷：银行存款（募集户）

（四）从托管户拨付GP代垫款项

借：其他应付款

　贷：银行存款（托管户）

（五）确认GP费用

借：管理费用

主营业务成本

应交税费—应交增值税—进项税额

贷：其他应付款

银行存款

（六）从托管户拨付基金管理费（采用预付、分期开票方式）

借：预付账款

贷：银行存款

（七）确认基金管理费

借：主营业务成本

应交税费—应交增值税—进项税额

贷：预付账款

（八）拨付投资款项

借：交易性金融资产—成本/长期股权投资—权益法

贷：银行存款（托管户）

（九）收取估值调整款项予以冲减投资成本

借：银行存款（托管户）

贷：交易性金融资产—成本/长期股权投资—权益法

（十）收取投资收益

借：银行存款（托管户）

贷：投资收益—交易性金融资产

或 借：银行存款（托管户）

贷：应收股利

借：应收股利

贷：长期股权投资

（十一）收回投资款项时（以股权转让业务为例）

借：银行存款（托管户）

贷：交易性金融资产—成本

贷（或借）：交易性金融资产—公允价值变动

贷（或借）：投资收益—交易性金融资产

或 借：银行存款（托管户）

贷：长期股权投资—成本

贷（或借）：长期股权投资—损益调整

贷（或借）：长期股权投资—其他综合收益

贷（或借）：投资收益—长期股权投资

借：其他综合收益

贷：投资收益

（十二）确认公允价值变动（期末按照公允价值计量）

借（或贷）：交易性金融资产—公允价值变动

贷（或借）：公允价值变动损益

（十三）年底确认损益（期末按照参股公司利润计量）

借（或贷）：长期股权投资—损益调整

借（或贷）：长期股权投资—其他综合收益

贷（或借）：投资收益

贷（或借）：其他综合收益

（十四）确认应分配给合伙人的利润

借：利润分配—应付利润

贷：应付股利

二、贸易业务

（一）采购业务

1. 预收客户货款时：

借：银行存款

　贷：应收账款—XX客户

2. 预付供应商订货款：

借：预付账款/应付账款—XX客户

　贷：银行存款

3. 货物验收入库并收到发票：

借：库存商品

　　应交税费—应交增值税—进项税额

　贷：应付账款—XX客户

4. 支付仓储费、运费等相关费用：

借：库存商品（采购环节运费）

　　销售费用（销售环节运费、仓储费、检验费、装卸费等）

　贷：银行存款

（二）销售业务

销售货物同时结转已售商品成本时：

借：银行存款（应收账款）—XX客户

　贷：主营业务收入—XX客户

　　　应交税费—应交增值税—销项税额

借：主营业务成本

　贷：库存商品

三、生产业务

（一）采购业务

购进原材料

1. 单货同到

借：原材料—XX物资

　　应交税费—应交增值税—进项税额

　贷：应付账款/银行存款

2. 单到货未到

借：材料采购

　　应交税费—应交增值税—进项税额

　贷：应付账款/银行存款

收到货

借：原材料

　贷：材料采购

3. 货到单未到

借：原材料

　贷：应付账款—暂估入账

4. 货物验收入库后

借：原材料（红字冲销）

　贷：应付账款—暂估入账（红字冲销）

借：原材料—XX物资

　　应交税费—应交增值税（进项税额）

　贷：应付账款（银行存款）

（二）成本核算

1. 计算发出原材料平均单价。可采用的计价方法包括先进先出法、全月一次加权平均法和移动加权平均法。

2. 汇总原材料成本。月末根据生产部门提供的原材料消耗表乘以原材料平均单价计算得出当期消耗的原材料总成本。

借：生产成本

　贷：原材料—主要材料

　　　　　　—辅助材料

3. 汇总人工成本，根据工资表等相关信息，分配相关人工成本。

借：生产成本

　　制造费用

　　管理费用

　贷：应付职工薪酬

4. 汇总外购水、电、蒸汽等动力成本。

借：生产成本

　　制造费用

　贷：银行存款/应付账款

5. 计提折旧费用，折旧方法采用直线法等（部分符合条件的采用加速折旧法）。

借：制造费用

　　管理费用

　贷：累计折旧

6. 结转制造费用。

借：生产成本

　贷：制造费用

7. 分配产成品与在产品成本，可采用约当产量法等方法计算产成品与在产品成本。“生产成本”科目借方余额表示在产品成本，列示于资产负债表“存货”项目。

8. 结转产成品成本。

借：库存商品—XX产品

贷：生产成本

（三）销售业务

1. 确认销售收入。

借：银行存款/应收账款—XX客户

贷：主营业务收入—XX产品

应交税费—应交增值税（销项税额）

2. 结转销售成本。

借：主营业务成本—XX产品

贷：库存商品—XX产品

第二节 资产运营管理业务

一、发行方发行除普通股以外的归类为权益工具的各种金融工具

（一）发行可转换债券

借：银行存款

应付债券—利息调整（负债成分的公允价值与金融工具面值之间的差额）

贷：应付债券—面值

其他权益工具（按实际收到的金额扣除负债成分的公允价值后的金额）

（二）计提和实际支付利息

借：财务费用

贷：应付利息

应付债券—利息调整

借：应付利息

贷：银行存款

（三）可转换债券持有方进行债券转换时

借：应付债券—面值

贷：应付债券—利息调整

股本

资本公积—股本溢价

借：其他权益工具

贷：资本公积—股本溢价

二、企业取得债权作为债权投资

（一）取得债权

借：债权投资—成本（债权投资的面值）

应收利息（支付的价款包含的已到付息期但尚未领取的利息）

贷：银行存款

按其差额，借记或贷记“债权投资—利息调整”科目。

（二）持有期间取得利息

1. 债权投资为分期付息、一次还本债券投资的。

借：应收利息（按所持债权投资摊余成本和实际利率确定的利息收入）

贷：投资收益

按其差额，借记或贷记“债权投资—利息调整”科目。

2. 债权投资为一次还本付息债券投资的。

借：债权投资—应计利息（按债权投资摊余成本和实际利率计算确定的利息收入）

贷：投资收益

按其差额，借记或贷记“债权投资—利息调整”科目。

（三）持有期间发生减值

借：信用减值损失（账面价值高于预计未来现金流量现值的差额）

贷：债权投资减值准备

（四）企业处置债券投资

借：银行存款

贷：债权投资—成本

—利息调整

—应计利息

按其差额，贷记或借记“投资收益”科目；已计提减值准备的，还应同时结转减值准备。

三、企业购买股票/债券(其他债权投资）将其划分为公允价值计量且其变动计入其他综合收益的金融资产

（一）初始取得其他债权投资

1. 股票

借：其他债权投资—成本（购买时公允价值和交易费用之和）

应收股利（支付的价款中包含）

贷：银行存款

2. 债权

借：其他债权投资—成本

应收利息

贷：银行存款

按其差额，借记或贷记“其他债权投资—利息调整”科目

（二）持有期间收到债权发放的利息

1. 资产负债表日，分期付息、一次性还本的债权投资

借：应收利息

其他债权投资—利息调整

贷：投资收益

2. 一次还本付息的债权投资

借：其他债权投资—应计利息

其他债权投资—利息调整

贷：投资收益

（三）持有期间其他债权投资公允价值变动

借：其他债权投资—公允价值变动

贷：其他综合收益

（四）处置其他债权投资

借：银行存款

借（或贷）：其他综合收益

贷：其他债权投资—成本

—公允价值变动

—应计利息

贷（或借）：投资收益

四、经营性不动产租赁业务

（一）当期收款不开票租赁业务

1. 收到租金

借：银行存款

贷：合同负债—XX客户

应交税费—应交增值税—销项税额

2. 月度按照直线法分摊确认收入

借：合同负债—XX客户

贷：主营业务收入—租赁收入

（二）当期收款当期开票租赁业务

1. 收到租金开票并确认当期收入

借：银行存款

　贷：主营业务收入—租赁收入

　　应交税费—应交增值税—销项税额（按照总收入金额开票税额）

　　合同负债—XX客户

2. 以后月度按照直线法确认收入

借：合同负债—XX客户

　贷：主营业务收入—租赁收入

五、物业经营管理服务业务

物业管理服务费

1. 收到物业服务费（物业费、车位费、转供水电）

借：银行存款

　贷：主营业务收入—物业费

　　其他业务收入—转供水电

　　应交税费—应交增值税—销项税额

2. 支付物业维修等成本支出

借：主营业务成本—XXX项目—XX费用

　其他业务成本—XXX项目—XX费用

　贷：银行存款/应付账款

六、收到各类财政补贴业务

过渡费补贴

1. 收到物业补贴过渡费

借：银行存款

　贷：递延收益

应交税费—应交增值税—销项税额

2. 按月分摊过渡费

借：递延收益

贷：主营业务收入

第三节　现代服务业业务

一、小额贷款业务

小额贷款业务主要有普通放贷、票据转让等几种业务模式，业务处理方式大致相同。

（一）贷款资金投放

借：贷款—正常贷款

贷：银行存款

（二）收到贷款利息

借：银行存款

贷：利息收入—贷款利息收入

应交税费—应交增值税—销项税额

（三）计提90天内应收未收利息

借：应收利息

贷：利息收入—贷款利息收入

应交税费—应交增值税—销项税额

（四）本金或应收未收利息逾期90天，红冲应收未收利息和利息收入并转表外管理

借：应收利息（负数）

贷：利息收入—贷款利息收入（负数）

（五）正常类贷款到期未能收回本金时

借：贷款—逾期贷款

贷：贷款—正常贷款

（六）每季度根据五级分类结果，将新增次级、可疑、损失等逾期贷款转为不良贷款

借：贷款—不良贷款

贷：贷款—逾期贷款

（七）将不良贷款转入损失类贷款

借：贷款—损失贷款

贷：贷款—不良贷款

（八）月末根据新增风险资产本金的1%计提贷款损失准备——一般风险准备

借：信用减值损失—贷款减值损失

贷：贷款损失准备—一般准备

（九）季末根据新增单项风险资产五级分类，按照剩余本金及对应比例计提贷款损失准备——专项风险准备

借：信用减值损失—贷款减值损失

贷：贷款损失准备—专项准备

（十）年终根据新增风险资产本金的1.5%计提一般风险准备金

借：利润分配—未分配利润

贷：一般风险准备

（十一）根据国家法律法规、监管文件规定及公司制度对不良贷款本金进行核销，并转入表外管理

借：贷款损失准备—专项准备

贷：贷款—损失贷款

二、委托贷款、担保业务

（一）委托贷款业务

1. 发放委托贷款

借：委托贷款

　贷：银行存款

2. 收到委托贷款利息收入

借：银行存款

　贷：其他业务收入—委托贷款利息收入

　　　应交税费—应交增值税—销项税额

3. 收回委托贷款时

借：银行存款

　贷：委托贷款

4. 委托贷款发生减值

借：信用减值损失

　贷：委托贷款损失准备

5. 确认委托贷款损失

借：委托贷款损失准备

　贷：委托贷款

6. 委托贷款减值恢复

借：委托贷款损失准备

　贷：信用减值损失

（二）担保业务

1. 按担保合同规定计提当期或收到担保费收入

借：应收账款/银行存款

　贷：担保费收入

应交税费—应交增值税—销项税额

2. 采取趸收方式向被担保人收取担保费

借：银行存款

贷：担保费收入

应交税费—应交增值税—销项税额

3. 担保合同成立并开始承担担保责任前，收到的被担保人交纳的担保费，担保责任履约后按期确认收入

借：银行存款

贷：预收账款

借：预收账款

贷：担保费收入

应交税费—应交增值税—销项税额

备注：担保行业使用“预收保费”科目核算在保险责任生效前向投保人预收的保险费，集团公司根据实际情况，仍使用“预收账款”科目核算预收保费。

4. 担保合同成立并开始承担担保责任后，被担保人提前清偿被担保的主债务而解除企业的担保责任，按担保合同规定向被担保人退还部分担保费。

借：担保费收入

贷：银行存款

应交税费—应交增值税—销项税额（负数）

5. 根据担保合同规定收到客户存入的保证金

借：银行存款

贷：存入保证金

6. 公司按照向客户提供担保额度的10%向银行存入保证金

借：存出保证金

贷：银行存款

7. 担保业务解除，向客户退还保证金

借：存入保证金

　贷：银行存款

8. 担保业务解除后，收回存出保证金

借：银行存款

　贷：存出保证金

9. 月末根据相关规定计提未到期责任准备金和担保赔偿准备金

未到期责任准备金本期应计提数=（本期担保费收入—上年同期担保费收入）× 50%

借：提取未到期责任准备金

　贷：未到期责任准备金

担保赔偿准备金本期应计提数=累计担保余额 × 1%—担保赔偿准备金余额

借：提取担保赔偿准备金

　贷：担保赔偿准备金

10. 发生担保代偿，支付代位追偿款

借：应收代位追偿款

　贷：银行存款

11. 收回代位追偿款

借：银行存款

　贷：应收代位追偿款

12. 代位追偿款发生减值

借：信用减值损失

　贷：坏账准备

13. 代位追偿款减值恢复

借：坏账准备

贷：信用减值损失

14. 收到担保代偿利息收入

借：银行存款

贷：其他业务收入—担保代偿利息收入

应交税费—应交增值税—销项税额

15. 年末根据本年净利润的10%计提一般风险准备金

借：利润分配—未分配利润

贷：一般风险准备金

三、融资租赁业务

（一）收到承租方交纳的手续费、服务费、保证金时会计分录

借：银行存款

贷：长期应付款—融资租入—保证金

其他业务收入—咨询费收入

应交税费—应交增值税—销项税额

未实现融资收益—融资租赁—手续费

（二）企业购入和以其他方式取得的融资租赁资产时会计分录

借：融资租赁资产

贷：银行存款

（三）资产起租时

借：长期应收款—长期租赁款—本金

—利息

—留购价款

贷：融资租赁资产

未实现融资收益—融资租赁—利息收益

—税金

（四）收到每期租金时

借：银行存款

　贷：长期应收款—长期租赁款—本金

　　　　　　　　　　　　　　—利息

借：未实现融资收益—融资租赁—税金

　贷：应交税费—应交增值税—销项税额

（五）支付融资租赁项目投放外部借款利息时

借：主营业务成本—租赁成本—融资租赁业务成本

　　应交税费—应交增值税—销项税额抵减

　贷：银行存款

（六）月底按照权责发生制确认利息收入、手续费收入

借：未实现融资收益—融资租赁—利息收益

　　　　　　　　　　　　　　—手续费收益

　贷：租赁收入—租金收入

　　　　　　　—手续费收入

（七）根据新增风险资产本金计提风险准备

借：信用减值损失—应收款项减值损失

　贷：坏账准备—长期应收款坏账准备—组合计提

　　　坏账准备—长期应收款坏账准备—专项计提

（八）每年末根据单项风险资产五级分类剩余本金计提专项风险准备

借：信用减值损失—应收款项减值损失

　贷：坏账准备—长期应收款坏账准备—个别认定

（九）承租人支付设备留购价款时会计分录

借：银行存款

　贷：长期应收款—长期租赁款—留购价款

（十）用保证金抵顶最后一期租金

借：长期应付款–融资租入—保证金

银行存款

贷：长期应收款—长期租赁款—本金

—利息

四、人力资源服务业务

（一）开具劳务派遣业务发票，确认相关收入

借：其他应收款

贷：主营业务收入

应交税费—应交增值税—销项税额

其他应付款—应付暂收款项—工资

其他应付款—应付暂收款项—养老保险

其他应付款—应付暂收款项—商业保险

（二）开具劳务外包业务发票，确认相关收入及成本

借：其他应收款

贷：主营业务收入

应交税费—应交增值税—销项税额

借：主营业务成本

贷：其他应付款—应付暂收款项—工资

其他应付款—应付暂收款项—养老保险

其他应付款—应付暂收款项—商业保险

（三）收到客户转来款项

借：银行存款

贷：其他应收款

（四）代发工资及保险

借：其他应付款—应付暂收款项—工资

其他应付款—应付暂收款项—养老保险

其他应付款—应付暂收款项—商业保险

贷：银行存款

五、咨询策划业务

（一）发生咨询策划、可行性研究项目业务时

借：应收账款/银行存款

贷：主营业务收入—咨询策划服务收入

应交税费—应交增值税—销项税额

（二）发生咨询策划、可行性研究项目成本时

借：主营业务成本—咨询策划服务成本—劳务费等

应交税费—应交增值税—进项税额

贷：银行存款

（三）发生杂志印刷费或稿酬费用时

借：主营业务成本—咨询策划服务成本—印刷费

— 稿费

应交税费—应交增值税—进项税额

贷：银行存款

（四）发生与生产经营相关的人工成本时

借：主营业务成本—咨询策划服务成本—职工薪酬—工资

—社保

—公积金等

贷：应付职工薪酬—工资

—社保

—公积金等

六、驾训服务业务

（一）收到学员学费或模拟费时

借：银行存款

贷：合同负债

应交税费—应交增值税—销项税额

（二）学员培训时单科按照完工百分比或者学员进行模拟训练时确认收入

借：合同负债

贷：主营业务收入

备注：在实务操作中，当年度收到预收款项时，月度可根据历史合格率的经验值分阶段确认收入或者报名学员通过率大于90%以上可简化处理，在收到款项时一次性确认收入。

第四节　资源投资开发业务

资源投资开发业务主要集中在洛矿集团，目前仅涉及地热开发业务。

一、建设期：以EPC形式出包方式建设固定资产

（一）预付工程款

借：预付账款

贷：银行存款

（二）分期计价结算

借：在建工程—安装工程—XX项目

应交税费—应交增值税—进项税额

贷：银行存款/预付账款/应付账款

（三）购置待安装设备

借：工程物资—XX设备

　应交税费—应交增值税—进项税额

　贷：应付账款/银行存款

（四）领用工程物资

借：在建工程—在安装设备—XX项目

　贷：工程物资—XX设备

（五）资产达到预计可使用状态，在建工程转固定资产

借：固定资产—房屋及建筑物—XX项目

　贷：在建工程—安装工程—XX项目

借：固定资产—机器设备—XX项目

　贷：在建工程—在安装设备—XX项目

二、运营期：按照合同向客户提供服务

（一）收取预收款

借：银行存款

　贷：合同负债

　　应交税费—应交增值税—销项税额

（二）合同执行期，发生相关成本支出

借：合同履约成本

　应交税费—应交增值税—进项税额

　贷：累计折旧—房屋及建筑物—XX项目

　　累计折旧—机器设备—XX项目

　　应付职工薪酬

　　银行存款

（三）服务期内，按期确认收入并结转成本

借：合同负债

贷：主营业务收入—运营收入—能源服务

借：主营业务成本

贷：合同履约成本

第五节　园区综合开发业务

一、园区开发业务

（一）购买土地（土地招拍挂）

1. 支付购买土地保证金

借：其他应收款—押金或保证金

贷：银行存款

2. 依据合同规定支付购买土地价款

借：预付账款

贷：银行存款

3. 依据合同规定将土地保证金转为土地价款

借：预付账款

贷：其他应收款—押金或保证金

4. 取得购买土地价款发票

借：开发成本—土地成本

贷：预付账款

5. 取得与土地成本相关的契税及相关政府规费发票

借：开发成本—土地成本

贷：应交税费—应交契税/应交印花税/耕地占用税

6. 支付土地成本相关的税费

借：应交税费—应交契税/应交印花税/耕地占用税

贷：银行存款

（二）前期工程费用（开发前期准备费）

1. 核算前期工程相关的建设用地测量及勘察费、规划设计费、三通一平费、建安相关规费等。

未收到发票时按照工程进度暂估成本

借：开发成本—前期工程费（合同金额不含税价款）

贷：应付账款—暂估—施工方（合同金额不含税价款）

2. 取得上述发票，按发票不含税金额红冲暂估成本

借：开发成本—前期工程费（发票不含税负数金额）

贷：应付账款—暂估—施工方（发票不含税负数金额）

借：开发成本—前期工程费

应交税费—应交增值税—进项税额

贷：应付账款—工程款—施工方

3. 支付工程款

借：应付账款—工程款—施工方

贷：银行存款

备注：如果先支付预付款，借记“预付账款”，贷记“银行存款”；取得上述发票或相关行政事业单位票据，借记“开发成本—前期工程费”“应交税费—应交增值税—进项税额”，贷记“预付账款”科目。

（三）建筑安装工程费

1. 核算主体建筑工程费、主体安装工程费、设备安装工程费、钢结构工程费等工程费用。根据工程进度暂估成本

借：开发成本—建筑安装工程费

　贷：应付账款—暂估—施工方

2. 取得上述发票，按发票不含税金额红冲暂估成本

借：开发成本—建筑安装工程费（负数）

　贷：应付账款—暂估—施工方（负数）

借：开发成本—建筑安装工程费

　　应交税费—应交增值税—进项税额

　贷：应付账款—工程款—施工方

3. 支付工程款

借：应付账款—工程款—施工方

　贷：银行存款

（四）装修工程费

1. 核算外墙幕墙工程费、公共部位装修工程费、室内精装修工程费等费用。根据工程进度暂估成本

借：开发成本—建筑安装工程费—装修工程费

　贷：应付账款—暂估—施工方

2. 取得上述发票，按发票不含税金额红冲暂估成本

借：开发成本—建筑安装工程费—装修工程费（发票含税负数金额）

　贷：应付账款—暂估—施工方（发票含税负数金额）

借：开发成本—建筑安装工程费—装修工程费

　　应交税费—应交增值税—进项税额

　贷：应付账款—工程款—施工方

3. 支付工程款

借：应付账款—工程款—施工方

贷：银行存款

（五）基础设施工程费

1. 核算道路工程、供电工程、煤气工程、供暖工程、通信工程、电视工程、照明工程、绿化工程、环卫工程等费用。根据工程进度暂估成本

借：开发成本—基础设施工程费

贷：应付账款—暂估—施工方

2. 取得上述发票，按发票含税金额红冲暂估成本

借：开发成本—基础设施工程费（负数金额）

贷：应付账款—暂估—施工方（负数金额）

借：开发成本—基础设施工程费

应交税费—应交增值税—进项税额

贷：应付账款—工程款—施工方

3. 支付工程款

借：应付账款—工程款—施工方

贷：银行存款

（六）公共配套设施费

1. 核算开发过程中发生的、独立的、非经营性的，且产权属于全体业主的，或无偿赠与地方政府、政府公用事业单位的公共配套设施等费用。根据工程进度暂估成本

借：开发成本—公共配套设施费

贷：应付账款—暂估—施工方

2. 取得上述发票，按发票不含税金额红冲暂估成本

借：开发成本—公共配套设施费（负数金额）

贷：应付账款—暂估—施工方（负数金额）

借：开发成本—公共配套设施费

应交税费—应交增值税—进项税额

贷：应付账款—工程款—施工方

3. 支付工程款

借：应付账款—工程款—施工方

贷：银行存款

（七）其他直接成本

1. 核算工程监理费、沉降观测费、检测费等其他费用。根据工程进度暂估成本

借：开发成本—其他直接成本

贷：应付账款—暂估—施工方

2. 取得上述发票，按发票不含税金额红冲暂估成本

借：开发成本—其他直接成本（发票含税负数金额）

贷：应付账款—暂估—施工方（发票含税负数金额）

借：开发成本—其他直接成本

应交税费—应交增值税—进项税额

贷：应付账款—工程款—施工方

3. 付工程款

借：应付账款—工程款—施工方

贷：银行存款

（八）开发间接费用

1. 核算工程管理及成本预算管理等部门的员工薪酬、劳动保险费、培训费等。根据工资发放明细汇总表及支付劳动保险费用、培训费等表分配

借：开发成本—开发间接费用

贷：应付职工薪酬

实际支付时

借：应付职工薪酬

　贷：银行存款

2. 核算工程管理及成本预算管理等部门计提的固定资产折旧、分摊的无形资产费用，根据折旧计算明细表

借：开发成本—开发间接费用

　贷：累计折旧

　　累计摊销

3. 核算工程管理及成本预算管理等部门发生的办公费、水电费、差旅费、业务招待费、办公费、资料费、劳保用品费。根据审批后的费用报销单及银行相关凭据

借：开发成本—开发间接费用

　贷：银行存款

4. 开发间接费用下的资本化利息费用（资金占用费）

按月计提借款利息，根据合同规定的利率计算出当月应承担的利息费用，编制利息费用计算明细汇总表

借：开发成本—开发间接费用—利息费用

　贷：应付利息

实际支付该利息费用时

借：应付利息

　贷：银行存款

备注：若只有一个开发项目成本费用直接计入该项目，若同时有几个在建项目，要根据在建项目的建筑面积及各个项目的资金使用情况进行分配结转到各个项目的开发成本中。

（九）项目竣工验收

根据项目竣工验收备案表及入库汇总表的总可售面积，按审批后的动态总成本，结转开发成本

借：库存商品—XX产品

贷：开发成本—各明细科目

（十）销售

依据销售合同确认销售厂房收入，同时结转对应成本

借：银行存款

贷：主营业务收入—商品房销售

应交税费—应交增值税—销项税额

借：主营业务成本

贷：库存商品—XX产品

二、委托建设工程

（一）企业在建工程发生的管理费、征地费、可行性研究费、临时设施费、公证费、监理费及应负担的税费等

借：在建工程—待摊支出

贷：银行存款

（二）工程建设期内土地使用权的摊销应予以资本化

借：在建工程—待摊支出—无形资产摊销

贷：累计摊销—土地使用权

（三）与取得土地使用权相关的城镇土地使用税应予以费用化

借：税金及附加—土地使用税

贷：应交税费—应交土地使用税

（四）收到承包单位的发票，按承包单位的工程进度

借：在建工程—建筑工程

贷：应付账款—工程款

（五）实际支付承包单位工程款

借：应付账款—工程款

　贷：银行存款

（六）将设备交付建造承包单位建造安装

借：在建工程—在安装设备

　贷：工程物资

（七）工程竣工验收

借：固定资产

　贷：在建工程

第二十九章　附　则

本手册自印发之日起施行，由集团公司计划财务部负责解释。

集团公司计划财务部依据《企业会计准则》变化情况对本手册进行修订、更新，确保本手册的持续适用性，以及对本集团财务工作的指导和规范作用。